"十二五"国家重点出版规划项目

国家出版基金项目
NATIONAL PUBLICATION FOUNDATION

高性能纤维技术丛书

聚对苯撑苯并二噁唑纤维

黄玉东　胡　桢　黎　俊　王　阳　编著

国防工业出版社

·北京·

内 容 简 介

本书在吸取国内外多家科研机构相关研究成果的基础上,结合作者在聚对苯撑苯并二噁唑(PBO)高性能纤维方面多年的研究撰写而成,力求取材新颖,多方面反映 PBO 纤维的科研及生产的最新成果。本书主要介绍了 PBO 纤维的单体合成技术,聚合物制备技术,纤维纺丝及后处理工艺,纤维的结构与性能的关系,纤维的老化与防护纤维的增强改性技术,纤维的表面处理技术,PBO 纤维主要应用领域与发展前景。

本书内容丰富,理论性强,适用于从事高性能有机纤维制备与改性研究工作的科技人员。同时也可作为工科高等院校高分子化工、高分子化学、高分子材料等专业硕士研究生的专业课程教材及参考资料。

图书在版编目(CIP)数据

聚对苯撑苯并二噁唑纤维 /黄玉东等编著. —北京:国防工业出版社,2017.8
(高性能纤维技术丛书)
ISBN 978 - 7 - 118 - 11402 - 7

Ⅰ.①聚… Ⅱ.①黄… Ⅲ.①聚噁唑纤维 Ⅳ.①TQ342

中国版本图书馆 CIP 数据核字(2017)第 198838 号

※

*国防工业出版社*出版发行

(北京市海淀区紫竹院南路 23 号 邮政编码 100048)
国防工业出版社印刷厂印刷
新华书店经售

*

开本 710×1000 1/16 印张 14 字数 282 千字
2017 年 8 月第 1 版第 1 次印刷 印数 1—2000 册 定价 76.00 元

─────────────────────────────

(本书如有印装错误,我社负责调换)

国防书店:(010)88540777 发行邮购:(010)88540776
发行传真:(010)88540755 发行业务:(010)88540717

高性能纤维技术丛书
编审委员会

指导委员会

名誉主任　师昌绪

副 主 任　杜善义　季国标

委　　员　孙晋良　郁铭芳　蒋士成

　　　　　姚　穆　俞建勇

编辑委员会

主　　任　俞建勇

副 主 任　徐　坚　岳清瑞　端小平　王玉萍

委　　员　(按姓氏笔画排序)

　　　　　马千里　冯志海　李书乡　杨永岗

　　　　　肖永栋　周　宏(执行委员)　徐樑华

　　　　　谈昆仑　蒋志君　谢富原　廖寄乔

秘　　书　黄献聪　李常胜

序

Foreword

从 2000 年起,我开始关注和推动碳纤维国产化研究工作。究其原因是,高性能碳纤维对于国防和经济建设必不可缺,且其基础研究、工程建设、工艺控制和质量管理等过程所涉及的科学技术、工程研究与应用开发难度非常大。当时,我国高性能碳纤维久攻不破,令人担忧,碳纤维国产化研究工作迫在眉睫。作为材料工作者,我认为我有责任来抓一下。

国家从 20 世纪 70 年代中期就开始支持碳纤维国产化技术研发,投入了大量的资源,但效果并不明显,以至于科技界对能否实现碳纤维国产化形成了一些悲观情绪。我意识到,要发展好中国的碳纤维技术,必须首先克服这些悲观情绪。于是,我请老三委(原国家科学技术委员会、原国家计划委员会、原国家国防科学技术工业委员会)的同志们共同研讨碳纤维国产化工作的经验教训和发展设想,并以此为基础,请中国科学院化学所徐坚副所长、北京化工大学徐樑华教授和国家新材料产业战略咨询委员会李克建副秘书长等同志,提出了重启碳纤维国产化技术研究的具体设想。2000 年,我向当时的国家领导人建议要加强碳纤维国产化工作,中央前后两任总书记均对此予以高度重视。由此,开启了碳纤维国产化技术研究的一个新阶段。

此后,国家发改委、科技部、国防科工局和解放军总装备部等相关部门相继立项支持国产碳纤维研发。伴随着改革开放后我国经济腾飞带来的科技实力的积累,到"十一五"初期,我国碳纤维技术和产业取得突破性进展。一批有情怀、有闯劲儿的企业家加入到这支队伍中来,他们不断投入巨资开展碳纤维工程技术的产业化研究,成为国产碳纤维产业建设的主力军;来自大专院校、科研院所的众多科研人员,不仅在实验室中专心研究相关基础科学问题,更乐于将所获得的研究成果转化为工程技术应用。正是在国家、企业和科技人员的共同努力下,历经近十五年的奋斗,碳纤维国产化技术研究取得了令人瞩目的成就。其标志:一是我国先进武器用 T300 碳纤维已经实现了国产化;二是我国碳纤维技术研究已经向最高端产品技术方向迈进并取得关键性突破;三是国产碳纤维的产业化制备与应用基础已初具规模;四是形成了多个知识基础坚实、视野开阔、分工协作、拼搏进取的"产学研用"一体化科研团队。因此,可以说,我国的碳纤维工程技术和产业化建设已经取得了决定性的突破!

同一时期,由于有着与碳纤维国产化取得突破相同的背景与缘由,芳纶、芳杂环纤维、高强高模聚乙烯纤维、聚酰亚胺纤维和聚对苯撑苯并二噁唑(PBO)纤维等高性能纤维的国产化工程技术研究和产业化建设均取得了突破,不仅满足了国防军工急需,而且在民用市场上开始占有一席之地,令人十分欣慰。

在国产高性能纤维基础科学研究、工程技术开发、产业化建设和推广应用等实践活动取得阶段性成就的时候,学者专家们总结他们所积累的研究成果、著书立说、共享知识、教诲后人,这是对我国高性能纤维国产化工作做出的又一项贡献,对此,我非常支持!

感谢国防工业出版社的领导和本套丛书的编辑,正是他们对国产高性能纤维技术的高度关心和对总结我国该领域发展历程中经验教训的执着热忱,才使得丛书的编著能够得到国内本领域最知名学者专家们的支持,才使得他们能从百忙之中静下心来总结著述,才使得全体参与人员和出版社有信心去争取国家出版基金的资助。

最后,我期望我国高性能纤维领域的全体同志们,能够更加努力地去攻克科学技术、工程建设和实际应用中的一个个难关,不断地总结经验、汲取教训,不断地取得突破、积累知识,不断地提高性能、扩大应用,使国产高性能纤维达到世界先进水平。我坚信中国的高性能纤维技术一定能在世界强手的行列中占有一席之地。

师昌绪

2014 年 6 月 8 日于北京

师昌绪先生因病于 2014 年 11 月 10 日逝世。师先生生前对本丛书的立项给予了极大支持,并欣然做此序。时隔三年,丛书的陆续出版也是对先生的最好纪念和感谢。——编者注

前言

Perface

　　我国自古人以采集天然纤维制衣的原始社会,经改进纺织工具技术不断进步的封建社会,至兴办大规模的纺机厂与化纤厂的新中国,纺织行业经历了漫长的发展过程。1884 年最早的人造纤维诞生,1939 年尼龙 66 纤维实现工业化生产。20世纪 80 年代中期,美国陶氏化学公司开发出 PBO 单体合成、聚合及纺丝技术,1991 年日本东洋纺公司最终实现了 PBO 纤维的量产。直至今日,PBO 纤维仍然是综合性能最好的有机纤维,其开发及应用受到了世界各国的广泛关注。

　　新中国成立以来,我国的化纤行业虽然起步较晚但发展迅猛,经过近 70 年的发展与进步,我国已跻身于世界化纤大国的行列,随着我国化纤技术的提高,各类附加值高、性能卓越的高性能纤维被陆续开发与应用,高性能纤维领域长期受制于国外技术垄断与控制的困境被不断改善。编写本书的目的在于就 PBO 纤维领域进行较为深入的总结,为本领域相关研究人员及广大读者提供 PBO 纤维纺制及应用的关键基础知识,为我国军工及民用高性能 PBO 纤维材料的进一步发展奠定基础,为早日让我国成为工业化强国尽绵薄之力。

　　本书涉及 PBO 纤维单体的合成、聚合、纺丝工艺,PBO 纤维结构与性能关系,PBO 纤维增强及表面改性技术等方面共计 9 章,由哈尔滨工业大学的黄玉东、胡桢、黎俊、王阳编撰完成。黄玉东总体负责全书的内容设计、资料收集及统稿工作;胡桢承担了第 1、7、8 章的具体撰写工作;黎俊承担了第 5、6、9 章的具体撰写工作;王阳承担了第 2、3、4 章的具体撰写工作。国内外高性能纤维的研究发展日新月异,加之作者水平所限,书中疏漏之处在所难免,望业内有识之士及读者不吝指正。

　　本书的部分内容源于作者多年的科研实践结果,感谢国家高技术研究发展计划("863"计划,编号:2012AA03A212)、国家国际科技合作专项项目(编号:2013DFR40700)、国家自然科学基金(编号:51673053、51203034、51103031)等对本书中部分科研工作的资助。

作者

2016 年 10 月

目录

Contents

第 1 章

绪　论

材料科学作为当今世界新技术革命的三大学科之一,在推动科技进步、促进经济发展和增强综合国力方面起着举足轻重的作用。与传统的金属和无机陶瓷材料相比,聚合物基复合材料具有高比强、高比刚、强可设计性以及轻质等优点,现已在航空航天、兵器舰船、风力发电、建筑、环境、汽车行业等诸多领域得到广泛应用。

从 20 世纪初期开始,化学合成纤维如雨后春笋般不断涌现,其所具有的新性能不仅满足日常服装、装饰变化的需求,而且推动制造业的不断升级。在工业应用的早期,纤维最初的用途是制作渔线、渔网和绳索等。汽车制造业的迅猛崛起带动了人造纤维,特别是化学合成纤维工业的发展。在技术纺织品的发展历程中都有类似的过渡阶段,即由天然纤维到再生纤维,再到化学合成纤维。随着纤维材料在制造业和航空航天等军事领域的广泛应用,各种高性能纤维应运而生[1,2]。自 20 世纪 60 年代末,线型芳香族聚酰胺纤维出现后,材料学家一直在探索开发性能更加优异的高强度、高模量及耐高温有机纤维。根据分子设计原理,结合液晶高分子特有的伸直链结构,科学家提出了合成具有高分子量和线型结构的芳杂环类液晶高分子的设想。经过 10 余年的反复试验,终于在 20 世纪 80 年代初期成功制备了聚对苯撑苯并二噁唑(Poly(p-phenylene benzobisoxazole),PBO)聚合物[3]。

在 1998 年国际产业纤维展览会上,日本东洋纺公司展出了经过 20 年开发研究出的新型 PBO 纤维,商品名称为紫隆(Zylon)。PBO 分子的结构式如图 1 - 1 所示,是一种全芳杂环高分子聚合物,晶胞属单斜晶系,分子结构中无弱键,且其链接角(即主链单元上的环外键之间的夹角)均为 180°,重复单元结构中只存在苯环两侧的两个单键,不能内旋转,所以形成直链型刚性棒状分子,具有高分子量和溶致液晶态,液晶纺丝工艺又使得 PBO 分子沿轴向方向具有高度取向和高规整度[4,5]。因此,由 PBO 聚合物纺制出的纤维展现出高强度、高模量、耐高温、耐化学腐蚀等优异性能。

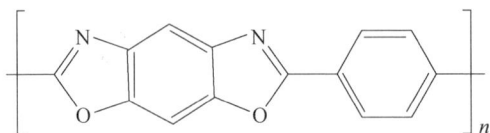

图 1-1 PBO 分子的结构式

1.1 PBO 纤维的发展历史

液晶高分子聚合物(Liquid Crystal Polymer,LCP),是一种由刚性分子链构成的,在一定物理条件下既能表现出液体流动性,又能展现晶体物理性能的各向异性状态(此状态称为液晶态)的高分子物质。这类材料通常具有优异的耐热性能和加工成型性能。由于液晶聚合物的分子主链呈刚性、分子之间堆砌紧密,且在成型过程中分子链高度取向,所以具有线膨胀系数小,成型收缩率低的特性。同时,其强度和弹性模量非常突出,耐热性优异,具有较高的负荷变形温度。此外,有些液晶聚合物具有某些特殊性能,如光导液晶聚合物、功能性液晶高分子分离膜及生物性液晶高分子等。液晶聚合物可以分为溶致性液晶聚合物(LLCP)、热致性液晶聚合物(TLCP)和压致性液晶聚合物等。溶致型主链液晶聚合物是指仅靠溶剂溶解分散,在一定浓度范围内,由于聚合物主链构象而不是取代基的介晶特性所形成的液晶溶液。LLCP 主要应用于纤维纺丝,具有代表性的聚合物有对位芳香族聚酰胺、聚对亚苯基对苯二酰胺、聚对苯甲酰胺、杂环刚性棒状聚合物(包括聚对苯撑苯并二噻唑(PBT)、聚对苯撑苯并二噁唑(PBO)、聚苯并二咪唑并菲绕啉二酮(BBL)、聚苯并噁唑(ABPBO)及其衍生物)等。其中,PBO 在这些聚合物中是典型代表。

高模 PBO 纤维的密度仅为 $1.56g/cm^3$,拉伸强度高达 5.8GPa,模量高达 280GPa,极限氧指数(LOI)为 68,最高分解温度为 650℃。PBO 纤维具有优异的耐化学介质性,在几乎所有的有机溶剂及酸碱中都是稳定的,仅能溶于 100% 的浓硫酸、甲基磺酸、氯磺酸、多聚磷酸等。此外,PBO 纤维在受冲击时纤维可原纤化而吸收大量的冲击能,是十分优异的耐冲击材料。PBO 纤维复合材料的最大冲击载荷和能量吸收均高于芳纶和碳纤维。PBO 纤维在吸脱湿时尺寸变化小,耐磨性优良。

PBO 纤维的这些特性远优于现有的无机纤维与有机纤维,并足以与其他高性能纤维媲美,如碳纤维(T800)、对位芳纶(美国杜邦 Kevlar,日本帝人 Technora)、间位芳纶(美国杜邦 Nomex)、超高分子量直链聚乙烯(美国霍尼韦尔 Spectra)、聚酰亚胺(PBI)、聚苯撑吡啶并咪唑(PIPD)、热致性聚芳酯(Vectran)等,具体数据见表 1-1。因此,PBO 纤维被誉为 21 世纪的超级纤维。PBO 纤维优异的性能使得其在民用及军用领域具有重要应用价值和广阔的前景,其民用范围涵盖了桥梁建筑、电子器件、高温过滤、安全防护材料、体育器材等众多领域,但因价格昂贵,大规模应用受到很大的限制,目前多用于国防工业等特殊领域。

表 1-1 PBO 纤维与其他纤维性能对比[2]

品种	密度/(g/m³)	拉伸强度/GPa	拉伸模量/GPa	断裂伸长率/%	耐热温度/℃	LOI/%	回潮率/%
AS Zylon	1.54	5.8	180	3.5	650	68	2
HM Zylon	1.56	5.8	280	2.5	650	68	0.6
PIPD	1.7	3.5	330	2.5	500	>50	4.5
Kevlar-49	1.44	3.6	130	2.8	550	28	4.5
Nomex 450	1.38	0.65	17	22	400	32	4.5
Technora	1.39	3.4	71	4.5	500	25	3.5
Spectra 1000	0.97	3.1	105	2.5	150	16	—
钢丝	7.8	2.8	200	1.4	—	—	—
T800	1.80	5.6	300	1.4	—	—	—
PBI	1.40	0.4	5.6	30	550	41	15
Vectran	1.4	2.85	65	3.3	400	>30	<0.1

20 世纪 70 年代初,美苏争霸推动了军事工业的巨大进步,军事工业的迅猛发展对材料性能提出了新的要求:低密度、高强度、高模量、耐高温。在美国空军的支持下,研究人员相继开发出多种具有热和热氧化稳定性的芳香族杂环聚合物[6]。在这一时期,斯坦福(Stanford)大学研究所(SRI)的 Wolfe 等经过 10 多年的研究,从近百种模型聚合物中筛选出了主链上含有 2,6-苯并双杂环的对位芳香族聚合物,合成了聚对苯撑苯并二噁唑(PBO),其性能超过了 Kevlar[7]。该研究成果被认为是新型高强度、高模量、耐高温聚合物材料的典型代表,是聚合物结构设计上的一次巨大成功。

斯坦福大学研究所在取得了 PBO 聚合物的单体制备技术和聚合工艺的基本专利后,由于受到聚合工艺的限制,合成的聚合物分子量低,PBO 纤维的优异性能没有得到充分体现。20 世纪 80 年代中期,美国陶氏(Dow)化学公司获得该专利技术,继续此材料的研发工作;随后美国陶氏化学公司获得了 PBO 聚合物在全球的商品化实施权,并对其进行工业化开发,找到了一种新的单体合成路线和聚合工艺。但由于当时美国陶氏化学公司在纺丝成型技术上的缺陷,制备的 PBO 纤维强度一直和 Kevlar 纤维相类似。1990 年,美国陶氏化学公司与具有先进纺丝技术的日本东洋纺织株式会社联合共同开发 PBO 纤维。在东洋纺公司纺丝设备的基础上,开发出新的 PBO 纺丝技术,制备的 PBO 纤维强度和模量达到 Kevlar 纤维的 2 倍以上。1995 年,在美国陶氏化学公司的专利许可下开始 PBO 纤维的商业化生产,商品名为紫隆(Zylon)。目前,东洋纺公司垄断着全球 PBO 纤维的生产和供应;东洋纺公司和美国陶氏公司拥有绝大多数关于 PBO 聚合物单体制备及其纤维加工的专利和文献。东洋纺公司的最终目标是:在经济允许的前提下,用 PBO 纤维代替年产 30000t 的 Kevlar 纤维。同时美国陶氏公司仍在对 PBO 单体的制备工艺进行不断的改进和完善,降低成本,为东洋纺公司提供技术支撑。

国内对 PBO 的研究起步较晚。20 世纪 80 年代中期,华东化工学院率先开始对聚合单体 4,6 - 二氨基间苯二酚(DAR)和 PBO 聚合物的合成工艺进行研究,合成了国内最早的 PBO 聚合物,所制备的 PBO 纤维拉伸强度为 1.2GPa,拉伸模量为 10GPa,其性能远低于 Kevlar 纤维。由于合成 PBO 的单体 4,6 - 二氨基间苯二酚盐酸盐不易获得且较难保存,国外购买的价格又过于昂贵,因此限制了国内对 PBO 的开发研究工作,使得我国在 PBO 的聚合、纺制及性能方面的研究工作还都处于初级阶段。为了填补国内的空白,我国将 PBO 纤维列入了"863"国家高技术计划作为重点发展的新材料予以支持。现在我国有多家单位对 PBO 纤维进行了研究,如:浙江工业大学、上海交通大学、哈尔滨工业大学等对 PBO 的单体合成工艺进行了一系列的研究;哈尔滨工业大学、华东理工大学、东华大学、四川晨光化工研究院等单位进行了 PBO 的聚合和纤维纺织方面的研究;大连理工大学、中国航天科技集团四院四十三所、哈尔滨工业大学和哈尔滨玻璃钢研究院等研究了 PBO 纤维表面改性及 PBO 纤维增强复合材料的性能和应用。经过二三十年的发展,在 PBO 聚合物的制备及纤维的纺制方面取得了一定成果:哈尔滨工业大学以三氯苯为原料能够得到纯度在 99.5% 以上的 DAR 单体,用该单体进行了 PBO 的聚合及纺制研究,得到了拉伸强度达 5.0GPa,模量达 240GPa 的纤维,与商品化的纤维差距较小,目前已在黑龙江省大庆市实施产业化。中石化公司与东华大学的联合研究小组开发出了新的 PBO 聚合工艺,针对 PBO 项目开发过程中遇到的高黏度聚合体系,设计并制造了特殊搅拌器,开发了 PBO 聚合物反应挤出 - 液晶纺丝工艺。2005 年,由东华大学牵头的上海市科委基础研究项目"高性能 PBO 纤维制备过程中的基本问题研究"通过了上海市科委的鉴定,在国内首次制备出拉伸强度达到 4.38GPa,热降解温度高于 600℃的 PBO 纤维。系列的研究工作使我国 PBO 纤维的纺制工艺及其复合材料关键技术取得了巨大的突破,使我国在 PBO 纤维使用上摆脱受制于国外垄断和控制的困境,为加快实现 PBO 纤维国产化和规模化打下了良好的基础[8,9]。

1.2 PBO 纤维的聚合及纺丝工艺

PBO 聚合物是液晶芳香族聚苯唑类代表性聚合物之一。聚苯唑类纤维是一类大分子主链上含有苯并噻唑环、苯并噁唑环、苯并咪唑环的刚性棒状杂环结构的溶致液晶聚合物纤维,它们大都具有较高的力学性能、耐高温和耐化学腐蚀等特性,使其成为新一类高性能纤维材料。PBO 的合成和纺制工艺就是在聚苯唑类聚合物研究发展中形成的。近 30 年以来,科研工作者对 PBO 聚合物的聚合工艺及纺制工艺进行了大量的研究。根据选择反应单体不同,主要分为以下5 种聚合工艺。

1. 对苯二甲酸法

1981 年,Wolfe 等最早报道由 PBO 的单体 4,6 - 二氨基间苯二酚盐酸盐(DADHB)和对苯二甲酸(TA)在多聚磷酸(PPA)溶液中通过缩聚反应合成聚合物(图 1 - 2),这也是目前最常用的 PBO 合成方法[10]。为了获得高分子量的 PBO,需在合成过程中后期准确补加五氧化二磷调节溶液浓度。不同于传统的分步聚合反应,PBO 低聚物末端不由 TA 封端,而只能得到 DADHB 为末端的 PBO 低聚物

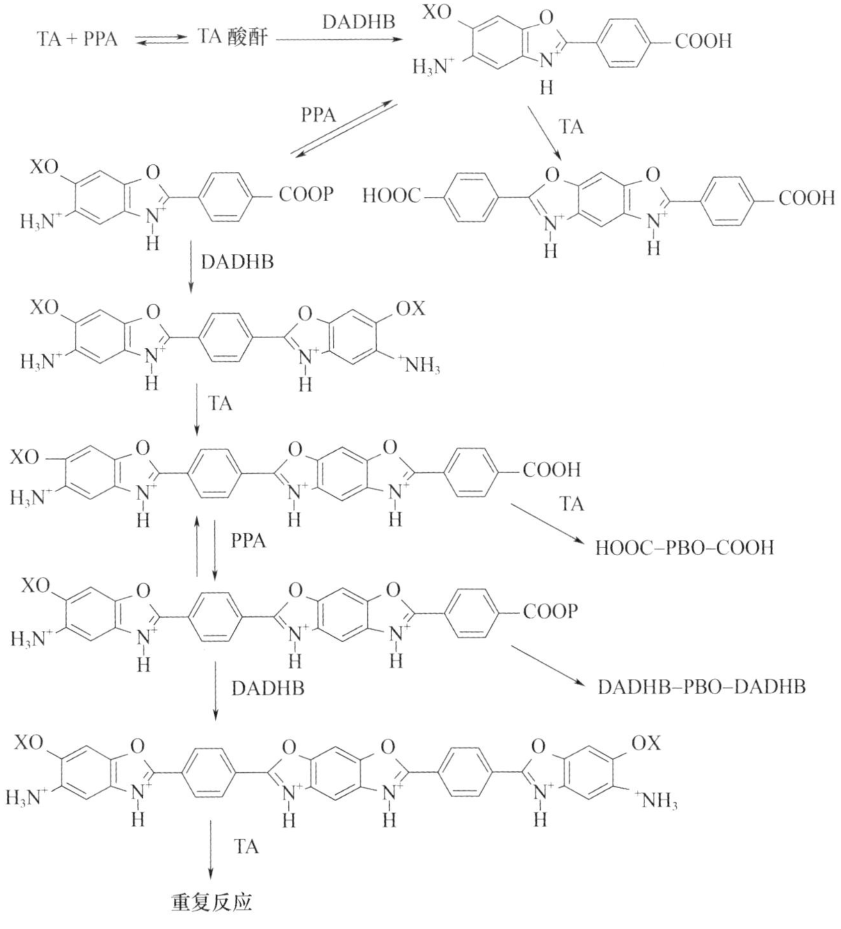

图 1 - 2 PBO 对苯二甲酸法聚合反应示意图

链。这其中主要的原因是 TA 在 PPA 中的溶解率非常低(140℃时,TA 在 1g PPA 中仅能溶解 0.0006g),在一定的时间内只有非常少的 TA 可溶解在 PPA 中并参与聚合反应。为了解决 TA 的溶解问题,TA 的粒径必须控制在 $10\mu m$ 以下以促进其在 PPA 中的溶解。此外,还可以通过在开始反应时加入一定足量的 TA,生成末端是 DADHB 的低聚物,然后再次加入剩余的 TA 的 PPA 溶液,通过此方法调控 PBO 的分子量。此预聚方法可用于大规模工业化生产,缩短了聚合反应的时间,可以调控 PBO 的分子量,对后期纺丝是非常重要的。

2. 对苯二甲酰氯法

为了解决对苯二甲酸法制备 PBO 聚合物存在的一些问题,1981 年 Choe 和 Kim 提出了用对苯二甲酰氯(TPC)代替对苯二甲酸与 PBO 的单体盐酸盐 DADHB 在 PPA 介质反应制备 PBO[11]。这种路线原理是对苯二甲酰氯和多聚磷酸反应生成中间产物多聚磷对苯二甲酸二酐,得到的二酐继续和脱完 HCl 后的 DAR 聚合反应制备 PBO(图 1-3)。这种方法优点是 TPC 在 PPA 溶液中溶解性大于 TA,且不会升华,产生的 TA 粒径远小于 $2.4\mu m$,降低了 TA 粒径尺寸对聚合的影响,因此得到了高特性黏数的 PBO 聚合物。

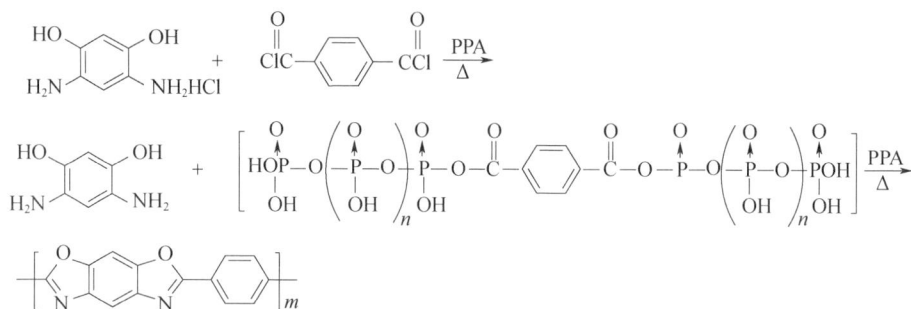

图 1-3　PBO 对苯二甲酰氯法聚合反应示意图

3. 三甲基硅烷保护法

由于 PBO 单体之一 4,6-二氨基间苯二酚的化学性质不稳定,导致其容易被氧化。氧化后的 4,6-二氨基间苯二酚部分功能基团已被转化,与 TA 缩合后会使聚合物封端,使分子量不再增长,因此对 PBO 聚合物的分子量造成较大的影响。为了解决 4,6-二氨基间苯二酚易于被氧化的问题,2000 年 Imai 等提出采用三甲基硅烷保护 4,6-二氨基间苯二酚,生成中间体——$N,N,O,O-$均四(三甲基硅氧烷)$-4,6-$二氨基$-1,3-$苯二酚[12]。上述中间体在 $N-$甲基吡咯烷酮(NMP)溶剂中与对苯二甲酰氯在 0℃ 条件下反应,250℃ 下环化脱三甲基硅烷,得到 PBO(图 1-4)。这种方法的优点是预聚体既能在有机溶剂(如 NMP、二甲基乙酰胺)中溶解,又能通过热处理脱水环化得到 PBO 聚合物,因此可先用预聚物制成所需形状,然后加热环化成 PBO 制品。

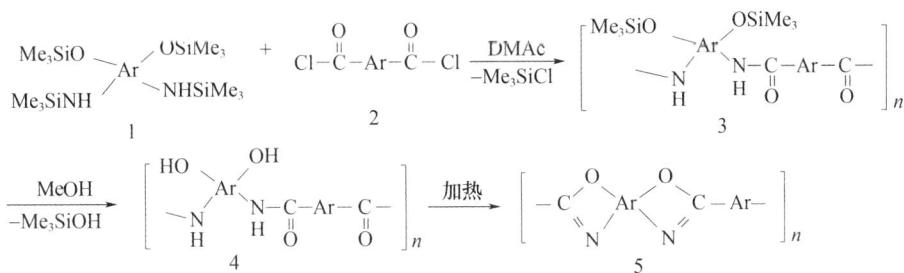

图 1-4 PBO 三甲基硅烷保护法聚合反应示意图

4. AB 型单体聚合法

AB 型新单体 2-（对甲氧羰基苯基）-5-氨基-6-羟基苯并噁唑（图 1-5）比 DADHB 在空气中更稳定,在 PPA 介质中聚合反应过程中生成水量相对较少,这样就减少了后期补加 P_2O_5 的用量、反应时间更短、效率更高,容易实现等当量比反应,有利于提高 PBO 分子链的聚合度,具有工业化应用前景。目前合成这种 AB 单体的路线有多种[13,14],但是报道的步骤都相对较为复杂,这样造成了反应成本的提高。

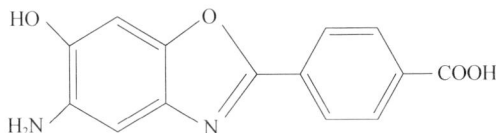

图 1-5 AB 型单体分子式

5. TD 络合盐法

1998 年,TD(TA-DAR)络合盐法最早提出是为了制备新颖的高性能聚苯撑吡啶并咪唑(PIPD)纤维[15],后来被发展到合成 PBO[16]。其合成原理是先将 TA 与氢氧化钠在水溶液中反应制备对苯二甲酸钠,然后再与 DADHB 水溶液反应,生成 TD 复合内盐,复合内盐在多聚磷酸中缩聚反应生成 PBO(图 1-6)。这种方法的优点是聚合过程简单,可避免脱除 HCl 气体的过程,聚合时间短,可保证两种单体等量比反应,同时增加 TA 的溶解度,容易得到高分子量的 PBO。

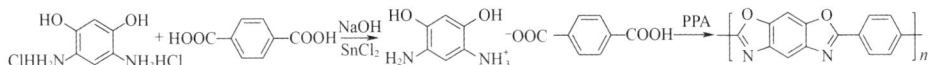

图 1-6 TD 络合盐法制备 PBO 路线

在得到高分子量的 PBO 聚合物后,需采用合适的纺丝工艺纺制 PBO 纤维。PBO 是典型的溶致液晶高分子聚合物,通常采用干喷-湿法纺丝技术制得纤维。纺制 PBO 纤维所涉及的工艺参数主要有:纺丝溶剂及纺丝液中聚合物浓度、纺丝温度、纺丝压力、喷丝板孔径、空气隙长度、凝固浴温度及组成、拉伸速度、后处理温度及时间等。它们对最终纺制的 PBO 纤维的性能有较大影响[17-19]。

PBO 的纺丝溶剂可为多聚磷酸、硫酸、甲磺酸、甲磺酸/氯磺酸、三氯化铝/硝基甲烷、三氯化钙/硝基甲烷等。经过多年的研究,目前最为常用的纺丝溶剂为多聚磷酸,而纺丝溶液则主要由多聚磷酸和聚合物 PBO 等组成。纺丝液中聚合物的浓度主要受到聚合物溶解度和纺丝液黏度等实际因素的限制。只有当纺丝液中聚合物的浓度高于形成液晶所需的临界浓度,使其处于液晶态下进行纺丝,并且需在较高的拉伸比下,才能获得伸展度高、结构有序的大分子链 PBO 纤维。纺丝液中聚合物浓度最好在 13% ~ 20%(质量分数)范围内,体系中 P_2O_5 的含量最好为 80% ~ 86%(质量分数)。PBO 纺丝液中也可以加入防氧化剂和防静电剂等其他助剂。

纺丝温度主要依纺丝液的状态而定,特别是受到纺丝液黏度的影响。纺丝液黏度高,则纺丝温度应偏高些,一般不高于 200℃。纺丝压力是一项非常重要的工艺参数,一般由计量泵提供,根据纺丝液黏度不同,一般在 5 ~ 20MPa 之间。一定的纺丝压力提供了长丝的初始速度,而要制得高强度的 PBO 纤维,高倍数的拉伸是必不可少的。据文献报道,日本紫隆纤维的拉伸比为 100 左右。空气隙长度是指从纺丝孔到纺液长丝凝结处的距离。理论上,纺液长丝的断裂强度和由长丝的自重产生的力限制了空气间隙的最大长度。但实际上空气间隙的最大长度要受到诸多因素的影响。对于 PBO 纺丝来说,5 ~ 25cm 是较佳的长度范围。

凝固浴主要是纺出的纤维与水基凝固剂接触而凝固。凝固过程中碱性强于 PBO 的非溶剂并扩散至 PBO/PPA 体系内夺取分子链中的质子,去除 PPA 溶剂完成液晶溶液向固态的相转变。Nelson 等研究了水和 H_2O/MSA 凝固剂对 PBO 相分离动力学的影响,认为水中凝固比 H_2O/MSA 混合溶液中凝固速度快,但 H_2O/MSA 中凝固的样品比水中凝固的样品结构更均一,分子链的残余质子强烈地影响着最终凝固聚合物的结构[20,21]。Hunsaker 等研究表明低凝固剂的温度、组成、性质对 PBO 聚合物以及纤维的微结构会有重要的影响,低温凝固会降低纤维中空隙率,凝固温度对拉伸模量影响不大,但是拉伸强度会随凝固温度升高而下降[22]。

水洗浴可以是酸性的、碱性的或是中性的,可以是水、适宜浓度的碱液以及水和 PBO 纺丝液含有的溶剂混合物。它们可以为流体形式,也可为蒸气形式。主要是在 PBO 纤维凝固之后,应充分洗涤除去残余的溶剂。洗涤应以快速除去溶剂而不破坏纤维结构为原则。流体洗涤过程可以采取单级或不同级数的方式进行,工业上采用湿法纺丝工艺时所采用的洗涤方式稍加改进,均可应用于

PBO 纤维的洗涤。实验室中,由于条件所限,可采用静态洗涤和静态浸泡的方法,将 PBO 纤维卷在多孔的卷丝筒上,用水长时间浸泡,以除去 PPA 溶剂。洗涤到纤维中的残余溶剂酸含量小于 8000×10^{-6} 为止。过度的洗涤,很容易降低纤维的抗张强度。

纤维水洗后需要进行干燥处理。凝固和洗涤后的纤维含水往往比聚合物的多。在纤维热处理之前,将其干燥是很重要的。如果不干燥除去纤维中水洗产生的大部分水就去热处理,当高温下热处理时水分子会快速蒸发,这将会使纤维遭受很大的损害。纤维在洗涤完成后应立即干燥或是很短时间内干燥,在潮湿的条件下长期储存纤维会造成纤维抗张强度不稳定。纤维必须在合适的温度及经济的方式除去适量的水分,同时也必须防止温度过高对纤维造成损害。

为了得到高强度、高模量的 PBO 纤维(HM PBO),需将初生 PBO 纤维(AS PBO)进行热处理。纤维在张力下热处理,可使纤维抵消高温干燥产生的内外应力不均,张力还可促使分子链进一步取向,从而大大提高纤维的强度和模量[23]。与此同时,未处理的纤维中存在未关环的弱键,此弱键会降低纤维的力学性能。经过高温热处理,未关环的链节进一步关环,从而提高凝聚态结构的规整性,提高其强度和模量[24]。

1.3 PBO 纤维的性能及应用

PBO 是一种具有高温稳定性的杂环芳香族聚合物,由于杰出的力学性能、热性能和良好的环境抵抗性,PBO 被认为是复合材料制备中最具应用前景的增强体。PBO 聚合物受纺丝工艺的影响,分子链沿纤维轴向方向高度取向平行排列,因此,PBO 纤维具有极高的结晶度和轴向取向度。PBO 聚合物分子结构单元是由双噁唑环耦合苯环形成的芳杂环和苯环以 180°键角相连接而构成的,结构单元中的双噁唑环易受相邻苯环中大 π 键的影响,这极大改善了原本芳香性不高的噁唑环的稳定性,使得普通亲电试剂难以进攻,形成了高度共轭的刚性棒状分子结构,因此能够形成溶致型液晶。另外,由于 PBO 分子结构中不存在弱化学键,加上纤维制备过程采用独特的干喷–湿纺液晶纺丝工艺,使得液晶分子保持了良好的轴向取向性,确保 PBO 纤维具有良好的一维取向性和二维有序性,这些结构特征赋予 PBO 纤维杰出的力学性能、化学稳定性和耐高温、阻燃性能。

据文献报道,PBO 纤维的拉伸强度和拉伸模量分别达到 5.8GPa 和 280GPa。PBO 纤维的力学性能依靠聚合物分子量、聚集态结构、加工条件和后处理条件。作为高性能纤维代表的 PBO 纤维完全满足 Staudinger 提出的"连续结晶"模型:分子链中没有任何柔性链节或锯齿弯折结构,其分子链具有完全伸展的平面构象。PBO 纤维晶体结构具有完整的三维有序结构特征,具有明显的分级结构和皮芯结构。根据 XRD 方法预测,PBO 纤维的模量可达到 460~480GPa 范围之间,但 PBO 纤维的实际性能要受聚合物分子量、加工条件和后处理条件的影响。

高强度、高模量和高韧性是材料应用于高性能领域的必要条件,高模量是防弹应用的重要指标。利用受到冲击时纤维发生原纤化并吸收大量冲击能的特性,纤维防弹抗冲击材料已在国外普遍应用。Leigh Phoenix 发展了一个分析模型,用来解释防弹衣应用中的纤维(如 Kevlar、Spectra、Zylon、S2 glass 等纤维)对弹头冲击反应。NASA Glenn 研究中心的研究人员对 PBO 纤维的防弹性能进行了研究,他们制备了圆环试样,内径、轴长和壁厚分别为 40 英寸(1 英寸 = 25.4mm)、10 英寸和 1.5 英寸,样品是固定在与水平面有倾斜角度的桌子上,小钛板以各种速度射入样品。试验结果显示刺穿 PBO 纤维所需的能量是 Kevlar 的 2 倍。鉴于 PBO 纤维的高能量吸收特性,美国成功将 PBO 纤维应用于防弹衣的制备,并将其配备警察系统。

除了力学性能,纤维尺寸稳定性也是结构材料的重要参数。PBO 纤维在无载荷的情况下热处理 30min,热收缩只有 0.2%;而相同情况下,p - Aramid 和 copoly - Aramid 分别展现出 0.5% 和 0.7% 的收缩。由蠕变试验结果预测,当 Zylon HM 纤维的破坏应力为 60N 时,失效时间为 19 年。同样载荷条件下,PBO 纤维对金属的耐摩擦性能优于 Aramid 纤维。

PBO 在空气氛围中的热降解温度是 650℃,在氮气、氩气等惰性气体环境下的热降解温度为 700℃,比 Kevlar 高出 100℃。400℃时,PBO 纤维在空气中的等温质量损失小于 5%。TG - MS/FTIR 联用技术显示 PBO 聚合物热降解过程中释放出 H_2O、CO、CO_2 和 NH_3 等小分子。PBO 纤维的极限氧指数达到 68 是聚合基纤维中最高的,与 Aramid 纤维相比,PBO 具有良好的耐火性能,适合用于隔热材料。

利用 PBO 纤维轻质高模的力学特性,其可应用在高层建筑和桥梁等领域用的水泥增强骨架、预应力混凝土加强筋及建筑物加固修复等复合材料中,同时可替代钢丝用作特殊长度要求的桥梁缆索。在电子器件方面,PBO 纤维可用作电热线、耳机线等各种软线的增强纤维,也可用在新型通信纤维光缆的受拉件和光缆的保护膜。在汽车运输方面,PBO 纤维长丝可用于轮胎、运输带、胶管等橡胶制品的补强材料。在运动器材方面,PBO 纤维由于其轻质特性,是制造赛艇横梁外壳、弓弦、网球拍框、滑雪用具、自行车车架等体育器材最好的材料,同时可用于制造各种安全手套、安全鞋、赛车服、飞行员服等防切割伤害的保护服。在航空航天领域,PBO 纤维可用作航空航天材料、弹道导弹和复合材料的增强组分、导弹和子弹的防护设备、防弹背心、防弹头盔等各种吸能、减振和抗冲击材料。

　　PBO 纤维的最高热分解温度为 650℃,目前是高性能有机纤维中耐热温度最高的一种纤维。因此,PBO 纤维作为耐热材料正在逐步替代传统石棉纤维、陶瓷纤维和不锈钢纤维等无机纤维和一些有机纤维。这是因为石棉纤维因环境问题急需替代,无机纤维耐磨性不好和硬度较高影响其使用性能,而以往的有机纤维耐热性不够(多在 400℃ 以下)。PBO 纤维最适宜用作高温工作环境下的耐热工作服、高温耐热垫材及耐热过滤材料。PBO 纤维作为耐热材料的应用也拓宽到航空航天领域,PBO 纤维可用作耐热性探测气球的材料,适应从 −10℃ 到地表温度 460℃ 范围的宇宙空间环境。

　　利用 PBO 纤维耐化学介质的特性,其可制成各种耐腐蚀防护用品及服装等,在有危险性化学物品或腐蚀性物品的现场作业时,可保护自身免遭化学危险品或腐蚀性物品的侵害。PBO 纤维还可应用在其他领域如电绝缘材料、透/吸波隐身材料、耐磨材料、密封填料、印制电路板、汽车离合器衬垫和刹车片及深海油田开发所需材料等。鉴于 PBO 纤维优异的性能,将来还会有更多的用武之地。

参 考 文 献

［1］Afshari M,Sikkema D J,Lee K,et al. High performance fibers based on rigid and flexible polymers［J］. Polym Rev,2008,48:230 – 274.

［2］Chae H G,Kumar S. Rigid – rod polymeric fibers［J］. J Appl Polym Sci,2006,100:791 – 802.

［3］Hu X – D,Jenkins S E,Min B G,et al. Rigid – rod polymers:synthesis,processing,simulation,structure,and properties［J］. Macromol Mater Eng,2003,288:823 – 843.

［4］Yoo E – S,Gavrin A J,Farris R J,et al. Synthesis and characterization of the polyhydroxyamide/polyme-thoxyamide family of polymers［J］. High Perform Polym,2003,15:519 – 535.

［5］Davies R J,Eichhorn S J,Riekel C,et al. Crystal lattice deformation in single poly(p – phenylene benzobisox-azole) fibres［J］. Polymer,2004,45:7693 – 7704.

［6］Wolfe J F,Sybert P D,Sybert J R. Liquid crystalline polymer compositions,process,and products:US 4533693［P］. 1985 – 08 – 06.

［7］Wolfe J,Sybert P,Sybert J,et al. Liquid crystalline poly (2,6 – benzothiazole) compositions,process,and products:US 4533724［P］. 1985 – 08 – 06.

［8］汪家铭. 聚对苯撑苯并二噁唑纤维发展概况与应用前景［J］. 高科技纤维与应用,2009,34(2):42 – 47.

［9］江建明,李光,金俊弘,等. 超高性能 PBO 纤维的最新研究进展［J］. 合成纤维,2008,37(1):5 – 9.

［10］Wolfe J F,Arnold F E. Rigid – rod Polymers:1,Synthesis and thermalproperties of para – aromatic polymers with 2,6 – benzobisoxazole units in themain chain［J］. Macromolecules,1981,14(4):909 – 915.

［11］Choe E W,Kim S N. Synthesis,spinning and fiber mechanical properties of poly (p – phenylenebenzobisox-azole)［J］. Macromolecules,1981,14(4):920 – 924.

［12］Imai Y,Itoya K,Kakimoto M. Synthesis of aromatic polybenzoxazoles bysilylation method and their thermal and mechanical properties［J］. Macromolecular Chemistry and Physics,2000,201(17):2251 – 2256.

[13] 金宁人,张燕峰,胡建民,等. 聚对亚苯基苯并二噁唑合成新路线及其制备新技术[J]. 化工学报, 2006,57(6):1474 - 1481.

[14] Wolfe J F. Rigid - rod polymer synthesis:development of mesophase polymerization in strong acid solution-sjames F. wolfe[C]//The Materials Science and Engineering of Rigid - RodPolymers:Symposium Held November 28 - December 2,1988,Boston,Massachusetts,USA. Materials Research Society,1989:83.

[15] Sikkema D J. Design,synthesis and properties of a novel rigid rod polymer,PIPD or M5:high modulus and tenacity fibres with substantial compressivestrength[J]. Polymer,1998,39(24):5981 - 5986.

[16] 张春燕,史子兴,冷维,等. 采用4,6 - 二氨基间苯二酚 - 对苯二甲酸盐合成聚苯撑苯并二噁唑[J]. 上海交通大学学报,2003,37(5):646 - 649.

[17] 李金焕,黄玉东,许辉. PBO 纤维的合成、纺制、微相结构与性能研究进展[J]. 高分子材料科学与工程,2003,19(6):46 - 50.

[18] 林宏,黄玉东,宋元军,等. 纺丝工艺参数对初生 PBO 纤维性能的影响[J]. 固体火箭技术,2008,31(6):646 - 649.

[19] 胡娜. PBO/SWNT 复合纤维的制备及结构与性能研究[D]. 哈尔滨:哈尔滨工业大学,2008.

[20] Nelson D S,Soane D S. Phase separation kinetics of rigid - rod polymersduring coagulation[J]. Polymer Engineering & Science,1993,33(24):1619 - 1626.

[21] Nelson D S,Soane D S. The morphology of rigid - rod polymers andmolecular composites resulting from coagulation processing[J]. Polymer Engineering & Science,1994,34(12):965 - 974.

[22] Hunsaker M E,Price G E,Bai S J. Processing,structure and mechanics offibres of heteroaromatic oxazole polymers[J]. Polymer,1992,33(10):2128 - 2135.

[23] Cohen Y,Gartstein E,Arndt K F,et al. The effect of heat treatment on themicrofibrillar network of poly (p - phenylene benzobisthiazole)[J]. Polymer Engineering & Science,1996,36(10):1355 - 1359.

[24] 吴平平,张烯,韩哲文. 液晶高分子聚苯撑苯并二噁唑的合成、结构与性能[J]. 功能高分子学报,1992,5(3):169 - 174.

第 2 章

PBO 纤维单体合成技术

聚对苯撑苯并二噁唑(PBO)聚合物的化学结构如图 2 - 1 所示。

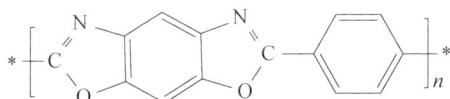

图 2 - 1   PBO 聚合物的化学结构

在已知的 PBO 的所有合成路线中,4,6 - 二氨基间苯二酚 (4,6 - diaminoresorcinol,DAR) 是必备的中间体,由于其结构中含有两个活泼的羟基和氨基,因此使用过程中非常容易发生氧化或分解,这使得 DAR 的制备及使用难度大、成本高,进而严重制约了 PBO 的开发及应用。最早是以间二苯酚为原料在 4 位、6 位经硝化还原合成 DAR,一方面由于会有少量单氨基化合物生成,另一方面其 2 位也会发生少量的副反应生成三氨基化合物,由于单氨基的副产物可作为 PBO 聚合过程的链终止剂,而三氨基的副产物则使 PBO 成为非直链型结构,导致制得的 PBO 纤维强度较低。美国陶氏化学公司采用 1,2,3 - 三氯苯经硝化、水解及还原的路线对 2 位进行有效占位保护,成功地合成出高纯度 DAR,高性能的 PBO 纤维得以迅速发展。因此,如何获取高纯度的 DAR 且增加 DAR 保存和使用过程中的稳定性对于获取高性能的 PBO 起着决定性的作用。DAR 价格十分昂贵,因此如何制备高纯度、高收率、低成本的 DAR 已成为全世界范围内获取高性能 PBO 技术中迫切需要解决的关键问题[1]。本章按所采用的起始原料类型将合成路线分为三大类:以连三氯苯、间二氯苯为原料引入 4,6 位硝基再水解还原的路线;以间苯二酚为原料经多步反应引入 4,6 位氨基的路线;以间二硝基苯为原料引入 4,6 位羟基的路线。本章分别阐述 DAR 制备的国内外发展情况,并对 AB 型单体及如何提高 DAR 的抗氧化性做简要介绍。

2.1 连三氯苯及间二氯苯法

2.1.1 连三氯苯法

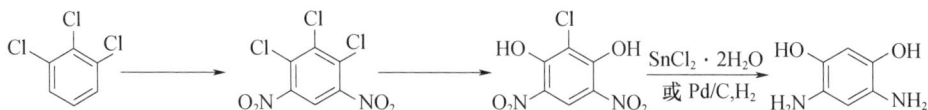

早在 1988 年,美国陶氏化学公司的 Zenon Lysenko 等提出了以连三氯苯经过硝化、水解、还原后盐酸酸化制备 DAR 的合成路线[2]:

将浓硫酸与连三氯苯置于反应釜中,在 65℃ 条件下持续搅拌,三氯苯完全溶解后,将硝酸慢速滴加至反应器中,反应体系混匀后将温度保持在 60～70℃ 反应 5h,将反应体系冷却至室温,过滤、水洗后可以得到淡黄色细碎晶末状 4,6-二硝基连三氯苯固体。产品不经提纯,纯度即可达 99% 以上。将上述 4,6-二硝基连三氯苯、无水甲醇以及适量的质量分数为 50% NaOH 溶液加至反应釜中,80℃ 下回流 5h 后冷却至室温,40℃ 以下滴加浓盐酸,搅拌 1～2h,过滤得粗品。所得粗品用乙醇重结晶得 2-氯-4,6-二硝基间苯二酚金黄色针状晶体,纯度可达 99% 以上,产率大于 92%。将一定配比的 2-氯-4,6-二硝基-1,3-间苯二酚和 Pd/C 催化剂加入 HAc-NaAc 水溶液组成的溶剂体系中,于高压釜中保持 40～50℃、氢气压力 4～5MPa,直至压力不再下降时停止加热,温度降至室温后,体系加入盐酸,过滤,热水溶解后再过滤分离 Pd/C 催化剂,滤液加入有适量氯化亚锡的浓盐酸,过滤,重结晶,真空干燥后制得白色针状晶体 4,6-二氨基间苯二酚盐酸盐(DADHB)。

这条路线最大的优点在于 2 位被氯占据,加氢还原之前可以获得高纯度的 2-氯-4,6-二硝基间苯二酚,而完全避免了 2,4,6-三硝基苯二酚的存在,由于加氢还原可以实现高转化率,从而最终可以获得高纯度的 DAR,该工艺原理简单、成本低、相对其他路线产率高,但是对设备及操作要求很高。以加氢还原过程为例:第一,由于 2 位被氯占据,氢取代氯的过程除需要较高的反应压力(通常需要大于 5.0 MPa),体系还会有氯化氢产生,这意味着高压反应釜需要具有很强的耐腐蚀能力,同时还要在搅拌的条件下实现完全密封,微弱的泄漏会使加氢过程变得十分危险;第二,对于完成反应的混合物来说,在没有形成盐酸盐之前由于 DAR 含有两个羟基的同时还含有两个氨基,这使得产物非常容易被氧化,而此时,催化剂与 DAR 混合在一起,同时兼顾催化剂与 DAR 分离且保证 DAR 不被氧化,对操作技术有很高的要求;第三,催化剂会吸附少量的 DAR,催化剂与 DAR 分离后,这部分残留的 DAR 会迅速地被氧化而变色,需要特殊的工艺使得价格昂贵的催化剂多次回收套用才能降低 DAR 的生产成本。哈尔滨工业大学的黄玉东课题组经过多年研究,巧妙地解决了上述问题,为获取工业化的低成本高纯度 DAR 奠定了坚实的基础。随后,以连三氯苯为原料制备 DAR 的工艺被不断地优化创新。

1988 年美国陶氏化学公司还对上述方法申请了欧洲专利。

1989 年美国陶氏化学公司的 T. K. T. Yin 对上述方法的连三氯苯硝化反应进行了改进,并申请了美国专利,该专利在 1991 年获得授权[3]。

美国陶氏化学公司还对上述方法申请了日本专利 500743/1990 和 502028/1993 并取得了授权。

2003 年哈尔滨工业大学陈向群等以 1,2,3 - 三氯苯为起始原料,合成 4,6 - 二氨基间苯二酚盐酸盐,各步反应容易控制,产物易于分离提纯,产率较高。利用制备的 4,6 - 二氨基间苯二酚盐酸盐和对氨基苯甲酸在多聚磷酸中缩合成 2,6 - 二(对氨基苯)苯并[1,2 - d;5,4 - d']二噁唑,反应体系中首次加入还原剂 $SnCl_2$,使产率提高 15%[4]。

2003 年浙江工业大学胡建民等详细论述了美国陶氏化学公司、日本日产化学工业公司和东洋纺织株式会社为代表的 4,6 - 二氨基间二苯酚的合成专利技术、研究进展及发展趋势,并按所采用的起始原料类型将其分为三大类进行合成 DAR 的探索性试验。结果表明:以连三氯苯为原料引入 4,6 位硝基再水解还原的路线合成的 DAR,经精制和处理可使其氧化分解得到延缓,纯度达到制备超高分子量 PBO 的聚合级要求[5]。

2003 年哈尔滨工业大学李金焕等从 1,2,3 - 三氯苯出发经过硝化、水解、还原合成了高纯度的 4,6 - 二氨基间苯二酚盐酸盐,并采用 FT - IR、元素分析、H NMR 等方法对各步中间体及 4,6 - 二氨基间苯二酚盐酸盐进行了表征分析。结果表明成功地制得了 4,6 - 二硝基 1,2,3 - 三氯苯及 2 - 氯 -4,6 - 二硝基 -1,3 - 间苯二酚中间体,结合 Na 元素分析证实,以 H_3PO_4 水溶液代替普遍采用的 HAc - NaAc 水溶液为介质的加氢工艺有效地解决了 4,6 - 二氨基间苯二酚盐酸盐无机盐污染问题,制得了合成 PBO 的高纯度单体 4,6 - 二氨基间苯二酚盐酸盐[6]。

2005 年哈尔滨工业大学李金焕等以改进的 1,2,3 - 三氯苯路线由硝化、水解、催化加氢反应制得了各步反应的中间体和最终单体,并对中间体和单体进行了 FT - IR、元素分析、¹H NMR、¹³C NMR 等分析。用优化原料配比直接过滤出水解物的工艺方法,简化了乙酸乙酯提取工艺中难以操作的缺点,并用 HAc 介质路线彻底解决了传统 HAc - NaAc 加氢工艺中易引入无机盐杂质的问题[7]。

2005 年哈尔滨工业大学陈向群等以连三氯苯为原料,依次经过硝化、水解和催化加氢制得 4,6 - 二氨基间苯二酚盐酸盐。在多聚磷酸中,此盐酸盐和对氨基苯甲酸缩合。他们还分别对中间体的重结晶、缩合反应温度、缩合反应体系组成等方面进行了改进[8]。

2006 年哈尔滨工业大学宋元军等以连三氯苯为原料,经硝化、水解和催化加氢三步反应,合成 PBO 单体 4,6 - 二氨基间苯二酚盐酸盐。研究了各中间体和单体合成中的影响因素,确定了各步反应的最佳工艺参数。并研制了一套单体防氧化分离 Pd/C 过滤装置,实现了 Pd/C 催化剂的回收再利用,解决了单体易氧化、Pd/C 易失活难题,提高了生产效率,降低了生产成本[9]。

2006 年哈尔滨工业大学史瑞欣等以连三氯苯作为起始原料经硝化、水解和催化氢化三步合成制得 4,6 - 二氨基间苯二酚通过借助 AA、XRD、DTA、物理吸附等分析手段对试验前后的 Pd/C 催化剂进行表征,对催化剂失活的原因进行分析并对催化剂的再生进行了初步探讨[10]。

2007 年哈尔滨工业大学史瑞欣等采用化学计量学中的均匀试验设计方法对 4,6 - 二硝基 - 1,2,3 - 三氯苯的合成工艺进行了研究。研究结果表明,影响 4,6 - 二硝基 - 1,2,3 - 三氯苯产率的因素由大到小依次为反应时间、温度、硝酸与三氯苯的摩尔配比、硫酸与三氯苯的摩尔配比[11]。

综上,短短 5 年时间里国内研究人员陆续对 DAR 中间体的重结晶技术,延缓 DAR 氧化分解技术,DAR 无机盐污染问题,提取工艺,催化剂失活的原因等关键技术进行了深入的探讨和研究并制备了高纯度的单体,为 PBO 纤维的国产化打下了坚实的基础。

2.1.2 间二氯苯法

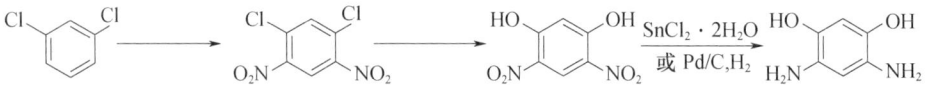

1996 年拜耳公司的 H. Bethre 等在冷却下,将 1,3 - 二氯苯和混合酸(HNO$_3$ 和发烟硫酸的等摩尔混合物)于 20℃在约 1h 内同时加到部分硫酸 - 水合物中,其中 HNO$_3$ 与 1,3 - 二氯苯的摩尔比约为 2.2:1。该硝基化混合物于 20℃下,再继续搅拌约 4h,出料于冰/水混合物中,其温度会由于放热升温至最高温度 20℃,形成的水悬浮液在 20℃下再搅拌 1h。分离过滤出产物,用水将其洗至无酸并干燥所的产物,可制得工业纯 4,6/2,4 - 二硝基 - 1,3 - 二氯苯混合物。

在冷却条件下,于约 10℃、氮气条件下,将得到的工业纯 4,6/2,4 - 二硝基 - 1,3 - 二氯苯混合物(90:10)在约 0.5h 内加入新配制的苄醇 - 苄醇钠溶液中,其中 4,6/2,4 - 二硝基 - 1,3 - 二氯苯混合物与苄醇钠的摩尔比约为 1:2.4。然后,将形成的 1 - 苄氧基 - 3 - 氯 - 4,6/2,4 - 二硝基苯混合物悬浮液在 10℃条件下,再搅拌约 0.5h,然后,加热反应物料到 30℃,并于 30℃下再搅拌约 3h,

直至完全转化成二苄氧基化合物的混合物。混合物中的 1,3 - 二苄氧基 - 4,6 - 二硝基苯用 NaCl 沉淀,其非常容易过滤,于 30℃经过烧结玻璃吸滤器分离并将液体完全压出。然后,将产物在约 5 倍量的水中制浆,于室温(20℃)搅拌 1h,再次过滤和水洗,这样就从产物中分离出 NaCl 和黏附的苄醇。

在高压釜中加入甲醇的钯碳催化剂悬浮液。在氢化条件下(60℃;2.0MPa 的 H_2),甲醇中形成 5% ~ 10%(质量分数)的 1,3 - 二苄氧基 - 4,6 - 二硝基苯溶液,在 30 ~ 90min 内泵入,其中,1,3 - 二苄氧基 - 4,6 - 二硝基苯的浓度以甲醇总量计为 5% ~ 7.5%(质量分数),并且 1,3 - 二苄氧基 - 4,6 - 二硝基苯与钯的重量比为约 85:1。氢化吸收完成后,反应混合物在 60℃和 2.0MPa 的 H_2 下再搅拌约 60min,停止搅拌,约 75% 的 4,6 - 二氨基间苯二酚甲醇溶液从高压釜中放出,到一个盛有盐酸水溶液的接收器中。蒸出有机溶剂后,可分离出 4,6 - 二氨基间苯二酚盐酸盐。如果需要可以进行数次的精制和纯化。而钯碳催化剂可以连续进行数次氢化而不降低催化剂的活性,从而使得催化剂的消耗非常低。

在硝化过程中,1,3 - 二氯 - 4,6 - 二硝基苯在产物中比例很高,副产物 1,3 - 二氯 - 2,4 - 二硝基苯含量很低,而且在与苄醇反应后,可以完全消除副产物,从而直接得到高纯度的 1,3 - 二苄氧基 - 4,6 - 二硝基苯。

拜耳公司将此项技术申请了美国、日本以及中国专利[12]。

随后,日产化学工业公司的铃木秀雄也以间二氯苯为原料经分步水解及 Pd/C 加氢还原技术合成了 DAR,一定程度上解决了选择性差及三氨基化合物的不良影响,并申请了日本专利[13]。

2.1.3　4,6 - 二硝基间二氯苯法

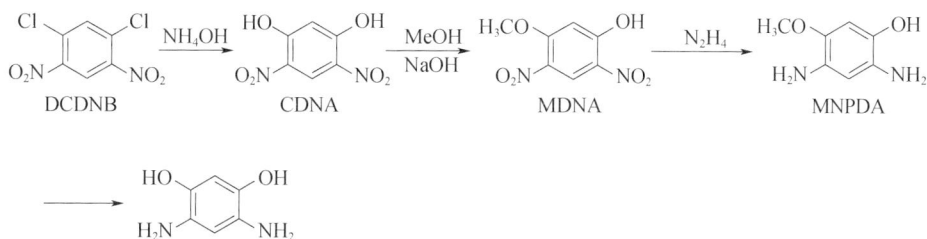

1995 年,Z. Lysenko 针对 4,6 - 二硝基间苯二酚还原成 DAR 时产率较低而难以应用于工业化生产的问题,提出先用 Pd/C 还原制得 4,6 - 二氨基间二苯酚单甲醚,然后经过脱甲基成功制备 DAR[14]。1,3 - 二氯 - 4,6 - 二硝基苯为反应初始物,将其投入到适量甲醇、蒸馏水、氢氧化钠的溶液中,在 65℃下加热回流 8h,然后将反应液倒入 0℃的盐酸溶液中,之后经过过滤和空气下干燥,可以得到 5 - 甲氧基 - 2,4 - 二硝基苯酚,其产率可以达到 95%。多得到的 5 - 甲氧基 - 2,4 - 二硝基苯酚可以在钯碳催化剂催化下 55℃加氢还原,反应过程中加

入适量盐酸,经过4h的加氢反应后过滤移除催化剂,滤液加入适量氯化亚锡和盐酸,向反应溶液中通入氯化氢气体使其饱和并冷却到25℃,溶液经过减压蒸馏得到白色固体,将其在40℃下干燥18h即可得到5-甲氧基-2,4-二氨基苯酚。将5-甲氧基-2,4-二氨基苯酚溶解于适量浓盐酸中,加压并加热到140℃反应16h,然后冷却至25℃,将沉淀过滤干燥即可得到4,6-二氨基间二苯酚盐酸盐。

同样采用1,3-二氯-4,6-二硝基苯为反应初始物,使其与适量的甲醇、氢氧化钾在65℃下反应8h,可制成1,3-二甲氧基-4,6-二硝基苯。与上述5-甲氧基-2,4-二硝基苯催化还原方法相似,可将其还原为1,3-二甲氧基-4,6-二氨基苯,在高压釜中浓盐酸作用下可以制备成4,6-二氨基间二苯酚盐酸盐。

采用2,4-二硝基氯苯为初始物,则先在二氯甲烷中与氢氧化钠、液氨在低温下反应,后与氢氧化钠甲醇溶液反应,经过萃取、酸化,最终可以制成5-甲氧基-2,4,-二硝基苯酚。然后采用上述的催化还原、脱甲基反应,可制备成4,6-二氨基间苯二酚盐酸盐。

从制备过程看,1,3-二氯-4,6-二硝基苯制备4,6-二氨基间二苯酚盐酸盐相对简单,而采用2,4-二硝基氯苯法非常复杂,不适合作为4,6-二氨基间二苯酚盐酸盐制备的常用方法。

2012年浙江工业大学的金宁人等以1,5-二氯-2,4-二硝基苯(DCDNB)为原料经单氨解和醇解二步反应先制得5-甲氧基-2,4-二硝基苯胺(MDNA),再经多硫化钠选择还原合成MNPDA的路线,经工艺优化后,可获得纯度为98.9%,总产率42.2%的MNPDA[15]。

2.2 间苯二酚法

2.2.1 贝克曼重排法

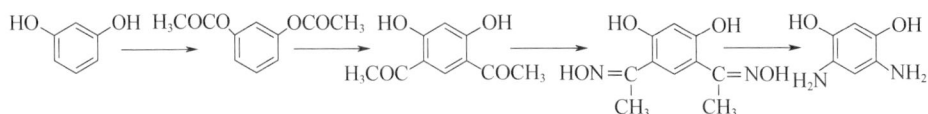

1999年Daiwa Kasei Industry公司的J. Kawachi等利用间苯二酚经酰基化、肟化、贝克曼(Beckmann)重排制备4,6-二氨基间苯二酚并申请了专利[16]。

一般来说要通过以下步骤合成:

A步　间苯二酚酰化得到二酰基化合物;

B 步　将二酰化的化合物进行 Fries 重排得到 4,6 - 二酰基间苯二酚；

C 步　将 4,6 - 二酰基间苯二酚肟化从而得到相应的二肟化合物；

D 步　二肟化的化合物进行贝克曼重排得到 4,6 - 二酰氨基间苯二酚；

E 步　水解 4,6 - 二酰基二氨基间苯二酚得到 4,6 - 二氨基间苯二酚。

此合成方法最关键的步骤是 D 步和 E 步，而 A 步 ~ C 步是合成二肟的经典方法。

A 步 + B 步：

A 步是间苯二酚酰化得到的二酰基化合物。酰化反应选用乙酸酐进行该反应，这有利于工业上的实现。每摩尔间苯二酚酰化剂用量一般为 2 ~ 2.5mol。当乙酸酐作为酰化剂时，由于反应中的副产物酸可以作为反应的溶剂，因此酰化过程不需要使用另一种溶剂。采用乙酸酐时，使用路易斯酸（氯化锌）作为催化剂，在 180℃ 下反应 3h，反应结束后冷却至室温，加入适量的水用来水解未反应完的乙酸酐，然后为使其析出晶体加入适量的甲醇，在加热条件下回流 30min，然后冷却至室温，将析出的固体过滤、分离、洗涤、干燥，其产率可以达到 73.8%。

B 步的重排反应是与 A 步同时进行的，完成二酰基化后无需将 A 步中的二酰基化合物进行分离，而直接进行重排反应。此路线中 Fries 重排反应是在路易斯酸催化剂（氯化锌）催化下进行的。1mol 二酰基化合物（或间苯二酚）加入路易斯酸的量为 2 ~ 2.5mol。通过这种反应，两个酰基可以转移到高活性的 4 位或 6 位上。当反应的温度太低时，所需的反应时间比较长。当反应温度过高时，混合体系的颜色将会加深，因此反应必须在短时间内完成，导致制备操作性变差。然而，Fries 重排反应可以在没有任何溶剂（如硝基甲烷、硝基苯、邻二氯苯）下发生，这些溶剂会使 Fries 重排反应惰化，而适于 Friedel - Crafts 反应的进行。当使用溶剂时，以重量计，它通常使用的量约为间苯二酚或二酰基衍物量的 3 倍。此步反应完成后，向体系中加入水用来分解路易斯酸以及未反应的酸酐或者酰氯。然后将反应体系用不良溶剂稀释使得晶体沉淀。当水作为不良溶剂时，晶体变得高度着色，因此需要进行重结晶。因此选用水不太合适，通常情况下选用甲醇来作为不良溶剂。向体系中加入甲醇后，整个混合体系需要在回流的情况下进行加热促进晶体的生长从而使得固 - 液分离。

C 步：

C 步是将 B 步中所得 4,6 - 二酰基间苯二酚肟化从而得到相应的 4,6 - 二肟取代的间苯二酚。4,6 - 二酰基间苯二酚到二肟的转化可以按照常规方式进行，产率稳定。将 4,6 - 二酰基间苯二酚和盐酸羟胺（每摩尔 4,6 - 二氨基间苯二酚加 2mol 左右的盐酸羟胺）加入到 4,6 - 二酰基间苯二酚质量约 5 倍的水中，向其中逐渐滴加碱液，碱液一般采用弱碱（碳酸氢钠）并在 55℃ 左右反应 30min。反应物完全溶解消失后，将体系冷却，可以通过加入活性炭以降低体系色度。在25℃下逐滴加入浓盐酸溶液直至体系的pH值为4~7。酸的滴加使得二肟晶体立即析出,然后将其过滤,用水进行洗涤并干燥,其产率可以达到96.5%。

D步:

D步是将C步中二肟化的化合物进行贝克曼重排反应得到4,6-二酰氨基间苯二酚。贝克曼重排反应需要有重排催化剂(如质子酸、路易斯酸)的参加才可以发生。常见的重排催化剂有硫酸、多聚磷酸、甲酸或氟硼酸等,这里加入甲酸效果比较理想,可以得到相对高的产率。通常情况下有机溶剂不利于这个反应的发生,而重排反应的催化剂同时也作为反应溶剂使用,因此,甲酸在这个反应过程中既是催化剂也是反应溶剂。反应一般控制在100℃左右进行1.5h。当反应结束时通常需要向反应体系中加入适量的水使重排反应完全并将反应体系中的甲酸减压蒸馏出来,4,6-二酰氨基间苯二酚通过过滤被分离出来。实际上D步和E步是一个连续的反应过程,D步完成后不需要将4,6-二酰氨基间苯二酚从反应物料中分离出来,而是直接进行E步的反应,这在工业化中是非常有利的。

E步:

向D步反应后的物料中加入适量的浓盐酸和氯化亚锡,并使反应物升温至80℃左右反应约1h,这样就可以得到4,6-二氨基间苯二酚,生成的4,6-二氨基间苯二酚以盐酸盐形式析出,有必要对其进行纯化,其产率可以达到64%。

综上,尽管该方法的步骤多,但从实际反应过程看,其步骤之间有时是同时反应的,并不需要物料的转移,可操作性强,总产率相对较高,有利于实现工业化的生产。唯一存在的问题是,所引入的有机基团在反应过程中变为不可回收的废料,因此,环境污染问题还需要进一步解决。为解决这一问题,以间苯二酚为原料采用贝克曼重排法制备DAR的工艺不断地优化创新。

1999年Junji Kawachi等以间苯二酚为原料,经过酰基化、Fries重排、肟化、贝克曼重排,最后水解得到4,6-二氨基间苯二酚[16]。

2004年上海交通大学的张春燕等以间苯二酚为原料,通过乙酰化、肟化、贝克曼重排、水解反应制备4,6-二胺基间苯二酚盐酸盐(DAR·2HCl)[17]。

2009年大连理工大学的刘欣等从分子设计角度出发,对张春燕等的工艺进行了优化。

2016年吉林师范大学孙德武等以间苯二酚为初始原料,详细论述通过乙酰化、肟化、贝克曼重排、水解等反应步骤来制备4,6-二氨基间苯二酚盐酸盐的过程,着重分析各步骤反应机理,通过对4,6-二乙酰基间苯二酚、二肟、4,6-二氨基间苯二酚盐酸盐的表征和试验条件的分析,说明该法的优点和可行性[18]。

　　研究人员通过间苯二酚为原料的贝克曼重排法制备 DAR 工艺的改进,环境污染问题被不断改善。

2.2.2　三磺化、硝化水解还原法

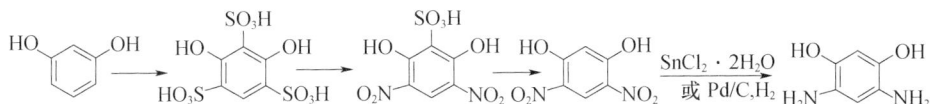

　　2000 年日本三井化学株式会社申请了间苯二酚磺化法制备 4,6 - 二硝基间苯二酚的专利[19,20]。该方法主要以间苯二酚为初始物,通过间苯二酚磺化形成 2,4,6 - 三磺酸基间苯二酚,然后硝化三磺酸基间苯二酚,以高的区域选择性得到 2 - 磺酸基间苯二酚 - 4,6 - 二硝基间苯二酚,通过水解该化合物,形成 4,6 - 二硝基间苯二酚,并还原 4,6 - 二硝基间苯二酚,就能以高产率得到 4,6 - 二氨基间苯二酚。水解 2 - 磺酸基 - 4,6 - 二硝基间苯二酚时,得到既不含异构体也不含三硝基化合物的 4,6 - 二硝基间苯二酚,因此还原 4,6 - 二硝基间苯二酚可得到高纯度 4,6 - 二氨基间苯二酚。

　　磺化过程中为了避免水解脱磺酸基,应该使用发烟硫酸作为磺化试剂,浓度 95% 以上的浓硫酸也可作为磺化试剂。2,4,6 - 三磺酸基间苯二酚的选择性很大程度上取决于硫酸中三氧化硫的浓度,当 SO_3 的浓度降低时,2,4,6 - 三磺酸基间苯二酚的选择性也会降低。每摩尔间苯二酚应使用含有 3mol 或更高浓度游离 SO_3 的发烟硫酸进行磺化,用 100% 硫酸磺化时,最终得到的产物 2 - 磺酸基 - 4,6 - 二硝基间苯二酚含量很低,大部分产物是三硝基间苯二酚,发烟硫酸的磺化能力较强,磺化时主要以 2,4,6 位三磺酸间苯二酚产物为主;而浓硫酸的磺化能力有限,磺化主要发生在 4,6 位上,得到的产物以 4,6 - 二磺酸间苯二酚为主,这会导致硝化过程中三硝基取代产物成为主要生成物。因此要保证三磺化的完全,必须选用发烟硫酸来作磺化剂,以得到 2,4,6 - 三磺酸间苯二酚为主产物的产品。同理,硝化阶段硝酸的用量是关键因素,硝酸过多,也会把 2,4,6 位上的磺酸基全部取代。因此磺化 - 硝化过程,既要选取适当的磺化剂,也要控制好硝酸的投入当量,二者是能否实现 4,6 位硝化的关键。随着硝酸配比的增加,2 - 磺酸基 - 4,6 - 二硝基间苯二酚纯度会降低;当硝酸配比超过 2 时,2 - 磺酸基 - 4,6 - 二硝基间苯二酚的纯度下降很快。

　　水解反应受溶剂酸浓度影响较大,2 位磺酸基能否脱除与酸浓度高低直接相关,如果在反应中磺化、硝化及水解采用的是简单的一锅法连续过程,磺化和硝化过程带入的酸量越多,需要稀释添加的水越多。这不仅需要使用大量水稀

释,而且严重影响生产效率,因此,水解步骤不适宜与磺化硝化采用连续过程,应将 2 - 磺酸基 - 4,6 - 二硝基间苯二酚产物收集处理后,再分部进行水解,这样有利于节省用水,同时操作也并不复杂,有利于工业上的实现。

将纯化的 4,6 - 二硝基间苯二酚加入到适量的盐酸溶液中,使其 pH 值为 4 ~ 5,向该溶液中加入适量的 Pd/C 催化剂,在 60℃ 和保持氢气压力为 0.8MPa 的条件下氢化 100min 左右。过滤反应物料除去催化剂,向滤液中加入活性炭。然后搅拌溶液 30min,过滤除去活性炭。向滤液中加入适量盐酸,可观察到结晶逐渐沉淀。收集结晶,并减压干燥,得到 4,6 - 二氨基间苯二酚盐酸盐,单步骤产率可达 95% 以上。催化加氢前如果对 4,6 - 二硝基间苯二酚进行重结晶提纯,则得到的 4,6 - 二氨基间苯二酚转化率和产率都有更好的效果。

这种方法的优点在于工艺简单,生产成本低,适合工业化生产,但是获得高纯度的 DAR 需要对产品进行多次提纯,少量的杂质会对后期的聚合产生很大的影响。

2008 年浙江工业大学的张建庭等以间苯二酚为原料,经磺化、硝化、水解法,通过一锅原位合成高纯度(99.5% 以上)的 4,6 - 二硝基间苯二酚 DNR[21]。

2.2.3　磺化、氯化硝化水解还原法

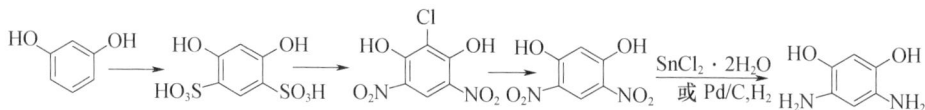

1994 年 Bassam S. Nader 等对间苯二酚先 4,6 位采用磺酸化,然后 2 位氯化保护后再选择对 4,6 位进行硝化,最后通过加氢还原的工艺制得 DAR,磺化采用浓度为 90% ~ 98% 的浓硫酸或含有摩尔浓度为 10% ~ 20% 的发烟硫酸,每摩尔间苯二酚至少使用含有 2mol 三氧化硫当量的发烟硫酸。将间苯二酚放入磺化剂中,体系放热会逐渐升温大约至 90℃,然后加热磺化体系至 110℃ 并保持 2h,磺化反应完成后,将反应物料降温至 15℃。之后向混合物中通入适量氯气,并使反应体系的温度维持在 15℃,氯化反应完成后,然后将反应物料倒入适量冰水混合物中,并加入一定浓度的氢氧化钠溶液使反应体系的酸度降低,使 4,6 位的磺酸基水解脱除,在 100℃ 下冷凝回流 24h。之后将反应体系温度降至室温,然后用乙醚萃取出产物,将乙醚溶液蒸馏,剩下的晶体是包含有间苯二酚和 2 - 氯间苯二酚的混合物,提纯后得到 2 - 氯间苯二酚,产率为 20% 左右。实际上,磺酸基团不进行脱除一样可以进行下一步的硝化反应,从反应的本质上并没有很大的区别。

将得到的 2 - 氯间苯二酚进行硝化是将适量(少量)的浓硫酸慢速加入到冰水浴的 2 - 氯间苯二酚中并搅拌,控制体系温度使其保持在很低温度下,等 2 - 氯间苯二酚完全溶解后,加入一定比例混合的硝酸/浓硫酸混酸溶液,并对反应物料快

速搅拌,并日控制温度不超过 15℃ ,20min 之后将反应物料加入适量的冰水中,溶液中有沉淀析出,过滤收集沉淀并用水对沉淀进行洗涤,空气条件下晾干可得高纯度 2 - 氯 - 4,6 - 二硝基间苯二酚,产率可达 65% 。2 - 氯 - 4,6 - 二硝基间苯二酚的催化加氢还原过程可参考连三氯苯法即可得到 4,6 - 二氨基间苯二酚。

先磺化再经氯化、硝化,还原的方法与连三氯苯法大同小异,难点在于获得高纯度的 2 - 氯 - 4,6 - 二硝基间苯二酚[22]。

随后,2003 年浙江工业大学的胡建民等先将间苯二酚的 4,6 - 位磺化再在 2 位氯化保护下进行 4,6 位取代硝化合成 2 - 氯 - 4,6 - 二硝基间苯二酚,最后催化加氢还原制得 DAR[23]。

2.2.4　叔丁基保护、氯化硝化水解还原法

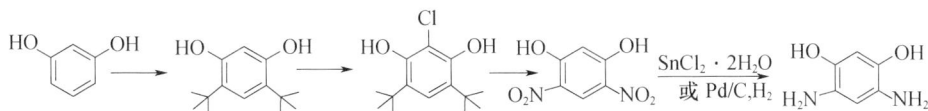

1995 年 Bassam S. Nader 等以间苯二酚为初始物,通过二叔丁基化反应制备 4,6 - 二叔丁基间苯二酚,之后通过卤化反应在 2 位上引入卤素,生成 2 - 卤 - 4,6 - 二叔丁基间苯二酚,然后通过硝化反应制备 2 - 卤 - 4,6 - 二硝基间苯二酚,最后通过催化加氢还原生成 4,6 - 二氨基间苯二酚[24]。其中间苯二酚在路易斯酸 $AlCl_3$ 催化作用下与叔丁基氯反应,制备生成 4,6 - 二叔丁基间苯二酚,然后将 4,6 - 二叔丁基间苯二酚通入氯气并控制反应温度在 15℃ 左右,即可生成 2 - 氯 - 4,6 - 二叔丁基间苯二酚。与间苯二酚 4,6 位磺化 - 2 位氯化法类似,此时既可以直接对 2 - 氯 - 4,6 - 二叔丁基间苯二酚进行硝化,也可以对 2 - 氯间苯二酚进行硝化,但实际上叔丁基取代更有利于硝化反应的发生,其产率和纯度都要优于后者。硝化后即可制得 2 - 氯 - 4,6 - 二硝基间苯二酚,其单步产率为 77% ~ 81% 。然后在醋酸 - 醋酸钠体系中利用钯碳催化剂可以将 2 - 氯 - 4,6 - 二硝基间苯二酚还原为 4,6 - 二氨基间苯二酚。其中,4,6 - 二叔丁基苯二酚属于较为成熟的商品化原料,因此可以以该化合物为初始物进行后面的合成制备。

2.2.5　酯化、硝化还原法

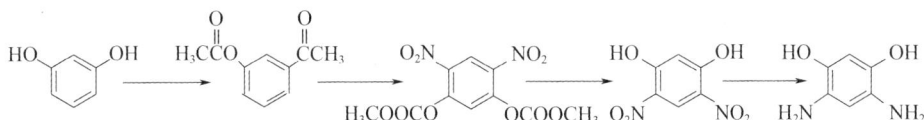

由于区域选择性的原因,间苯二酚制备 4,6 位硝化的产物是非常困难的。

采用直接硝化的方法,所得产物的产率非常低,硝化过程产生副反应而生成其他位置的取代产物,这主要是间苯二酚上的两个羟基是起活化作用的非常强的邻对位定位基。间苯二酚二乙酸酯是间苯二酚的衍生物,是由间苯二酚与乙酸酐或乙酰氯在碱(碳酸钾、吡啶、三乙醇胺)或酸(硫酸、磷酸)催化下成酯制备的。间苯二酚二乙酸酯已经是一种工艺成熟的常见的化工产品。

1988 年 James F. Wolfe 的研究小组率先采用间苯二酚的衍生物间苯二酚二乙酸酯硝化的方法制备了中间体 4,6 - 二硝基间苯二酚,在 0℃下采用浓度为 80% 的硝酸硝化,以尿素为催化剂,制得 4,6 - 二硝基间苯二酚,产率可以达到 44%;在 0℃硝酸 - 硫酸混酸体系下进行硝化,也可以制得 4,6 - 二硝基间苯二酚,产率可以达到 60%。这种方法的产率对反应条件非常敏感,如果硝酸的浓度或者硫酸的浓度变化 5% 或者温度上升 10℃,那么这个反应的产率将变得非常低。由于这种方法步骤简单,因此用于制备 4,6 - 二硝基间苯二酚是非常方便的。这个反应要求尽量使亚硝化副反应达到最小化,而尽量实现区域选择性和产率的最大化。

硝化过程存在一定的危险性。采用硝酸/尿素体系,诱导期后会伴随剧烈的反应。2,4,6 - 三硝基间苯二酚是该反应中的副产物,有一定的爆炸危险性。在冷却条件下,将质量分数为 90% 的硝酸与尿素缓慢加入到等量的质量分数为 70% 的纯硝酸(经过通入氧气或空气消除 NO_2、N_2O_4、亚硝酸处理后的,以防止亚硝化副反应的发生)中得到反应所需的质量分数为 80% 的硝酸。整个反应在惰性气体氛围中进行。将适量的质量分数为 80% 的发烟硝酸冷却到 - 10℃。将尿素缓慢加入到反应液的混合体系中用来消除亚硝酸的形成。然后将间苯二酚二乙酸酯在搅拌的条件下缓慢加入,维持反应体系的温度在 5℃以下。这个反应阶段必须特别注意,在温度高于 0℃以上时,加入间苯二酚二乙酸酯太快时会产生浓烟。在硝酸/尿素的混合体系中会缓慢产生金黄色沉淀。大约 2h 后,用玻璃纤维滤纸将沉淀物过滤。将剩下的硝酸溶液倒入冰水中再次过滤以便能够收集其他的沉淀物。采用水反复洗涤沉淀物,干燥,并用乙酸对其进行重结晶,从反应中分离出重结晶产物的产率可达 44%。除此以外,还可以从水/硝酸的混合物中分离出 4 - 硝基间苯二酚和 2,4,6 - 三硝基间苯二酚。

在硝酸/硫酸体系中合成同样存在一定的危险。但与上述硝酸/尿素法相比是更安全和更可靠,反应过程中同样会生成 2,4,6 - 三硝基间二酚副产物。将 3mol 化学当量(相比于间苯二酚二乙酸酯)纯化后的质量分数为 80% 的硝酸缓慢加入冷却到 - 10℃适量的 80% 的硫酸中,并加入少量的尿素,用来控制反应中亚硝酸的形成。在搅拌条件下缓慢加入苯二酚二乙酸酯,并且将温度控制在 0℃以下。反应体系会缓慢形成金黄色沉淀,反应 1.5h 后对产物进行与上一体系中同样方法的后处理。最终可以得到 4,6 - 二硝基间苯二酚,重结晶后其产率为 60%。

上述路线,表明两种硝化体系都是过程简单的制备 4,6 - 二硝基间苯二酚的方法,但反应条件的控制是十分苛刻的,尤其避免亚硝化的发生是该合成线路的关键,同时该线路存在一定的危险性,在工业生产当中,大量制备将会有极大的爆炸危险,同时此线路的产率偏低也影响了该方法的实际应用。

除了利用间苯二酚二乙酸酯外,其间苯二酚二酸甲酯、间苯二酚二酸丙酯也是可以采用此方法进行反应,也可以在 4 位上事先合成上硝基、亚硝基进行上述反应。可以看出,此线路的好处在于降低间苯二酚的活性,制备活性较低的间苯二酚衍生物作为反应原料,从而降低其亲电取代反应的能力,避免在 2 位上发生硝化,生成三硝基取代物。难点在于,对于硝化过程,硝化程度高仍有三硝基化合物产生,硝化程度低则会有一部分一硝基化合物残留,且由于硝基化合物的极性很大,在二硝基化合物中完全除去一硝基化合物及三硝基化合物是很困难的。

1991 年 Lensenko Zenon 以间苯二酚为原料,采用氯甲酸酯对羟基进行保护、然后硝化、再还原同时脱保护的方法用以制备 DAR,这种方法同样存在 2 位的硝化在随后的还原过程中形成三氨基物的可能,虽然其总收率高,但成本较高[25]。

2.2.6　重氮化、硝化还原法

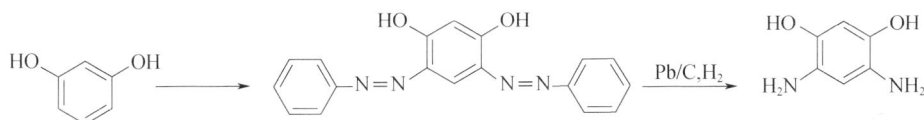

1995 年 Morga 以对苯二酚为原料与偶氮盐合成 4,6 - 二重氮偶合物,再经过钯碳加氢还原合成 DAR。此方法是用间苯二酚和偶氮盐,在碱性条件下,水 - 有机溶剂混合溶剂体系中,反应温度需要控制在 - 30℃ 左右,制备成为 4,6 - 二芳基偶氮间苯二酚,之后通过催化加氢反应直接制备成 4,6 - 二氨基间苯二酚,除此以外,此方法还可以通过制备 2 - 取代的 4,6 - 二芳基偶氮间苯二酚来实现。此方法的产率可以达到 60% 以上,但此反应的实现需要在高浓度的间苯二酚和较为特殊的温度范围下才可以发生,通常间苯二酚的偶氮化是通过与偶氮盐的反应实现的,例如苯基偶氮盐、蒽基偶氮盐、萘基偶氮盐、溴化偶氮苯、氯化偶氮苯硫酸盐等,其中偶氮化效果最好的是氯化重氮苯。偶氮化反应的发生一般采用水 - 有机溶剂的混合体系,这主要是为了使反应体系可以降低到 0℃ 以下而不发生结冰,并且可以在 - 30℃ 正常处于液态状态体系。一般采用的有机溶剂为甲醇、乙醇、丙酮等。混合溶液的水与有机溶剂的比例为 1:10 左右,保证其凝固点低于 - 30℃,同时保证物料和碱都能在反应过程中完全溶解在其

中。偶氮盐的用量一般控制在与间苯二酚的摩尔比为2:1,间苯二酚在初始反应体系中的浓度要达到1.7%（质量分数）以上。加入的碱量应使反应体系的pH值为11~13,因此一般采用氢氧化钠反应。

偶氮化过程:将适量的浓盐酸和苯胺加入到适量的水中,将生成的苯胺盐酸盐冷却到0℃后,加入适量的亚硝酸钠水溶液,生成氯化偶氮苯。将生成的氯化偶氮苯与适量的间苯二酚用甲醇稀释到适量后,将其慢慢地加入冷却到-25℃的适量氢氧化钠甲醇溶液中。加入完毕后,将甲醇从反应体系中旋转蒸发掉,加入适量的水,得到的淤浆用硅藻土过滤。过滤完成后向滤液中加入浓盐酸直至滤液pH值达到3为止,反应物料产生沉淀,过滤收集沉淀,得到的红色沉淀物即为4,6-二偶氮苯基间苯二酚粗品。将粗品在氯仿-乙醇溶液中重结晶就可以得到纯化的4,6-二偶氮苯基间苯二酚,其产率可达70%以上。

催化加氢:将适量的4,6-二偶氮苯基间苯二酚、乙醇、蒸馏水、浓盐酸以及钯碳催化剂加入到反应器中,升温至55℃并搅拌,向体系中通入氢气,直至反应体系不再消耗氢气为止。反应过程中反应物料从棕褐色的淤浆逐渐转变为无色的催化剂悬浮液,催化还原的反应时间需要约3h。反应完成后向装置中通入适量氮气以防止氨基氧化,然后向反应物料中加入含有适量氯化亚锡的盐酸溶液并搅拌1min,然后过滤掉催化剂,滤液进行旋转蒸发,乙醇蒸发液还可以循环使用,剩余的水溶液减压干燥,得到白色固体,然后将白色固体重新溶解到适量盐酸中加热回流10min,然后冷却至室温过夜结晶。之后过滤收集结晶产品并先在氮气条件下干燥,然后在真空条件下45℃干燥8h,即可得到4,6-二氨基间苯二酚盐酸盐,产率可达90%以上,且催化剂可以反复循环使用数次。

2位取代的间苯二酚用于制备偶氮化间苯二酚时可以避免生成三取代的偶氮化间苯二酚,因此,2位取代的间苯二酚制备4,6-二氨基间苯二酚所得到的产物纯度要更高。比较理想的2位取代物是2位氯取代的间苯二酚。其偶氮化过程与上述偶氮化条件基本相同。生成2-氯-4,6-二偶氮苯基间苯二酚后,采用与上述相同的催化氢化过程,2位可以同时被还原而生成4,6-二氨基间苯二酚。

由于间苯二酚与取代苯重氮盐反应很快,容易产生2,4,6-三重氮偶合物,因此采用2位取代的间苯二酚效果更加理想。在主产物还原过程中打断偶氮键还原时会释放出取代苯胺,微量取代苯胺存于4,6-二氨基间二苯酚中不利于制备高分子量PBO聚合物,微量取代苯胺存于4,6-二氨基间二苯酚中使制备高分子量PBO发生困难,其中还原时偶氮物颗粒细度严重影响其产率,生产能力低,但由于其步骤很短,仍为一种研究方向[26]。

2.3 间二硝基苯法

2.3.1 羟胺重排法

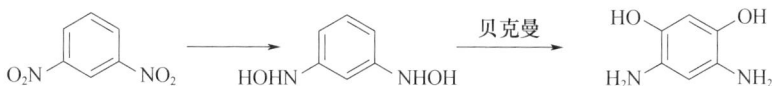

日本木瀬直树等以间二硝基苯为原料经中性条件下锌还原硝基为羟胺,再经贝克曼重排的合成工艺路线制备出 DAR 单体。具有明显的反应步骤短、原料价廉易得的特点,但转化率低,又由于羟胺的不稳定性使重排产率小于 10%,且反应时间小于 5 min,工业化操作困难[27]。

2.3.2 1,2 - 二氯 - 4,6 - 二硝基法

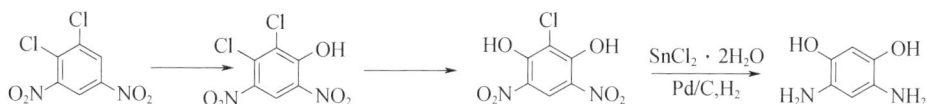

美国 Lensenko Zenon 等在 1995 年采用 1,2 - 二氯 - 4,6 - 二硝基苯为初始物,在苯酚氢过氧化物和酸酐存在条件下于 6 位引入羟基的工艺制备 2,3 - 二氯 - 4,6 - 二硝基苯酚[28]。此法将初始物与过氧化氢叔丁醇一起溶于 N - 甲基吡咯烷酮(NMP)中,然后滴加入液氨、丁醇 - 丁醇钾混合物中,在 - 33℃下进行反应,反应利用干冰/丙酮冷却,以氮气作为保护气。完全滴加完毕以后,利用干燥氮气移除液氨,即可得到 2,3 - 二氯 - 4,6 - 二硝基苯酚。粗品 2,3 - 二氯 - 4,6 - 二硝基苯酚通过盐酸进行纯化,然后通过乙酸乙酯萃取,将乙酸乙酯减压蒸馏以后,得到精制 2,3 - 二氯 - 4,6 - 二硝基苯酚,产率可达到 89%。

将 2,3 - 二氯 - 4,6 - 二硝基苯酚、适量的丁醇钾、NMP 以及适量的水组成的反应液加热到 85℃反应 6h,反应完成后,将反应混合物加入到适量的盐酸溶液中,然后将产生的沉淀过滤,将滤出物用水进行洗涤并干燥,得到粗品 2 - 氯 - 4,6 - 二硝基间苯二酚。产品可以用甲醇进行重结晶,重结晶产率可以达到 97%,反应产率可达到 85%。最后通过将 2 - 氯 - 4,6 - 二硝基间苯二酚在钯碳催化下加氢还原,就可以得到 4,6 - 二氨基间苯二酚。

该方法使用了种类繁多的反应辅料,同时需要在很低温度下进行反应,工业化中势必造成工艺经济性差的问题,因此产业化存在一定困难。

2.3.3 4,6-二硝基氯苯法

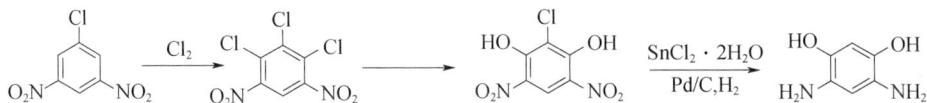

日本的铃木秀雄等采用氯代异氰脲酸为氯化剂对5-氯间二硝基苯进行4,6-位二氯化,制得4,6-二硝基连三氯苯,再经水解,还原制得 DAR,由于此法原料难得且昂贵,虽然可作为研究的一个方向,但工业化实用性低[29]。

2.4 AB 及 BB 型单体

J. Polym(1997)提出 2-(对羧基苯基)-5-氨基-6-羟基苯并噁唑(ABA)的合成并使用甲醇/DMF 溶剂进行重结晶而精制,用 HPLC 测定的纯度在99%以上。自此,国内对其展开了大量的研究。

2007 年浙江工业大学的金宁人等将 AA 型单体4,6-二氨基间苯二酚盐酸盐(DAR·2HCl)和 BB 型单体对苯二甲酸(TPA)中的一对 A 活性基团(羟基和氨基)和一个 B 活性基团(羧基)先缩环合成单噁唑环化合物 2-(对甲氧羰基苯基)-5-氨基-6-羟基苯并噁唑(MAB)[30]。

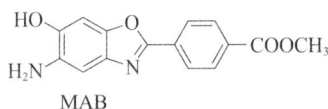

MAB

2007 年浙江工业大学的金宁人等又以 4-氨基-6-硝基间苯二酚盐酸盐(ANR·HCl)和对甲氧羰基苯甲酰氯(MBC)为原料,采用经 ANR·HCl 和 MBC 的缩合、环合再脱水的原位合成工艺先制得 2-(对甲氧羰基苯基)-5-硝基-6-羟基苯并噁唑,再对硝基催化加氢,合成了自缩聚 AB 型 PBO 的新单体 2-(对甲氧羰基苯基)-5-氨基-6-羟基苯并噁唑(MAB)[31]。

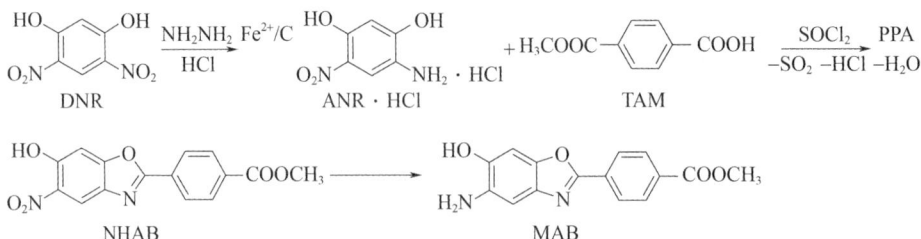

2007 年浙江工业大学的金宁人等以 4,6 - 二硝基间苯二酚(DNR)和对苯二甲酸单甲酯(TAM)为原料,经三个单元过程合成 AB 型新单体 2 - (对甲氧羰基苯基) - 5 - 氨基 - 6 - 羟基苯并噁唑(MAB)[32]。

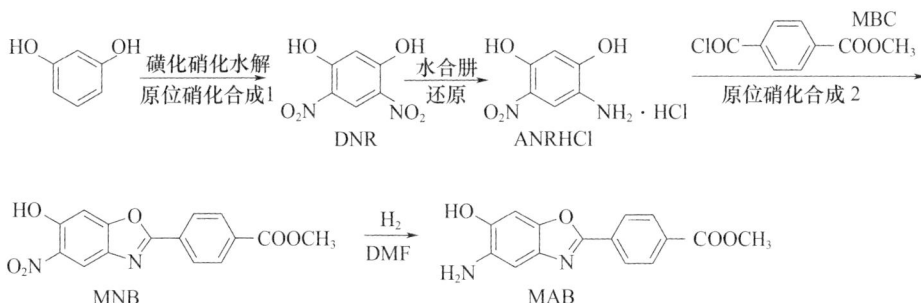

2008 年浙江工业大学的金宁人等采用 MBC 对 TAM 进行了改进合成 MAB[33]。

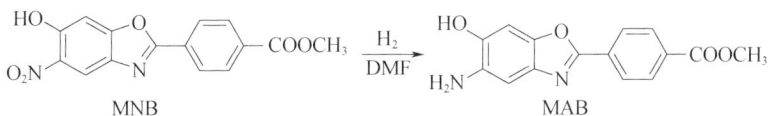

2009 年浙江工业大学的毛连城等以 4 - (5 - 硝基 - 6 - 羟基 - 2 - 苯并噁唑基)苯甲酸甲酯(MNB)为原料,经碳酸钾水解、连二亚硫酸钠还原一锅法合成高纯度 ABA[34]。

2009 年浙江工业大学的金宁人等系统地研究了 AB 型新单体:4 - (5 - 氨基 - 6 - 羟基 - 2 - 苯并噁唑基)苯甲酸(ABA)的合成方法以及产品析出时 pH 值条件对其分子形态及红外吸收的影响。以 4 - (5 - 氨基 - 6 - 羟基 - 2 - 苯并噁唑基)苯甲酸甲酯(MAB)为原料,60 ~ 100℃于碳酸钾水溶液中水解反应至溶液澄清,用还原性弱酸性盐的水液在 pH 值6.0 析出结晶、制得纯度99.5%以上高质量的新单体、经 FT - IR 归属剖析确认为游离的酸式单体 ABA,产率达85%;具有过程工艺简便,单体稳定性优异、且无残留 DMF 阻聚杂质以及聚合操作安全等特点[35]。

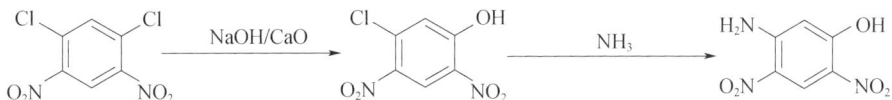

2010 年浙江工业大学的金宁人等以 4,6 - 二硝基间二氯苯(DCDNB)为原料经单水解后氨解两步反应制备聚对亚苯基苯并二噁唑(PBIO)的关键中间体 5 - 氨基 - 2,4 - 二硝基苯酚(ADNP)[36]。

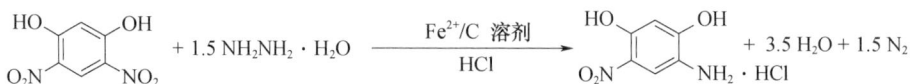

2010 年浙江工业大学的金宁人等对 AB 型单体 4 - (5 - 氨基 - 6 - 羟基 - 2 - 苯并噁唑基) 苯甲酸甲酯(MAB) 的重要中间体 4 - 氨基 - 6 - 硝基间苯二酚盐酸盐(ANR·HCl) 进行混合正交表 L18(2×37) 及 5 个影响因子,进行 4,6 - 二硝基间苯二酚(DNR) 选择还原、成盐合成 ANR·HCl 的正交优化实验,并进行二次调优实验。然后系统地研究了 PBO 关键中间体 4 - 氨基 - 6 - 硝基间苯二酚盐酸盐(ANR·HCl) 的合成新工艺及其优化条件[37]。

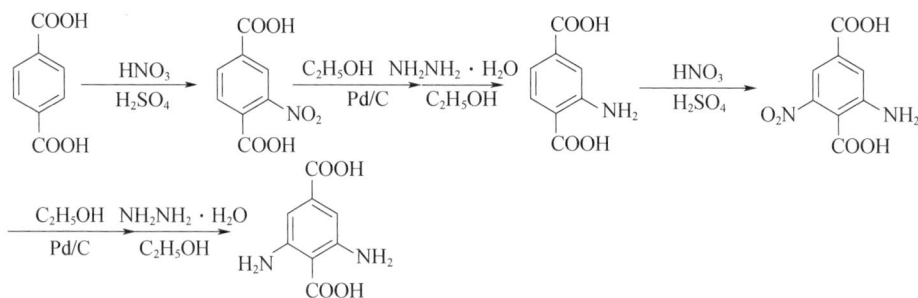

2016 年浙江工业大学的赵德明等以对苯二甲酸(TA) 为原料,经混酸硝化反应和以乙醇为溶剂、PD/C 为催化剂、水合肼为还原剂的还原反应分别制备得到单氨基改性 PBO 的 BB 型新单体 2 - 氨基对苯二甲酸(ATA) 和二氨基改性 PBO 的 BB 型新单体 2,6 - 二氨基对苯二甲酸(DATA)[38]。

2.5 单体的抗氧化

DAR 由于存在两个氨基和两个羟基,具有易被氧化的缺点。例如,当它处于大气中时,由于它在几天内甚至几小时内即被氧化而变色。如果通过这种变色的 DAR 聚合用以制备 PBO,则只能得到绿色至紫色低聚合度的聚合物。因此需要在惰性气氛中储藏和处理 DAR 并须彻底干燥 DAR[39]。即使在这样的环境下,经几个月的长期储藏后,由氧化作用引起的降解也是不可避免的。所以,不解决 DAR 被氧化的问题就很难获得具有优良性质和质量的 PBO 成型产品(例如纤维和薄膜)。改善 DAR 易被氧化的研究历程如下:

1990 年日本专利公开说明书 136/1990 的一个实施例中公开了在制备 DAR 的过程中加入氯化锡。目的之一是将其用作活性中间体。另一个目的是在提纯过程中通过重结晶降低氯化亚锡杂质含量。这样,在 DAR 的储蓄中不存在氯化锡,氯化锡的加入没有克服 DAR 不良的储藏稳定性。

1992 年 Zenon Lysenko 等同样提出在聚合过程中加入氯化锡,可抑制聚合过程中 DAR 的分解,从而得到高质量的聚合物[40]。

1994 年日本专利公告说明书 21166/1994 提出了在聚合过程中加入磷或硫的还原性氧化物以便得到高质量的 PBO。加入磷或硫的还原性氧化物的目的在于抑制聚合过程中 DAR 的分解,但没有克服 DAR 不良的储藏稳定性。

美国专利 US 5142021 提出了在聚合过程中加入氯化锡,其目的与已审查的日本专利公告说明书 21166/1994 相同。

1998 年东洋纺织株式会社的松冈豪等在储藏中稳定 DAR 的方法中提出在具有不低于 $-0.20V$ 和不高于 $0.34V$ 的标准氧化还原电势的还原剂存在下储藏 DAR,还原剂与 DAR 的比例不低于 100×10^{-6} 和不高于 10000×10^{-6} 可提高 DAR 的储藏稳定性,使 DAR 易于处理和长期储藏。这样,能容易制得高质量的 PBO 聚合物,非常有助于工业领域[41,42]。综上,研究人员通过不断尝试,DAR 易被氧化的问题终于得到妥善解决。

参 考 文 献

[1] 胡建民,黄银华,金宁人. 4,6 - 二氨基间苯二酚研究进展及合成工艺探索[J]. 合成技术及应用,
    2003,18(1):18 - 22.

[2] Lysenko Z. High purity process for the preparation of 4,6 - diamino - 1,3 - benzenediol: U. S. Patent
    4766244[P]. 1988 - 8 - 23.

[3] Yin T K T. Aqueous synthesis of 2 - halo - 4,6 - dinitroresorcinol and 4,6 - diaminoresorcinol:
    U. S. Patent 5001279[P]. 1991 - 3 - 19.

[4] 胡建民,黄银华,金宁人. 4,6 - 二氨基间苯二酚研究进展及合成工艺探索[J]. 合成技术及应用,
    2003,18(1):18 - 22.

[5] 陈向群,黄玉东,李大伟. 2,6 - 二(对氨基苯)苯并[1,2 - d;5,4 - d']二噁唑的合成和纯化[J]. 有机
    化学,2003,23(11):1306 - 1308.

[6] 李金焕,黄玉东,龙军,等. 高纯度 4,6 - 二氨基间苯二酚盐酸盐的合成[J]. 哈尔滨工业大学学报,
    2003,35(7):886 - 889.

[7] 李金焕,黄玉东,宋丽娟. 4,6 - 二胺基间苯二酚盐酸盐的合成工艺研究[J]. 高校化学工程学报,
    2005,19(1):69 - 69.

[8] 陈向群,孙秋,黄玉东. 2,6 - 二(对氨基苯)苯并[1,2 - d;5,4 - d']二噁唑的合成[J]. 化学试剂,
    2005(11):681 - 683.

[9] 宋元军,黄玉东,黎俊,等. 4,6 - 二氨基间苯二酚盐酸盐合成研究[J]. 固体火箭技术,2006,29(2):
    150 - 153.

[10] 史瑞欣,黄玉东. 4,6 - 二氨基间苯二酚合成工艺中 Pd/C 催化剂失活原因分析[J]. 化学与粘合,
     2006,28(3):140 - 142.

[11] 史瑞欣,黄玉东,等. 均匀试验法优化 4,6 - 二硝基 - 1,2,3 - 三氯苯合成工艺[J]. 哈尔滨工业大
     学学报,2007,39(7):1125 - 1127.

[12] Behre H, Fiege H, Blank H U, et al. Process for the preparation of 4,6 - diaminoresorcinol: U. S. Patent

5574188[P]. 1996 – 11 – 12.

[13] 铃木秀雄, 桥场功, 德永健一. 4,6 – ジニトロレゾルシンの制法及びその中間体の制法[P]. 特开平 07 – 316102.

[14] Lysenko Z, Pews R G. Process for the preparation of diaminoresorcinol: U. S. Patent 5399768[P]. 1995 – 3 – 21.

[15] 金宁人, 刘伟利, 谢品赞, 等. 5 – 甲氧基 – 4 – 硝基邻苯二胺的合成新工艺[J]. 广东化工, 2012, 39 (9): 66 – 68.

[16] Kawachi J, Matsubara H, Nakahara Y, et al. Process for producing 4, 6 – diaminoresorcinols: U. S. Patent 5892118[P]. 1999 – 4 – 6.

[17] 张春燕, 史子兴, 朱子康, 等. 一种新的 4,6 – 二氨基间苯二酚盐酸盐的制备方法及与对苯二甲酸的缩合聚合[J]. 高等学校化学学报, 2004, 25(3): 556 – 559.

[18] 孙德武, 刘鹏, 翟宏菊. 4,6 – 二氨基间苯二酚盐酸盐的合成研究[J]. 吉林师范大学学报 (自然科学版), 2016, 37(3): 110 – 113.

[19] Kumamoto Y, Kusumoto M, Itou H, et al. Process for the preparation of 4, 6 – diaminoresorcin:, EP1048644[P]. 2003 – 4 – 23.

[20] 熊本行宏, 楠本昌彦, 伊藤尚登, 等. 4,6 – 二氨基间苯二酚的制备方法: CN 1276369 A[P]. 2000 – 12 – 13.

[21] 张建庭, 毛连城, 王嘉安, 等. 高纯度 4,6 – 二硝基间苯二酚的制备研究[J]. 浙江工业大学学报, 2008, 36(4): 407 – 411.

[22] Nader B S. Synthesis of 4, 6 – diaminoresorcinol: U. S. Patent 5371291[P]. 1994 – 12 – 6.

[23] 胡建民, 黄银华, 金宁人. 4,6 – 二氨基间苯二酚研究进展及合成工艺探索[J]. 合成技术及应用, 2003, 18(1): 18 – 22.

[24] Nader B S. Synthesis of diaminoresorcinal from resorcinol: U. S. Patent 5,410,083[P]. 1995 – 4 – 25.

[25] Lysenko Z, Rand C L. Process for the preparation of amino – 1, 3 – benzenediol: U. S. Patent 4,982,001 [P]. 1991 – 1 – 1.

[26] Morgan T A, Nader B S, Vosejpka P, et al. Preparation of 4, 6 – diaminoresorcinol through a bisazoarylresorcinol intermediate: U. S. Patent 5453542[P]. 1995 – 9 – 26.

[27] 木濑直树, 河本健一. 4,6 – ヅアミノレゾルシンの制造法: 特开平 11 – 49732[P].

[28] Lysenko Z, Pews R G. Process for the preparation of diaminoresorcinol: U. S. Patent 5399768[P]. 1995 – 3 – 21.

[29] 铃木秀雄. 1,2,3 – トリクロル – ジニトロベンゼンの制造方法[P]. 特开平 8 – 268973.

[30] 金宁人, 郑志国, 刘晓锋, 等. AB 型顺式聚对苯撑苯并二噁唑新单体的合成与应用研究[J]. 江苏化工, 2007, 35(3): 23 – 30.

[31] 金宁人, 刘晓锋, 张燕峰, 等. AB 型 PBO 的新单体合成与聚合反应研究[J]. 高校化学工程学报, 2007, 21(4): 671 – 677.

[32] 金宁人, 刘晓锋, 郑志国, 等. AB 型新单体及 PBO 树脂制备的新技术及其发展[J]. 世界科技研究与发展, 2007, 29(2): 15 – 22.

[33] 金宁人, 张建庭, 赵德明, 等. 4 – (5 – 氨基 – 6 – 羟基 – 2 – 苯并噁唑基)苯甲酸盐的合成、性能及应用[J]. 化工学报, 2008, 59(10): 2680 – 2686.

[34] 毛连城, 蔡丽霞, 张建庭, 等. 高纯度 AB 型 PBO 新单体的合成新工艺研究[J]. 浙江工业大学学报, 2009, 37(4): 381 – 385.

[35] 金宁人, 胡晓锋, 肖庆军, 等. 4 – (5 – 氨基 – 6 – 羟基 – 2 – 苯并噁唑基)苯甲酸的合成[J]. 化工进

展,2009,28(2):316-319.

[36] 金宁人,侯晓华,毛连城,等. PBIO 关键中间体 5-氨基-2,4-二硝基苯酚的合成[J]. 化工进展,
2010,29(12):2379-2384.

[37] 金宁人,刘斌,胡建明,等. PBO 关键中间体 4-氨基-6-硝基间苯二酚盐酸盐的合成[J]. 化工进
展,2010,29(8):1547-1553.

[38] 赵德明,张佩,丁成,等. 氨基改性 PBO 的 BB 型单体合成研究[J]. 浙江工业大学学报,2016,44
(1):104-107.

[39] 张燕峰. AB 型 PBO 新单体的合成及其树脂制备探索[D]. 浙江工业大学,2006.

[40] Lysenko Z, Rosenberg S, Harris W J. Use of reducing agents in polybenzazole synthesis: U. S. Patent 5,
142,021[P]. 1992-8-25.

[41] 松冈豪,久保田冬彦. 稳定 4,6-二氨基间苯二酚及其盐的方法:CN1495220A[P]. 2004-05-12.

[42] Matsuoka G, Kubota F. Method of stabilizing 4,6-diaminoresorcinol and salt thereof: U. S. Patent 5,911,
908[P]. 1999-6-15.

第 3 章

PBO 聚合物制备技术

液晶芳香族聚苯并唑类大分子是一类主链上含有苯并噁唑环、苯并噻唑环、苯并咪唑环的聚合物,由这类聚合物可以制备分子具有刚性棒状结构的杂环溶致液晶聚合物纤维,具有这种相似行为的聚苯并唑类聚合物主要包括聚对苯撑二噻唑(PBT)[1]、聚对苯撑并二噁唑(PBO)、聚苯并噁唑(ABPBO)[2]及其衍生物、聚苯并二咪唑苯并菲绕啉二酮(BBL)[3],聚苯并咪唑(PIPD)等,由它们所制得的纤维材料均具有很高的力学性能、耐高温性能和耐溶剂性能,良好的综合能力使其成为新型高级纤维材料。其中最具代表性的是聚苯唑类中的 PBO,以其超高的拉伸强度和拉伸模量成为液晶聚合物纤维中的杰出代表。其合成和纺制技术是在聚苯并唑类聚合物的合成、纺制理论的基础上发展形成并逐渐成熟的。20 世纪 80 年代,Wolfe 等[4]对芳杂环液晶高分子聚苯并唑类聚合物进行了大量的研究,根据理论设计,首次合成出了聚对苯撑苯并二噁唑聚合物,即 PBO 聚合物。由 PBO 进一步加工成的高强度、高模量纤维,在耐热性、阻燃性等方面均超过芳香族聚酰胺纤维,即凯芙拉纤维。PBO 具有优异的尺寸稳定性和化学稳定性[5-8],在高性能纤维复合材料、防护隔热服、航空耐高温等领域受到广泛关注并应用。

从 20 世纪 80 年代初至今,三十多年时间里各国对高分子量 PBO 聚合物的合成路线及制备方法进行了大量的研究,至今,PBO 聚合物作为具有非常优良的耐热性和强度、弹性模量的聚合物而备受关注,公开有其聚合方法、薄膜和纤维的形成方法[9-12]。适合的聚合物或共聚物和原液可用公知的方法合成。例如在 Wolfe 等的美国专利第 4533693 号说明书[13]、Sybert 等的美国专利第4772678 号说明书[5]、Harris 的美国专利第 4847350 号说明书[10] 或 Gregory 等的美国专利第 5089591 号说明书中有记载[14]。在欧洲专利 0805173A 中,从 4,6 -二氨基 - 1,3 苯二酚/对苯二甲酸盐在低温下长时间进行反应,得到比上述美国专利 5276128 稍微高的特性黏数 48.5 dL/g,但是聚合物的聚合度不足。在美国专利 5194568 中,对聚苯并噁唑进行举例说明,在第一阶段合成了低聚合度的低聚物,第二阶段为了得到目标聚合度补加了作为扩链剂的单体。这样即使在第一阶段中的计量比的控制精度较粗,也可在第二阶段优化其精度、调整其聚合度。但是,该方法存在反应工序长,且设备大的问题[14]。根据选初始原料的不同,PBO 主要有以下几种聚合路线。

3.1 脱 HCl 法

　　脱 HCl 缩聚工艺是目前比较普遍采用的 PBO 合成方法,由于 DAR 是以二盐酸盐形式(即 DADHB)存在的,因此,在预聚合反应进行之前需要脱除 HCl 气体,使单体成为具有聚合反应活性的 DAR。这种方法通常是以多聚磷酸(PPA)或甲烷磺酸为反应介质,通过 PBO 单体 4,6 - 二氨基间苯二酚二盐酸盐(DADHB)脱除 HCl 形成 4,6 - 二氨基间苯二酚(DAR)后与对苯二甲酸(TA)或对苯二甲酰氯缩聚得到 PBO 聚合物[15]。

　　对于上述的工艺流程,可以有两种不同的实现方式,一种方式是首先将等摩尔的 DAR 与 TA 一起加入适量的 PPA 中,真空搅拌下加热脱除 HCl 的同时使 DAR 与 TA 形成预聚物,再补加适量的 PPA 后温度从 100℃开始以 10℃/30 min 的速度升至 160℃,缓慢升温至 200℃,当特性黏数达到 18 dL/g 时,聚合反应完成。另一种方式是先将 PPA 保持一定的真空度加热,脱除 PPA 中包含的少量空气后降至室温,加入 DAR 后使体系保持一定的真空度缓慢升温,待 HCl 完全脱除后,加入等摩尔的 TA 并补加部分 P_2O_5 使 P_2O_5 的浓度达到82%缓慢升温至 180℃,最终聚合物的特性黏数达到 24 dL/g 时,聚合反应结束。

　　在高纯氮气保护下将多聚磷酸溶液温度控制在 40℃,一般来说配制的多聚磷酸浓度控制在 80%～85%之间作为脱除氯化氢和预聚合反应体系,加入氯化亚锡作为抗氧化剂,氯化亚锡在多聚磷酸中的浓度应控制为 2～5 g/L,充分搅拌后加入反应所需量的 DADHB 并使体系温度升至 50～60℃,控制搅拌速率并逐渐升温至 70℃,发泡脱出氯化氢气体,脱泡过程应严格控制温度,温度过高发泡速度过快会使物料发生溢出,对反应器和物料都是不利的并且较高温度下会使单体变性发生氧化。随着脱氯化氢反应的进行,体系整体脱除速度会逐渐减缓,此时缓慢升温至 80～100℃继续搅拌脱除,氯化氢脱除过程的时间控制一般与反应器的容积和形状、搅拌器的搅拌效率、反应物料的量有关,因此要根据实际生产状况作出相应的调整,但脱除氯化氢过程不易过长,因为脱除氯化氢的单体稳定性较差,容易发生氧化变质。

　　每一摩尔单体可以脱除两摩尔氯化氢气体,因此脱出的氯化氢气体需要采用碱液进行收集,以避免污染环境以及腐蚀设备,脱氯化氢过程中应定时检测碱液的 pH 值变化以及氮气的 pH 值变化以确定氯化氢脱除程度,并及时进行下一步的反应。

为了获得高度取向的高强纤维,聚合物应该满足下列条件:确保聚合物分子链或层之间高能的强键较多且弱键较少;所有分子链轴向的取向度最大化;取代基和支链较少对分子链的截面影响较小;分子链结构尽可能地规则;聚合度最大化;分子的结晶度和取向度最大化。

3.1.1 对苯二甲酰氯法

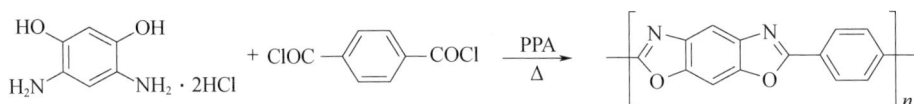

1981 年赛拉尼斯研究公司的 E. W. Choe 等用苯二甲酰氯代替对苯二甲酸,在 PPA 中合成 PBO。该法是先将苯二甲酸酰氯与 PPA 混合,在氮气保护下60℃反应 16h,90℃反应 5h 后除去 HCl,然后加入 4,6 – 二氨基间苯二酚,并补加一定量的 PPA,升温到 160 ~ 170℃反应 13h,185℃反应 3h,200℃反应 45h,反应结束后,用甲醇沉淀分离出 PBO[16]。随后,以对苯二甲酰氯为原料制备 PBO 的研究自此展开。

1985 年 J. F. Wolfe 等以对苯二甲酰氯为单体制备 PBO 的方法[13]。

1988 年 J. R. Sybert 等提出了对苯二甲酰氯法[5]。

1988 年 Y. Maruyama 等表明 PBO 可以由两步法合成,采用对苯二甲酰氯或对苯二甲酸与 4,6 – 二氨基间苯二酚盐酸盐生成可溶的邻苯羟基聚酰胺,进一步脱水环化可得 PBO[17]。

1992 年 Thomas Gregory 等提到 PBO 的合成采用溶液缩聚法,即由对苯二甲酸或对苯二甲酰氯和 4,6 – 二氨基 1,3 – 间苯二酚盐酸盐(DADHC)聚合。聚合得到 PBO 聚合物需要高纯度的单体,单体中所含的单官能团化合物、无机盐等杂质会严重影响聚合反应的进行,甚至只能得到低聚体[9]。

2002 年东华大学的金俊弘等也提出对苯二甲酰氯法,用对苯二甲酸(TA)、对苯二甲酰氯(TPC)和 4,6 – 二氨基间苯二酚盐酸盐(DAR)聚合得到了[η] = 15.2dL/g、10.4dL/g 的 PBO 聚合物[18]。

2003 年总装备部后勤部军事医学研究所的袁江等综述了 PBO 的对苯二甲酰氯[19]。

2003 年哈尔滨工业大学的李金焕等概述了采用对苯二甲酰氯或对苯二甲酸与 4,6 – 二氨基间苯二酚盐酸盐生成可溶的邻苯羟基聚酰胺,进一步脱水环化可得 PBO[20]。

2006 年东北大学的崔天放等对苯二甲酰氯法做了概述[21]。综上,经多年研究以对苯二甲酰氯为原料制备 PBO 方法不断完善,为制得高品质 PBO 打下了基础。

3.1.2　对苯二甲酸法

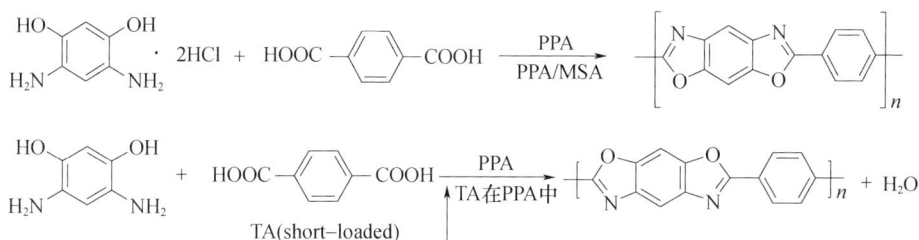

1981 年 J. F. Wolfe 等首先以单体 4,6 - 二氨基 - 1,3 - 苯二酚盐酸盐(DADHB)和对苯二甲酸(TA)在多聚磷酸(PPA)或多聚磷酸与甲磺酸(PPA/MSA)体系中溶液缩聚制得,先脱除 HCl 以增加 DADHB 的活性,再通过补加 P_2O_5 控制反应体系中最终 P_2O_5 的浓度,于 120~210℃ 程序升温反应,反应过程中形成液晶相,最终得到高分子量的聚合物 PBO[22]。随后,以对苯二甲酸为原料的合成研究大量展开。

1985 年 J. F. Wolfe 等以对苯二甲酸和 DAR 为单体,将磷酸和多聚磷酸混合,加入 DAR 脱 HCl,先加部分 P_2O_5 后加入对苯二甲酸,阶段性升温制备 PBO[13]。

1987 年 J. F. Wolfe 以 DADHB 和微粒化的对苯二甲酸为原料,在含有适当 P_2O_5 的多磷酸(PA)溶液中通过反应制得 PBO[23]。

1998 年美国陶氏公司对 PBO 的对苯二甲酸法聚合机理进行了深入研究,发现 PBO 聚合度较低产生的原因是 TA 在 PPA 总的溶解度极低,在反应中只有很小一部分溶解在 PPA 中的 TA 参加反应,因此 Wolfe 对聚合的方法进行了改进,在反应最初时,加入少量的 TA,在形成了以 DADHB 为端的低聚体后,不断补加溶有 TA 的 PPA 溶液,这一方法可以通过控制 TA 的加入量有效地调节 PBO 聚合物的分子量,聚合物的分子量显著提高,特性黏数可高达 42 dL/g[24]。

2002 年东华大学的金俊弘等以对苯二甲酸(TA)为原料与 PPA 反应脱除 HCl 的 4,6 - 二氨基间苯二酚盐酸盐(DAR)反应得到 PBO 聚合物[18]。

2003 年总装备部后勤部军事医学研究所的袁江等提到以 4,6 - 二氨基间苯二酚(DBD)盐酸盐为原料与对苯二甲酸(TA)在多聚磷酸(PPA)中高温缩聚,反应温度在 200~350℃ 制备 PBO[19]。综上,Wolfe 通过控制 TA 的加入量可有效的调节 PBO 聚合物的分子量,聚合物的分子量显著提高。

3.1.3　脱 HCl 缩聚工艺影响因素

脱 HCl 缩聚反应受单体纯度、反应温度、P_2O_5 补加方式、搅拌速度以及聚合物浓度等诸多因素影响。与 TA 盐缩聚工艺相比较该反应过程更难以控制,但操作过程相对简便。

1. 对苯二甲酸的用量对缩聚工艺的影响

美国陶氏公司曾对脱 HCl 缩聚工艺制备 PBO 聚合物的机理进行了深入详细的研究,研究发现 PBO 低聚物分子链端基只存在 DAR,不存在 TA 链端基,出现这种现象的主要原因是 TA 在 PPA 中的溶解度非常有限,相当长的反应阶段中 TA 的浓度都处于很低的水平,在 PPA 中参与反应的仅仅是已经溶解的 TA,这种情况一直持续到聚合反应的后期,当没有发生反应的 DAR 在 PPA 中的浓度下降到与溶解在 PPA 中的 TA 的浓度相当的水平时,PBO 聚合物和部分低聚物的分子链端基才具有两种单体的封端结构。由于 TA 在 PPA 中的溶解度非常低,因此即使 TA 少量过量(≤5%(质量分数))有利于得到分子量较大的 PBO。

2. 对苯二甲酸的粒径对缩聚预聚工艺的影响

PBO 聚合物预聚合就是指在聚合反应体系聚合的初始阶段,体系黏度较低的情况下进行聚合反应的过程,实际上其过程包含了混料溶解和预聚合两个部分。DADHB 脱除氯化氢后在多聚磷酸(PPA)中形成 DAR 的单体溶液,然后向体系中加入另一种单体高纯对苯二甲酸。实际来说,对苯二甲酸在 PPA 中的溶解度和溶解速率很低,因此,为了加快其溶解速度同时为了更好地使体系中的两种单体充分混匀需要对精对苯二甲酸单体进行微化处理,即通过研磨粉碎装置,用光散射式粒度分布计测量,将对苯二甲酸粉末进一步微化粉化使对苯二甲酸粉末的粒径小于 10μm。对苯二甲酸溶解的不充分对聚合反应造成的不利影响是多方面的,最直接的影响是使 PBO 聚合物的分子量分布变宽,造成了聚合物性能降低,性能稳定性和均一性不好,此外,在聚合的过程中未能溶解的对苯二甲酸容易发生升华,使反应釜内壁出现升华物不利于聚合反应的情况,所以也会影响聚合度。因此,对苯二甲酸单体的微化处理是预聚合反应的关键步骤。

将微化的对苯二甲酸在高纯氮气保护下,按比例分批次投入至已完全脱出氯化氢的物料当中,投料过程应慢速并充分搅拌,体系物料均一后,升温至 100 ~ 120℃,搅拌下反应 12h。由于聚合过程中会产生一定量的副产物水,这会导致体系 PPA 浓度降低,酸度的降低会影响聚合反应的进一步发生,因此,为了维持 PPA 浓度在可持续发生聚合反应的浓度,需要按比例加入 P_2O_5 抵消副产物水的作用。P_2O_5 的补加需要以较慢的速度进行,这样可以避免由于局部酸度过高和 P_2O_5 放热引起的局部温度过高而引起的暴聚,有效避免反应物料的橡胶化交联副反应的发生。之后升温 140℃,反应 6 ~ 8h,缓慢升温 3h 左右至 160℃,在此温度下反应 6 ~ 8h,会出现物料黏度增大较快的现象,聚合物分子量在这个阶段已经大大增长,反应体系的黏度出现了极大的提高。

3. 温度对聚合反应的影响

采用对苯二甲酸脱 HCl 缩聚工艺,前期聚合阶段其反应过程中如果黏度增大较快,可能会由于搅拌不够充分而导致出现"爬杆"现象,无法进一步发生聚合反应,从而影响聚合物分子量的进一步提高。

程序升温过程中可以观察到向列态液晶的形成。控制反应工艺参数时温度尤为重要,前期聚合阶较高的温度会增快反应速度,但也会造成分子量分布不均匀的现象,如果温度过高体系还会产生大量的气泡使物料溢出反应器。要用一个合适的温度控制脱 HCl 的速度,在不产生大量气泡、使脱 HCl 的 DADHB 不发生氧化的同时还要保证体系中活性单体 DAR 的浓度,使反应平稳而高效地进行。因此,常采取两步法来脱 HCl:先在 75℃ 以下把大部分的 HCl 脱去后再提高温度至 100℃,将剩余的 HCl 完全脱去,这样既保证了实验的平稳又节省了反应时间。

4. P_2O_5 对缩聚反应的影响

聚合过程中补加 P_2O_5 是工艺控制的关键步骤,脱除 HCl 后的 4,6 - 二氨基间苯二酚极易氧化,因此 P_2O_5 需要分批加入,单次补加过多的 P_2O_5 溶解释放的热量会将单体氧化甚至发生暴聚,单次补加过少的 P_2O_5 会导致反应进程过慢。

脱 HCl 缩聚工艺制备 PBO,反应终止时 P_2O_5 占 PPA/P_2O_5 溶剂体系的质量分数在 79.5% ~83% 之间最为合适,为了得到可纺丝的高分子量聚合物,聚合物占总质量的百分数为 14% ~18%,氯化亚锡含量约占 TA 盐质量的 0.5% ~1%。PPA/P_2O_5 作为溶剂体系进行缩聚反应,通过计算可得反应终止时溶剂体系中 P_2O_5 的含量,计算式如下:

$$W = \frac{Ax + y}{x + y + z} \tag{3-1}$$

式中　W——溶剂体系中 P_2O_5 的百分含量;

　　　A——PPA 中 P_2O_5 的质量分数;

　　　x——PPA 的质量;

　　　y——P_2O_5 的质量;

　　　Z——反应过程中产生的 H_2O 的质量;z 由下式表示

$$z = \frac{m}{M} \times 18 \times 4 \tag{3-2}$$

其中,m 为加入 TA 盐的质量,M 为 TA 盐的分子量。此公式是以假设聚合度无穷大为前提,而实际中聚合度不可能无限增加。

5. 单体纯度对缩聚反应的影响

脱 HCl 缩聚工艺对单体纯度要求极高。研究表明,纯度低于 99.5% 的单体很难制得拉伸强度大于 3.5GPa 的 PBO 纤维。由于 DAR 极易氧化变质,因此,单体需在密闭、低温、无水无氧的条件下保存,且保存时间最好不要超过三个月。

3.2 络合盐法

3.2.1 络合盐的制作方法

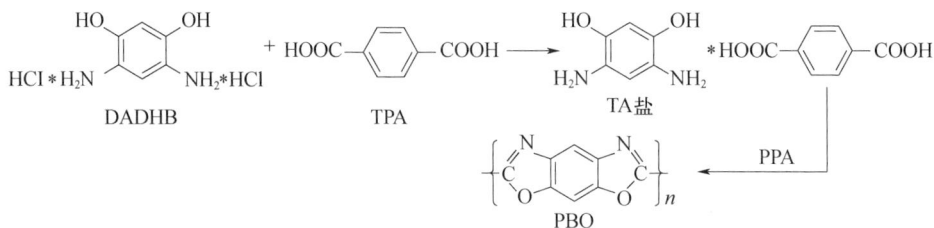

脱 HCl 缩聚工艺在聚合之前需要长时间的脱除 HCl 气体的过程,对设备有很高要求,耗能巨大成本高、经济性差,整体反应周期过长。另一种聚合工艺是以 DADHB 和 TA 为原料制备 4,6 - 二氨基间苯二酚与对苯二甲酸络合盐(TA盐),再由 TA 盐进行缩聚反应[14]。该方法可以省去脱除氯化氢的步骤有利于提高两个缩聚单体的等摩尔之比,从而提高分子量。另外,TA 盐缩聚法可大大缩短缩聚反应时间。在工业生产中,考虑到经济性这一点,迫切需要确立较高效率地制得高聚合度的聚苯并噁唑的制造技术[25]。

TA 络合盐一种通常的制备方法是首先配制两份溶液,第一份溶液是将对苯二甲酸在室温、氮气或氦气等惰性气体保护下溶解在氢氧化钠、氢氧化钾或碳酸钠、碳酸钾水溶液中,以得到 1mol/L 的对苯二甲酸的碱金属盐水溶液。所有用水需用氮、氦等惰性气体保护下回流 2h 以上脱氧后再通入惰性气体保护,而且还需将有还原作用的化合物加入到 DAR 盐酸盐的水溶液中。这种化合物包括锡(Ⅱ)、铁(Ⅱ)、铜(Ⅰ)等的金属盐,如氧化物、氯化物、硫化物等,或者磷酸等的磷化合物,如亚硫酸等的硫化合物。较为常见的方法是加入氯化亚锡。水溶液的制备过程也同样需要在惰性气体保护下进行,以保证 TA 络合盐的制备过程没有副反应发生。

第二份水溶液是在室温下将与上述对苯二甲酸等摩尔的 DADHB 溶解在氮气或氦气等惰性气体保护下的水中,此水溶液含有 500～10000μL/L 的氯化亚锡,即可得到 1mol/L 的 DADHB 水溶液。对苯二甲酸碱金属盐的水溶液浓度需要控制在合理的范围以达到提高生产效率,其浓度一般不低于 0.4mol/L,但高于 1.2mol/L,这样可以达到理想的生产效率和产率,除此以外,浓度的控制与生成的 TA 络合盐的平均粒径也有很大的关联,而粒径对 PBO 聚合物制备过程有很大影响,大于 10μm 小于 500μm 的粒径最为合适。上述 DADHB 应使用相等或略高于上述对苯二甲酸的量。即对苯二甲酸的碱金属盐与 DADHB 的摩尔比为 1:(1.0～1.05)。通过 DADHB 与 TA 的碱金属盐的摩尔比值设置在此范围,可以保证 TA 络合盐的品质,保证在发生聚合时可以制备成大分子量 PBO 聚合物。

分别制备好两种原料溶液后,混合上述的 DAR 盐酸盐水溶液和 TA 碱金属盐的水溶液,从而引起盐交换反应以得到作为白色沉淀的 TA 络合盐。除此之外,还得到了碱金属卤化物,诸如氯化钠、氯化钾等的副产物,它们和 TA 络合盐一起混合在反应体系中。实际来说,应控制 DAR 盐酸盐水溶液和 TA 碱金属水溶液的混合速度,DAR 盐酸盐水溶液应慢速加入到 TA 碱金属水溶液中,从而使两种溶液均匀混合,体系浓度均一。此外,一个不可以忽视的问题是混合时体系的温度,混合时的反应体系温度应该控制在至少不低于 90℃,在混合期间温度上限必须维持不超过 100℃。当温度超过 100℃时会加速 DAR 的热分解。包括混合在内的 TA 络合盐制备过程均在惰性气体保护下进行。当 DAR 盐酸盐水溶液和 TA 碱金属盐的水溶液进行混合时得到的 TA 络合盐经常是有色的。白度是衡量 TA 络合盐质量优劣的重要指标之一,所制备的 TA 络合盐的白度不宜小于 75。而实际上,对于混合时间的变化取决于生产规模,生产规模大必定导致混合加入过程时间延长,然而较长时间显示出产生的产物倾向易于着色,TA 络合盐质量下降,对聚合反应不利,因此两种原料溶液的混合加入时间应少于 2h。

将上述反应体系降温至 30℃ 以下,然后过滤上述所获得的 TA 络合盐并用水洗,水洗过程需重复多次,以除去在一起的副产物盐,即如氯化钠或氯化钾等。过滤和水洗过程需要在氮气或氩气等惰性气体的气氛下进行。用于水洗的水应该先用惰性气体进行脱气处理。过滤后,湿的 TA 络合盐用离心、抽吸、加压法等进行粗脱水。然后在加热条件下减压或由喷射热的惰性气体干燥。当加热具有高残留水量的 TA 络合盐时,会由于干燥使 TA 络合盐变成灰色、粉色,甚至红色,因此,在加热前 TA 络合盐残留水量应低到约不超过 50% 的重量以保证干燥过程中 TA 盐不发生变性。干燥期间的温度应控制在 100℃ 以下,以避免由于干燥导致 TA 盐变色,TA 盐对温度是非常敏感的,一旦温度过高会迅速发生变性。此外,干燥期间温度不需要保持恒定。当残留水量高时,在初始阶段温度可以是低的,减压条件下,一般控制干燥温度 70℃ 左右,随着时间的推移,温度可以升高,但最高温度不应超过 100℃。

为了均匀干燥和清除结块,干燥过程 TA 络合盐应处于动态翻转流动态。通常可以利用与水互溶的有机溶剂,如甲醇、乙醇、丙酮等中加工湿 TA 络合盐,干燥时间可以缩短。但是因为在单体干燥后残留微量的有机溶剂对 PBO 聚合物的制备有不利影响,所以这不是理想的方法。TA 络合盐经过干燥后含水量不

超过 1500×10^{-6}。由于这种水含量,它具有在几个月中确保高质量的杰出存储稳定性。

为了改善存储稳定性,在 TA 络合盐中加入抗氧化剂。抗氧化剂一般采用氯化亚锡(Ⅱ),加入的抗氧化剂的量在 $0.1\% \sim 0.5\%$(摩尔分数)TA 络合盐的范围内。抗氧化剂合适的加入方法是,溶解在 TA 络合盐溶液中和允许在盐的形成期间混入,或在 TA 络合盐干燥的过程中加入。

3.2.2 络合盐法制备 PBO 的国内外进展

1994 年美国专利第 5276128 公开有合成二氨基间苯二酚和芳香族二羧酸的盐,将其合成物在聚磷酸中聚合的方法。根据该方法,因为二氨基间苯二酚和二羧酸预先是以 1:1 的比例结合,所以对计量比的控制变得非常容易。但是,单体盐不一定具有足够的稳定性,另外,存在为了抑制其劣化从而聚合所需的时间长的问题。

2000 年东洋纺织株式会社的堀田清史提出络合盐的合成及聚合物的合成。4,6 - 二氨基 - 1,3 - 苯二酚二盐酸盐溶在用氮气脱气的水中,对苯二甲酸溶在氢氧化钠水溶液中并用氮气脱气。4,6 - 二氨基 - 1,3 苯二酚二盐酸盐水溶液在 10 min 内滴加到对苯二甲酸二钠水溶液中,形成 4,6 - 二氨基 - 1,3 苯二酚对苯二甲酸盐的白色沉淀。反应温度保持在 90℃。过滤所获得的盐,在用氮气充气的水中分散,再次过滤分散液。分散步骤和过滤步骤重复三次。在氮气氛下用水洗过的盐在过滤器上抽吸,除去水分。在 80℃ 条件下减压干燥脱水的盐。

干燥 12h 后,最后得到的盐的平均直径为 $38\mu m$,残留量为 870×10^{-6} 和白度为 85.6。

最后得到的盐可用下列实验聚合反应评价聚合性。在 80℃ 下搅拌上述最后得到的盐、多聚磷酸、磷酸和氯化亚锡,使之混合。在 2h 内温度升高到 200℃,混合物在 200℃ 时反应 1h,得到的聚合物是黄色的,特性黏度为 $62dL/g^{[26]}$。

2001 年 Hotta K 等将 TA 溶解于 0.1mol/L 的 NaOH 溶液中,DADHB 溶解在含少量 SnCl$_2$ 的水中。氮气保护下,将 TA 的碱溶液滴加到 DADHB 溶液中,90℃ 反应 10 min,有固体析出,过滤、洗涤,得 TA 盐,真空干燥 24h。TA 盐、适量 PPA、P$_2$O$_5$ 在 80 ~ 200℃ 反应得 PBO 聚合物$^{[27]}$。

2003 年上海交通大学的张春燕等以 4,6 - 二氨基间苯二酚盐酸盐和对苯二甲酸为原料,制备了 4,6 - 二氨基间苯二酚 - 对苯二甲酸盐(TA 盐),并采用傅里叶红外(FTIR)、质谱(MS)、差热分析(DSC)和元素分析等测试手段对其结构进行了表征;以多聚磷酸为介质,将 TA 盐缩聚得到具有较高黏度(特性黏数

$[\eta] = 24.5\ \text{dL/g})$ 的 PBO,并通过 FTIR、元素分析和热重分析 (TGA) 等对 PBO 合成工艺和热性能进行了研究。这种通过 TA 盐聚合的方法不仅缩短了反应时间,而且比较容易得到具有较高分子量的 PBO [28]。

3.2.3　TA 络合盐的质量评价与质量影响因素

TA 络合盐的质量直接影响 PBO 聚合物和其制品的性质,对 PBO 聚合物的制备有重要影响,并且由于 TA 络合盐制备过程中物料在不稳定的状态下需要多次发生物料的转移,对反应环境响应敏感,所以对 TA 络合盐质量的影响因素和质量评价是 TA 络合盐制备工作的重要环节。评价 TA 络合盐质量主要通过以下几个方面,它们分别是:TA 络合盐的平均直径,TA 盐的白度,TA 盐的水含量,TA 盐中 Sn^{2+} 含量和以 TA 盐为原料制备的 PBO 聚合物的特性黏数。

1. TA 络合盐的平均直径

TA 络合盐的直径可使用由激光衍射散射方式的颗粒直径分布分析仪测定,氯仿作为分散溶剂。

TA 络合盐的直径应控制在 $15 \sim 50\mu m$ 的颗粒形式。当盐的平均直径在上述范围内时,能够制备有高聚合度的 PBO 聚合物。PBO 聚合是在多聚磷酸体系下的溶液聚合,聚合物在溶液中聚合时,一般认为具有较小颗粒直径的单体在溶剂中有较大的溶解度,有较快的反应进程和有利于制备有高聚合度的聚合物。但是,在使用 TA 络合盐的情况中,平均直径小于 $5\mu m$ 时只能得到较低聚合度的 PBO 聚合物。这可能是 TA 络合盐的热稳定性引起的,具有较小颗粒直径的 TA 盐在加热条件下事实上趋向热分解。可以认为,当单体平均直径小于 $5\mu m$ 时,不能获得高聚合度的聚合物。这是由于单体的热分解有相当大的影响。而当单体平均直径超过 $100\mu m$ 时,TA 盐在溶剂中的溶解度降低,因而聚合物分子量分布变宽,并且需要较长聚合反应时间,在此期间单体往往也发生 TA 盐受热分解的影响。TA 络合盐的平均粒径数值可以用激光衍射散射方法的颗粒直径分布分析仪测量。

DAR 盐酸盐水溶液和对苯二甲酸碱金属盐的水溶液不仅可以在较高的浓度以达到较高的产率,而且可以避免在较低的浓度情况下,形成有较大平均直径的盐。为了避免这种情况,两种溶液的浓度不应少于 0.4 mol/L。另外,1mol 对苯二甲酸使用的 DAR 盐酸盐的量应控制在 1.0 ~ 1.05 mol。将使用的 DAR 盐酸盐和对苯二甲酸的摩尔比值控制在此范围,就能得理想粒径的 TA 络合盐,而且在这个范围内得到的 TA 络合盐的白度也很理想。当 DAR 水溶液与对苯二甲酸水溶液混合时,其混合温度对 TA 盐粒径也是有直接影响的,当混合温度低于 70℃ 时,颗粒直径明显变小。因此,混合温度应该控制在 70℃ 以上。除此之外,TA 盐的粒径还与洗涤和干燥过程相关,尤其干燥过程中要采用动态干燥,干燥过程中注意对物料的翻动,避免结块。

2. TA 盐的白度

TA 络合盐的白度样品(颗粒)可放在色度计的样品架上并测定色度,它的白度按下列公式计算。

$$白度 = 100 - [(100 - L)^2 + (a^2 + b^2)]^{1/2}$$

高质量的 TA 络合盐的白度不小于 85。当 TA 盐的白度在这个范围内,能得到有优良色彩的 PBO 聚合物,所得聚合物为黄色。当使用白度低于 75 的 TA 络合盐制备 PBO 聚合物时,最初的黄色聚合物会逐渐转换成黑 - 深褐色、红 - 微红紫色等,导致整批物料报废。已经研究了这方面,并且已经发现使用粉红色、紫色等颜色的 TA 络合盐导致 PBO 聚合物的颜色差,多为黑紫色并有金属光泽。其中 TA 盐的色度影响生成的 PBO 聚合物的颜色。当 TA 络合盐的颜色肉眼已经可以分辨时,换句话,当白度小于 75 时,PBO 聚合物会显示出低劣的颜色和明显的低聚合度。这是由于 TA 络合盐的颜色是 DAR 苯环上氨基的降解产物导致的。在此使用的白度是通过色度仪测量的实验室色度。

研究证明,TA 络合盐的白度与 DAR 水溶液和对苯二甲酸的水溶液的混合方式有关。DAR 水溶液和对苯二甲酸的水溶液应该通过将 DAR 水溶液加入到对苯二甲酸的水溶液中进行混合。当对苯二甲酸的水溶液加到 DAR 水溶液时得到的 TA 络合盐经常是有色的。它们的白度不易小于 75。而对于加入量时间的变化取决于生产规模,因为较长时间显示生产出的产物倾向易于着色。在 TA 络合盐的干燥过程中,如果 TA 盐的含水量过高,则在加热干燥过程中 TA 络合盐一定会发生变色。干燥过程中初始温度应控制在 70℃左右,随着时间的推移,温度可以升高,但如果初始烘干温度过高也会引起 TA 络合盐的白度降低。除此以外,上面也提到了 DAR 盐酸盐和对苯二甲酸的摩尔比值对 TA 络合盐白度也有影响,这里不再赘述。

3. TA 盐的水含量

TA 络合盐的白度可在 120℃汽化温度下使用装有蒸发器的 Karl Fischer 湿度滴定器测定。

水含量也可以事先准确称重,之后采用真空干燥箱 120℃下真空干燥,定时取出样品冷却后准确称重,经过反复烘干称重直至样品重量稳定,从而测定含水量。优质的 TA 络合盐经过干燥后含水量不应超过 1500×10^{-6}。这是由于这种水含量下,TA 络合盐具有在几个月中确保高质量的储存稳定性。含水量过高会导致 TA 络合盐的白度下降。

4. TA 盐中 Sn^{2+} 含量

TA 络合盐的 Sn^{2+} 含量测定可将样品分散在 500g/L 柠檬酸水溶液中,使用极谱法测定含量。

Sn^{2+} 含量是 TA 络合盐中起到保护作用的还原抗氧化成分含量的指标,充足的 Sn^{2+} 含量可以保证 TA 络合盐的稳定存储。Sn^{2+} 含量的测定是将样品分散在 500 g/L 柠檬酸水溶液中,使用极谱法进行测量 Sn^{2+} 的含量。合适抗氧化剂的量在 0.1% ~ 0.5%(摩尔分数)TA 络合盐之间。

5. TA 盐为原料制备的 PBO 聚合物的特性黏数

由 TA 络合盐在多聚磷酸体系下进行聚合,制备的 PBO 聚合物的特性黏度是衡量 TA 络合盐最重要的指标,反映了所得 PBO 聚合物的分子量的大小,以上所有的指标都是为了最终制备得到大分子量 PBO 聚合物。制得的 PBO 聚合物在 25℃ 下,在 0.1L/mol 甲磺酸钠蒸馏的甲磺酸中使用奥氏黏度计或乌氏黏度计测量可以得到 PBO 聚合物的特性黏数。质量良好的 TA 络合盐制备的 PBO 聚合物的特性黏数应达到 45 dL/g 以上。

3.2.4　TA 络合盐法制备 PBO

TA 络合盐法聚合制备 PBO 聚合物,免去了由 4,6 - 二氨基间苯二酚盐酸盐脱氯化氢的步骤,因此,预聚合时间和总的反应周期大大缩短,这使原料在高温下发生变性的概率大大降低。一般来说先配置浓度在 80% ~ 85% 之间的多聚磷酸作为预聚合反应体系,然后将 TA 络合盐投料至多聚磷酸中,投料过程应充分搅拌,体系物料均一后,升温至 100 ~ 120℃,搅拌下反应 10h。由于聚合过程中会产生一定量的副产物水,这会导致体系 PPA 浓度降低,酸度的降低会影响聚合反应的进一步发生,因此,为了维持 PPA 浓度在可持续发生聚合反应的浓度,需要按比例加入 P_2O_5 抵消副产物水的作用。P_2O_5 的补加需要以较慢的速度进行,避免由于 P_2O_5 溶解放热引起的局部温度过高而发生爆聚,有效避免反应物料的橡胶化交联副反应的发生。之后升温 140℃,反应 6 ~ 8h,缓慢升温 3h 左右至 160℃,在此温度下反应 6 ~ 8h,物料黏度迅速增大,聚合物分子量在这个阶段已经增长快速,反应体系的黏度极大提高。

TA 络合盐法为自缩聚过程,脱氯化氢法为脱出氯化氢后的共缩聚过程,由于二者在双螺杆聚合过程基本一致。由于物料黏度的提高,预聚反应装置无法对聚合物料进一步有效充分的搅拌和混合,因此为了提高物料混合效率提高聚合物分子量,将物料转移至双螺杆挤出机继续进行聚合。双螺杆挤出机聚合工艺与脱氯化氢法几乎完全相同,采用梯度升温法,初始螺杆温度控制在 160℃,控制物料在螺杆中的停留时间,可以采用多台双螺杆挤出机串联或循环,160℃ 下停留时间为 6 ~ 8h;之后升温至 180℃,为了适应不断提高的聚合物黏度,加强其流动性,使其更容易混匀,此外,为了促进高分子链闭环反应的发生,在此温度下停留时间控制在 6~8h;进一步升温至190℃,提高物料流动性使高分子链活性基团相互之间发生反应的机会增大,停留时间2h;最后升温至200℃,停留时间为1h,聚合反应结束,可得黄色高黏度聚合物物料。

为了能达到适于加工的聚合度,必要时,通过加入链终止剂或用 US 5,919,890A 中公开的方法控制聚合度[29]。

TA 盐聚合法制备 PBO 聚合物,反应周期缩短,同时不存在氯化氢气体的后处理问题,更为绿色环保,与现今化学工业的发展趋势相契合。同时,TA 络合盐工艺简单易行,生产效率更高,有很好的经济优势。采用 TA 法可以使两种单体等当量比反应,避免了 TA 在 PPA 中溶解度低的问题以及 TA 升华的问题,反应速度快,聚合耗时短,制备出的 PBO 聚合物具有更高的分子量,具有广阔的前景。

3.3 AB 型自缩合法

AB 型新单体在 PPA 中自缩聚路线脱水量比较小,可使缩聚反应数量减少一半,又可使 P_2O_5 用量是原用量的1/2,需要发生的缩聚反应数量较其他方法少,生产效率高,反应时间短,只要该单体纯度较好即可达到完全的等当量比,有利于聚合度的提高,是一种工业化前景非常好的方法。制备这种新型单体的路线有多种[30],但是步骤均较复杂,其研究进度如下:

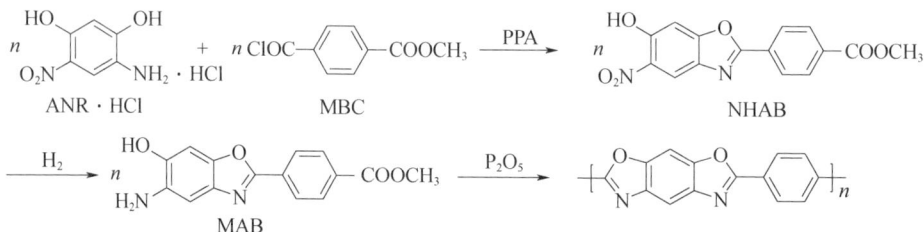

2000 年东洋纺织株式会社的松冈豪等做得一种残留 BB-PBZ 单体含量不超过 0.010% 重量的聚吲哚,它是通式(I)的 AA-PBZ 单体和式(II)的 BB-PBZ 单体的脱水聚合反应得到的,式(I)中 Ar 是四价的芳族有机残基,W 是羧基或从羧基衍生的基团,这种基团对 AA-PBZ 单体中的 -XH 是反应性的。因为聚吲哚中残留 BB-PBZ 单体含量不超过 0.010%(质量分数),所以可在制备过程中高速稳定地制备具有小单丝旦数的聚吲哚的纤维而不会受到断线的损害[31]。

$$
\begin{cases}
\begin{array}{ccc}
H_2N & & NH_2 \\
& Ar & \\
HX & & XH
\end{array} & （Ⅰ） \\
\\
W\!-\!Z\!-\!W & （Ⅱ）
\end{cases}
$$

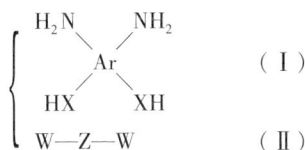

2006 年东洋纺织株式会社的渡边直树等以所示的化合物为原料,在非氧化性脱水溶剂中制造聚苯并咪唑聚合物[32]。

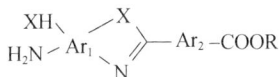

$$
\begin{array}{c}
XH \qquad X \\
H_2N\!-\!Ar_1 \qquad \diagdown\!\!\diagup\!\!-\!Ar_2\!-\!COOR \\
\qquad\quad N
\end{array}
$$

2007 年浙江工业大学金宁人等以 4 - 氨基 - 6 - 硝基间苯二酚盐酸盐(ANR·HCl)和对甲氧羰基苯甲酰氯(MBC)为原料,合成了自缩聚新单体 2 -(对甲氧羰基苯基)- 5 - 氨基 - 6 - 羟基苯并噁唑(MAB),通过缩聚反应获得 PBO。新路线的设计是一种有效应用于 PBO 树脂产业化及其性能优化的 AB 型 PBO[33]。

2007 年浙江工业大学金宁人等以 4,6 - 二硝基间苯二酚(DNR)和对苯二甲酸单甲酯(TAM)为原料,经三个单元过程合成 AB 型新单体 2 -(对甲氧羰基苯基)- 5 - 氨基 - 6 - 羟基苯并噁唑(MAB),通过缩聚反应获得 PBO[4]。

2007 年浙江工业大学的金宁人以间苯二酚为原料经磺化、硝化、水解制成 4,6 - 二硝基间苯二酚(DAR),接着选择还原制得 4 - 氨基 - 6 - 硝基间苯二酚盐酸盐(ANR·HCl),进而与对甲氧羰基苯甲酰氯进行缩环聚合制得苯并噁唑化合物(NHAB),然后再催化加氢合成 AB 型 PBO 单体 2 -(对甲氧羰基基)- 5 - 氨基 - 6 - 羟基苯并噁唑(MAB),最后自缩聚获得 PBO。该法具有原料易得、中间体稳定、反应条件缓和且特性黏数大等优点,但是在缩聚过程中发生了聚合物抱团现象,可通过采用更好的聚合装置来改善该问题,提高聚合度[34]。

3.4　三甲基硅烷基化法

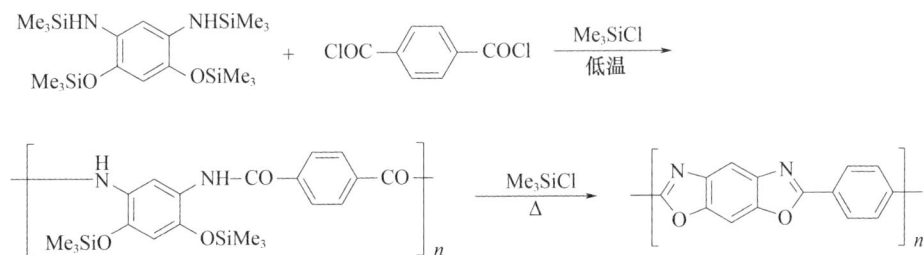

以三甲基硅氮烷和4,6－二氨基间苯二酚为初始反应物,反应生成 N, N, O, O－均四(三甲基硅氮烷)基取代的中间产物,然后以 N, N－二甲基乙酰胺(DMAC)或 N－甲基吡咯烷酮(NMP)溶剂,将前面所得产物与TPC在加热条件下反应生成聚合物。为更好地进行纤维的纺制采用甲醇醇析中间产物,然后在 350~400℃ 下进行脱三甲基硅烷环化反应,经加热反应生成产物[35]。

2000年东京技术研究中心的 Y. Imai 发明三甲基硅烷基化法。其合成途径为先合成 N, N, O, O－均四(三甲基硅氨烷)－4,6－二氨基间苯二酚中间体,再与对苯二酰氯在 NMP 中 0℃ 下反应,然后在 250℃ 环化,脱硅烷,得到 PBO[4]。此后,国内对三甲基硅烷基化工艺展开了大量研究。

2001年吉林石化公司的汪多仁等以4,6－二氨基间苯二酚与三甲基硅氨烷为原料反应生成 N, N, O, O－均四(三甲基硅氨烷)4,6－二氨基间苯二酚,再在 N－甲基吡咯烷酮溶剂中与对苯二甲酰氯进行加热反应生成产物的方法做了概述[36]。

2005年合成纤维国家工程研究中心的林生兵等采用 DAR 与三甲基硅氮烷为原料反应生成 N, N, O, O－均四(三甲基硅氮烷)取代的中间体,再在 N－甲基吡咯烷酮(NMP)或二甲基乙酰胺(DAC)溶剂中与对苯二甲酰氯进行加热反应生成产物,为便于加工成纤维,向中间体中加入甲醇进行醇析,再在 350~400℃ 进行脱三甲基硅烷环化,经加热反应生成产物[37]。

2007年东北大学的崔天放等对三甲基硅烷基化法进行了详细的概括[38]。

2008年中原工学院的牛玖荣等概述了以4,6－二氨基间苯二酚与三甲基硅氮烷为原料反应生成三甲基硅氮烷取代的中间体,再在 N－甲基吡咯烷酮(NMP)或二甲基乙酰胺(DAC)溶剂中与对苯二甲酰氯进行加热反应生成产物[39]。

2008年中原工学院胡洛燕等概述三甲基硅烷基化法。该法采用4,6－二氨基间苯二酚与三甲基硅氮烷为原料反应生成三二甲基硅氮烷,再在 N－甲基吡咯烷酮(NMP)或二甲基乙酰胺(DAC)溶剂中与对苯二甲酰氯进行加热反应生成产物。该方法是可先用预聚物制成所需形状,然后加热环化生成不溶不熔的 PBO 制品[40]。

2009年西北工业大学的王飞等采用4,6－二氨基间苯二酚盐酸盐与三甲基硅氮烷为原料反应得中间体,再与对苯二甲酰氯进行加热制备 PBO[41]。综上,国内对三甲基硅烷基化工艺制备 PBO 取得重大进展。

3.5 对羟基苯甲酸酯法

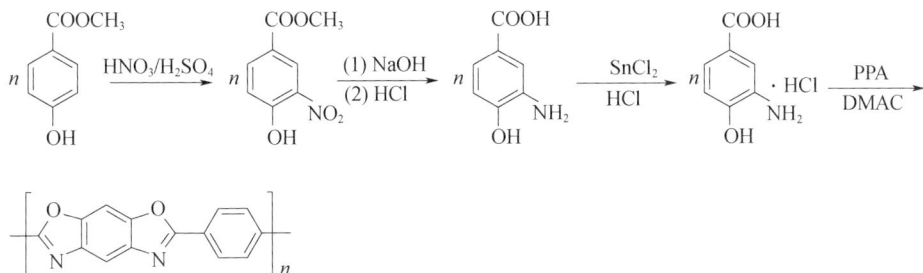

1989 年 A. W. Chow 等为了进一步优化 PBO 的制备方法，提高反应速率，经实验研究发现，以对羟基苯甲酸甲酯为单体经一系列的反应也可合成 PBO[42]。自此，国内对该工艺展开了大量的研究。

1997 年华东理工大学的韩哲文等以对羟基苯甲酸甲酯为单体合成 PBO[43]。

2003 年总装备部后勤部军事医学研究所的袁江等经过一系列研究以对羟基苯甲酸甲酯为单体合成 PBO[19]。

2005 年沈阳化工学院的周长民等概述了对羟基苯甲酸酯法。该法采用对羟基苯甲酸甲酯为原料在混酸作用下，于室温下反应得中间体，在多聚磷酸介质中经二甲基乙酰胺溶剂缩聚反应合成 PBO[44]。

2007 年杭州市工业资产经营有限公司的杜艳欣概述了对羟基苯甲酸甲酯为原料，混酸作用下室温反应得到中间体，再在碱性条件下反应，粗品用酸中和得 4－羟基－3－氨基苯甲酸盐，在二氯化亚锡溶液中进行自缩聚得高纯度的单体 3－氨基－4－羟基苯甲酸盐，在多聚磷酸介质中经二甲基乙酰胺溶剂缩聚得到高分子量的 PBO[45]。

2013 年西北工业大学的刘莉等总结、分析了制备 PBO 的对羟基苯甲酸酯方法[46]。综上，国内对羟基苯甲酸酯工艺制备 PBO 取得进展。

3.6 中间相聚合法

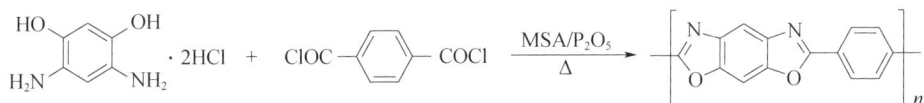

1989 年美国的 W. J. Harris 等采用甲磺酸为溶剂和缩聚剂，加入质量为

40% ～45% 的 P_2O_5，由 4,6 - 二氨基间苯二酚与对苯二甲酰氯反应，反应时间近 100h 缩短到 10h 多，而且产率提高了很多，是一种可实际应用的方法[10,12]。自此，国内对该工艺展开了大量的研究。

2003 年总装备部后勤部军事医学研究所的袁江等采用中间相聚合法聚合 PBO，并介绍了 PBO 纤维的性质，对其应用前景做了展望[19]。

2006 年东北大学材料与冶金学院的崔天放等对 PBO 纤维的合成及改性研究作了概述，详细介绍了中间相聚合法[21]。

2007 年东北大学材料与冶金学院的崔天放等详细介绍了以 4,6 - 二氨基间苯二酚盐酸(DADHB)为原料，采用中间相聚合法合成 PBO[47]。

2007 年杭州市工业资产经营有限公司的杜艳欣等详细阐述了 PBO 纤维国内外的发展历史及发展现状，并介绍了该材料的合成方法、纤维的结构特点、性能以及作为高性能纤维在军事及工业领域中的一些应用，描述和比较目前国内 PBO 纤维的研究现状，对国内的市场容量及前景进行预测[46]。

3.7 有机溶剂制备 PBO 前驱体法合成 PBO 聚合物[48]

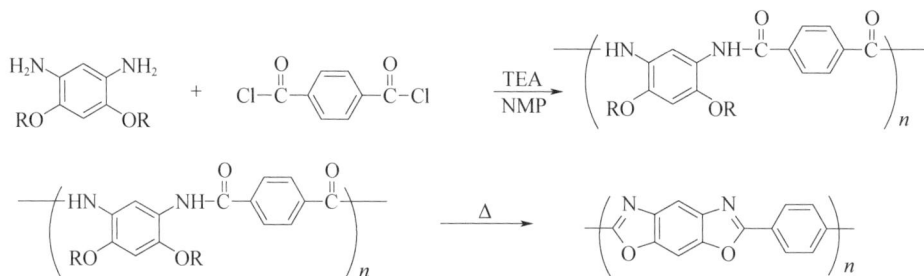

使用了结构上与 DAR 单体类似的 4,6 - 二氟基间苯二氨或 4,6 - 二叔丁烷氧基间苯二氨，使其在 N - 甲基吡咯烷酮中，以三乙醇胺作为缚酸剂，与对苯二甲酰氯发生聚合反应，生成聚酰胺类聚合物，即一种 PBO 前驱体，此前驱体可以在 350℃脱水，发生关环反应从而转化为 PBO 分子结构。之所以使用类似于 DAR 的结构，这主要是由于 DAR 的盐酸盐在有机溶剂中的溶解性较差，通过类似结构 4,6 - 二氟基间苯二酚或 4,6 - 二叔丁烷氧基间苯二酚解决了有机溶剂中溶解度差的问题，从而可以制备出大分子量的 PBO 聚合物。

综合以上方法都有各自的优缺点，目前研究最多的是对苯二甲酸路线，也是目前最常用的方法。通常是单体 DADHB 和 TA 在 PPA 中脱除氯化氢气体来进行缩聚反应，在反应过程中要补加一定数量的 P_2O_5。也可将两种单体先络合成

TA 盐再进行缩聚反应,同样需在反应后期补加 P_2O_5,是一种有广泛前景的 PBO 聚合物制备方法。

3.8 聚合反应设备

无论采用本章所述的哪种工艺路线进行聚合反应,聚合釜都要同时满足高温、高压、耐酸腐蚀等苛刻的反应条件,因此聚合反应设备的设计和制造必须符合以下要求(HG/T 3648—2011)[49]:聚合釜的材料、设计、制造、试验、检验与验收必须遵循 GB 150—1998[50]《钢制压力容器》的有关要求以及国家颁布的有关法令、法规和规程。聚合釜的设计与制造单位必须具备压力容器设计单位批准书,制造单位必须持有压力容器制造许可证。制造过程和使用过程必须置于安全监察机构或由国家压力容器安全监察机构授权进行监督检验机构的监督之下。

3.8.1　釜内容积

釜内容积分为有效容积与全容积,必须根据安全生产的要求确定物料充装的质量,对于脱 HCl 缩聚工艺而言公称容积与 DAR 的体积质量比需大于 20∶1,而对于 TA 络合盐聚合工艺而言公称容积与 TA 络合盐的体积质量比只需大于 6∶1(HG/T 3648—1999)[49]。

釜体公称容积与对应釜体内径见表 3 - 1。

表 3 - 1　釜体公称容积与对应釜体内径

釜体公称容积/L	40	100	250	400	630	1000	2000
釜体内径/mm	400	500	600	700	800	1000	1200
釜体公称容积/L	3000	5000	8000	10000	12500	16000	—
釜体内径/mm	1300	1600	1900	2000	2200	2400	—

3.8.2　釜体的选材

确定釜体选材的重要因素是釜内介质的特性,因此,应根据釜内介质的性质以及对金属材料的腐蚀性能、设计压力、使用温度、工艺要求、材料焊接性能和加工工艺性等因素选用相应牌号的材料进行零部件的制造,由于聚合反应完成过程始终有高温的 PPA,而且脱 HCl 缩聚工艺中还会产生大量的 HCl 气体,因此釜体及其他与物料接触或与产生的 HCl 气体接触的零部件必须采用不锈钢,其耐酸腐蚀能力需≥316 L,最好采用哈氏合金制造(不锈钢牌号 GB/T 20878—2007 附表)[51]。当物料有腐蚀需采用不锈钢作为防腐蚀材料时,可选用:全不锈钢结构,内衬不锈钢结构,复合板结构三种结构。

内衬不锈钢结构有两种(高压反应釜设计和制造要点(化工装备)):一种是传统灌铅式内衬不锈钢;另一种是胀贴式内衬不锈钢。此两种结构对不同的使用场合有不同的优缺点。

灌铅式内衬不锈钢结构,其内衬与釜体间的间隙充满了铅,其传热与刚度性能优越,无结构突变,较适用于应力腐蚀环境。但灌铅时难以控制灌铅温度,容易过热,使不锈钢的抗晶间腐蚀性能降低,加上铅、锑合金熔点低,不适于高温工况条件,通常最高工作温度≤250℃。总体上其造价成本高,制造工艺较复杂。

胀贴式内衬不锈钢结构,其内衬与釜体间的间隙充满导热油,其传热与刚度性能较差。内衬与釜体间的贴合是靠高压强行胀贴的,容易造成局部应力集中现象,再加上温度和压力升降时,内衬热胀冷缩,容易产生内应力及疲劳,因此不适合用在有应力腐蚀的环境,较适于高温条件下(只要不超过导热油的沸点或不使导热油挥发)及有晶间腐蚀倾向的环境。注意内衬夹层间隙下端必须设置排油孔,以便检修。其造价成本低,制造工艺简单[52]。

具体采用何种结构,应根据壁厚、制造工艺及经济性能等综合考虑而定。在会产生应力腐蚀及晶间腐蚀的环境下,不宜采用全不锈钢结构,否则会因为材料突然脆裂而发生严重事故。采用全不锈钢结构的釜体应遵循 GB/T 21433—2008 标准[53]。采用复合层结构的釜体应遵循 GB/T 8457[54] 和 JB 4733[55] 标准。采用复合层结构的釜体应遵循 HGJ 33 标准[56]。

其他不与物料接触的釜体、接管以及法兰等构件须采用碳素钢、低合金钢、不锈钢、钛合金或复合钢板等制造。这些材料除符合压力容器专用标准外,还应符合 HG/T 20518—2011[57] 等有关规定,并具有钢材生产厂提供的材料质量证明书。

所选用的钢材的使用温度均高于 -20℃。设计温度低于 -20℃时,还应遵守 GB 150[50] 标准中的有关规定。属于第三类压力容器的盖及容器法兰等重要锻件,应按 JB 4726 ~ JB 4728[58,59] 标准选用Ⅱ级或Ⅱ级以上锻件。采用衬里或复合材料制造釜体时,其材料表面不应有疏松、裂纹或划痕等影响耐腐蚀性及致密性的缺陷。

3.8.3 搅拌器型式及搅拌转速

搅拌设备对搅拌效率的影响是聚合工艺中的一个重要影响因素。搅拌器和联轴器的材料应满足釜内介质对耐腐蚀和耐磨蚀的要求。在整个缩聚反应过程中,不同反应过程应适当调节不同的搅拌速度。例如在脱 HCl 过程中搅拌要控制在转速较高的状态。脱 HCl 结束进入缩聚过程后,搅拌转速适当降低,以利于界面的更新,提高两个单体接触的概率,使得缩聚产物分子量较大且分布较窄。

对于高黏度的流体搅拌器一般情况下可选用螺杆式、螺带式或锚框式,锚式搅拌桨一般不用于高黏度物料的搅拌。图 3 - 1 为螺杆式、螺带式或锚框式示意图(HG/T 3796.1—2005)[60]。

序号	搅拌器型式	搅拌器简图	基本参数		
			结构参数	叶端线速度 V_{tip}	适用黏度 μ
1	螺杆式	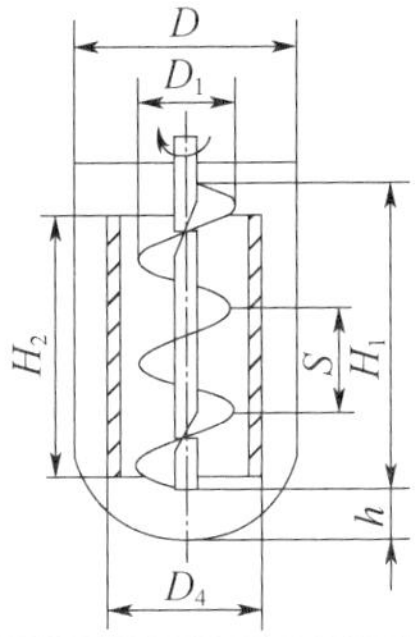	$D_1 = (0.4 \sim 0.6)D$ $D_4 = (1.05 \sim 1.15)D_1$ $S = (0.5 \sim 1.5)D_1$ $H_1 = (1.0 \sim 3.0)D_1$ $H_2 = (0.8 \sim 0.95)H_1$ $h = (0.18 \sim 0.3)D_1$	<2	<100
2	螺带式	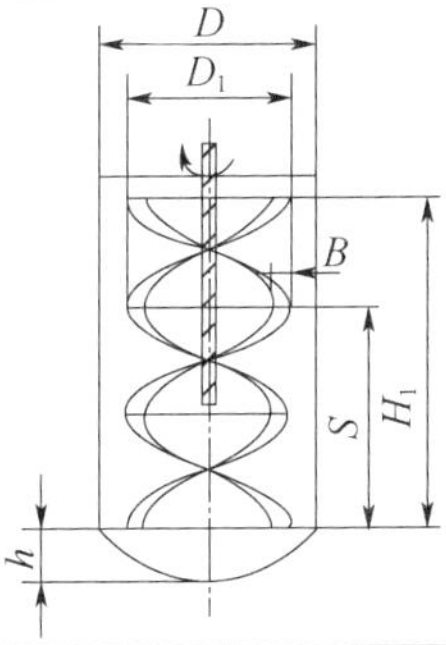	$D_1 = (0.9 \sim 0.98)D$ $S = (0.5 \sim 1.5)D_1$ $H_1 = (1.0 \sim 3.0)D_1$ $B = 0.1D_1$ $h = (0.01 \sim 0.05)D_1$ $Z_1 = 1.2$	<2	<500
3	锚框式	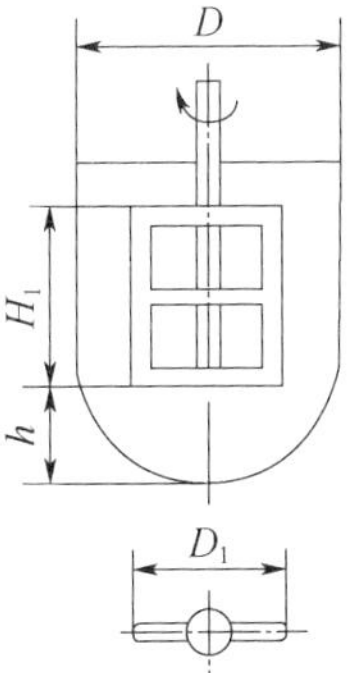	$D_1 = (0.5 \sim 0.98)D$ $H_1 = (0.48 \sim 1.5)D_1$ $B = (0.06 \sim 0.1)D_1$ $h = (0.05 \sim 0.2)D_1$	1 ~ 5	<100

图 3 - 1　螺杆式、螺带式、锚框式搅拌桨示意图

3.8.4　轴封型式的确定

目前常用的轴封型式有:填料密封、机械密封和磁力驱动反应釜(HG/T 3648—2011)[49]。

1. 填料密封

填料密封又称压盖填料密封,俗称盘根,主要用于过程机器和设备运动部分的密封,如离心泵、真空泵、搅拌机、反应釜等的转轴和往复泵、往复压缩机的柱塞或活塞杆,以及做螺旋运动阀门的阀杆与固定机体之间的密封。它是最古老的一种密封结构,中国古代的提水机械,就是用填塞棉花的方法堵住泄漏的。世界上最早出现的蒸汽机也是采用这种密封型式。而19世纪石油和天然气开采技术的产生与发展,使填料密封的材料有了新的发展。到了20世纪,填料密封因其结构比较简单、价格便宜、来源广泛而获得许多工业部门青睐。然而,随着现代工业,尤其是宇航、核电、大型石油化工等工业的发展,对密封的要求越来越高。在许多苛刻的工况下,填料密封被其他密封型式所代替。尽管如此,由于填料密封本身固有的特点,至今在较多场合仍是普遍使用的密封型式,特别是近年来许多新材料和新结构的出现,赋予了填料密封新的生机,使其获得了新的发展。

填料密封依其采用的密封填料的型式分为软填料密封和硬填料密封,后者主要用于高压、高温、高速下工作的机器或设备。软填料密封也可作为预密封与硬填料密封联合使用。

图3-2所示为一旋转轴与泵体之间采用的软填料密封。该填料密封是首先将某种软质材料1填塞于轴2与填料函3的内壁之间。然后预紧压盖4上的螺栓,使填料沿填料函轴向压紧,由此产生的轴向压缩变形引起填料沿径向内外扩胀,形成其对轴和填料函内壁表面的贴紧,从而阻止内部液体向外泄漏。为了使填料起更可靠的密封作用,或对填料进行润滑及冷却,以延长填料的寿命,在填料函中间放置液封环5,通过它向环内注入油压力的中性介质、润滑剂或冷却液[61]。有时在填料顶部和(或)底部加装衬套,使它与轴保持较小的间隙,以防止填料挤出。此外,也有在各级填料之间放置隔离环,起传递压紧载荷的作用等结构。

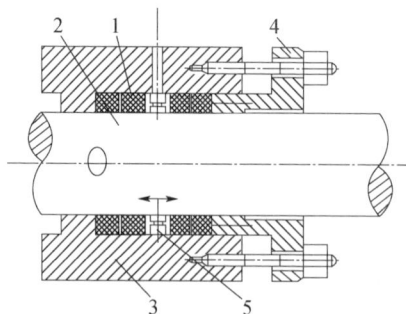

图3-2　填料密封基本结构

1—填料;2—转轴;3—填料函;4—压盖;5—液封环。

相对机械密封而言,软填料密封有结构简单、价格便宜、加工方便、装拆容易和适用范围很广的优点,缺点是软填料密封因依靠压紧力使填料与轴(杆)紧密接触而填塞泄漏通道,故填料与轴(杆)表面的摩擦和磨损较大,造成材料和功率消耗也大。为了润滑摩擦部位并带出摩擦热,降低材料磨损,延长使用寿命,填料密封要允许有一定的泄漏,因此对于机器转速高、密封要求严、寿命要求长的场合,软填料密封的使用就受到限制了。

一般用于低转速、轴封泄漏要求不是很高的条件下,其最高压力一般可达到 30MPa;且维护和使用方便,但转速受到填料种类及线速度限制。在 $P \leqslant$ 6.4MPa,且转速 $\leqslant 100 r/min$ 时,可采用无油润滑的单层填料函结构;在 $P >$ 6.4MPa,且转速 $> 100 r/min$ 则要考虑设置高压油泵加强润滑,并采用多级(二级)填料结构函,确保每级不少于 7 层填料函。同时还需考虑对搅拌轴封处进行镀铬处理,增加轴的耐磨性,或设置套管以保护搅拌轴不受磨损,届时更换套管即可。

泥状混合填料密封的特点是:无泄漏,密封可靠,对轴(或轴套)无磨损;安装简单,维修时可在线修复,降低了劳动强度;不需要冲洗和冷却;轴功率损耗小,只有普通软填料密封的 22% 左右[62]。目前国内使用较多的泥状混合填料主要有 SR900、CMS2000 和 BP720、BP920 等,其相关参数见表 3 - 2。

表 3 - 2　泥状混合填料技术参数

型号 产地	SR900 中国	CMS2000			BP720	BP920
		第一代 美国	第二代 美国	第三代 美国	美国	
温度/℃	−220 ~ 200	−18 ~ 200	−40 ~ 204	−50 ~ 750	−18 ~ 195	−65 ~ 205
最大压力/MPa	1.0	0.7	1.0	1.5	0.8	2.5
最大线速度/(m/s)	10	8	10	18	9	16
pH 值	4 ~ 13	4 ~ 13	1 ~ 13	1 ~ 14	4 ~ 13	2 ~ 14
适用介质	水基介质	水基介质	除氧化物、氟、三氧化氯及化合物、熔融碱金属外	除强酸、强氧化物外	水基介质	水或污水基介质

2. 机械密封

机械密封可用于高转速、轴封泄漏要求较低的条件下。其使用压力不高,一般用于 6.3MPa 以下场合,同时维护使用不便,价格也较高。

1)机械密封的工作原理

机械密封是用于旋转轴的动密封,又称端面密封,其主要特点是密封面垂直于(或大致)旋转轴线。并且由弹性元件、辅助密封圈等构成的轴向磨损补偿机构。因此,也有简称机械密封为"轴向滑动环密封"。由于对机械密封的说法众多,国际上尚无统一规定,现摘录国家标准 GB 5894—2015[63]中有关机械密封的说明:"机械密封(端面密封)——由至少一对垂直于旋转轴线的端面在液体压力和补偿机构弹力(或磁力)的作用以及辅助密封的配合下保持贴合并相对滑动而构成的防止液体泄漏的装置。"[64]

当然,机械密封的定义或术语可能会随着机械密封的发展有所改变。例如,已有密封端面为锥面的机械密封出现,各种类型波纹管机械密封推广使用,对辅助密封的含义也会有所延伸。尽管机械密封的结构多种多样,但其工作原理基本相同。

机械密封的工作原理就是以两个相互贴合,并相对转动的密封装置。它是靠弹性元件(如弹簧或波纹管)和密封介质的压力,随轴旋转的动环和不随轴旋转的接触端面上产生适当的压紧力。使这两个接触端面紧密贴合,端面间维持一层极薄的液膜,从而达到密封的目的。

机械密封一般有 4 个密封点,如图 3-3 所示 A、B、C、D 点。A 点为端面密封点,B 点为静环与压盖端面之间的密封点,C 点为动环与轴(或轴套)配合面之间的密封点,D 点为压盖与机体(密封箱体)之间的密封点。除 A 点为动密封,B、C、D 点均为静密封。

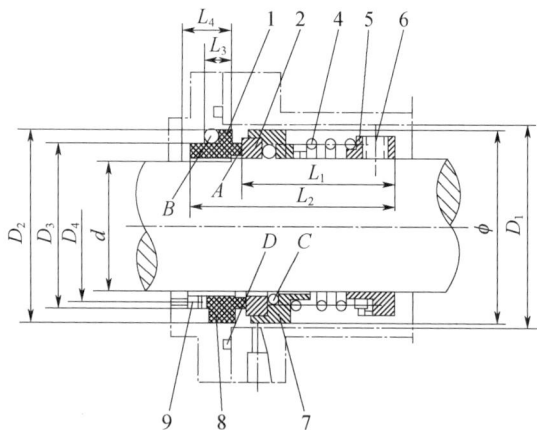

图 3-3   机械密封工作原理图

1—静环;2—动环;4—弹簧;5—弹簧座;6—固定螺钉;

7—动环密封圈;8—静环密封圈;9—防转销。

由上述可知,本书所列举的机械密封是指接触式机械密封。

2)机械密封的基本结构

机械密封技术发展很快,新结构层出不穷。但是,无论是泵用还是釜用机械密封其基本结构都由以下 4 部分组成(图 3 - 4)。

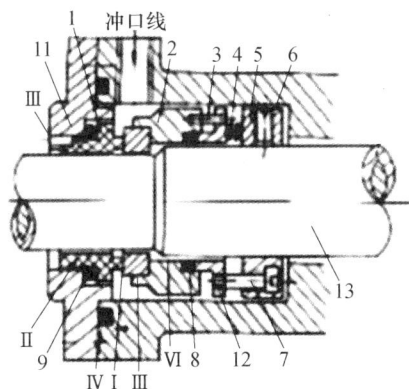

图 3 - 4　典型机械密封示意图

1—静环;2—动环;3—传动销;4—弹簧;5—弹簧座;6—紧定螺钉;7—传动螺钉;8—动环 O 形圈;
9—静环 O 形圈;10—防转销;11—压盖;12—推环;13—轴套;Ⅰ、Ⅱ、Ⅲ、Ⅳ、Ⅴ、Ⅵ—泄漏点。

(1)端面密封环(摩擦副)——动环和静环;

(2)缓冲补偿和压紧机构(弹性元件)——由弹簧、波纹管或波纹管加弹簧组合而成;

(3)辅助密封——端面密封环以外的防泄漏密封圈(如 O 形、V 形、楔形圈)或密封垫;

(4)传动件——如弹簧座、固定螺钉、推环、传动销等。

以上 4 部分构成机械密封组件。此外,为提高机械密封的密封效果和延长使用寿命,附加循环、节流、冲洗冷却、阻封和杂质过滤等辅助装置。

机械密封是一种依靠弹性元件对静、动环端面密封副的预紧和介质压力与弹性元件压力的压紧而达到密封的轴向端面密封装置(图 3 - 4),故又称端面密封。

构成机械密封的基本元件有:端面密封副(静环 1 和动环 2)、弹性元件(如弹簧 4)、辅助密封(如 O 形圈 8 和 9)、传动件(如传动销 3 和传动螺钉 7)、防转件(如防转销 10)和紧固件(如弹簧座 5、推环 12、压盖 11、紧定螺钉 6 与轴套 13)。

机械密封基本元件的作用和要求如下:

(1)端面密封副(静、动环)。端面密封副的作用是使密封面紧密贴合,防止介质泄漏。它要求静、动环良好地贴合;静环具有浮动性,起缓冲作用。为此密封面要求有良好的加工质量,保证密封副有良好的贴合性能。

(2)弹性元件(弹簧、波纹管、隔膜)。它主要起预紧、补偿和缓冲的作用,要求始终保持足够的弹性来克服辅助密封和传动件的摩擦和动环等的惯性,保证端面副良好地贴合和动环的追随性,材料要求耐腐蚀、耐疲劳。

（3）辅助密封(O形圈、V形圈、楔形圈和异形圈)。它主要起静环和动环的密封作用,同时也起到浮动和缓冲作用。要求静环的密封元件能保持静环与压盖之间的密封型和静环有一定的浮动性,动环的密封元件能保证动环与轴或轴套之间的密封性和动环的浮动性。材料要求耐热、耐寒并能与介质相容。

（4）传动件(传动销、传动环、传动座、传动键、传动突耳或牙嵌式联结器)。它起到将轴的转矩传给动环的作用。材料要求耐磨和耐腐蚀。

（5）紧固件(紧定螺钉、弹簧座、压盖、组装套、轴套)。它起到静、动环的定位、紧固的作用。要求轴向定位正确,保证一定的弹簧压缩量,使密封副的密封面处于正确的位置并保持良好的贴合。同时要求拆装方便、容易就位、能重复利用。与辅助密封配合处,安装密封圈要有导向倒角和压弹量,应特别注意动环辅助密封件与轴套配合处要求耐磨损和耐腐蚀,有必要时与轴套配合处可采用硬面覆层。

（6）防转件(防转销)。它起到防止静环转动和脱出的作用。要求有足够的长度,防止静环在负压下脱出,并要求正确定位,防止静环随动环旋转。材料上要求耐腐蚀,在必要时中间可加四氟乙烯套,以免损坏碳石墨静环。

3. 磁力驱动反应釜(HG/T 3648—2011)

一般用于轴封泄漏要求非常高的条件下。它将动密封转为静密封,实现零泄漏。但不适合用于高温条件下,其造价高且维护不便。磁力驱动反应釜示意图如图3-5所示。

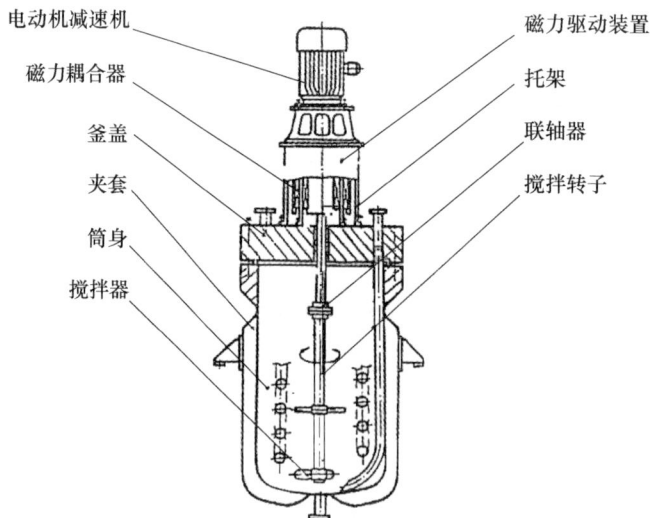

图3-5　磁力驱动反应釜示意图

电动机减速机　磁力驱动装置　磁力耦合器　托架　釜盖　联轴器　夹套　搅拌转子　筒身　搅拌器

1）磁力耦合器的结构型式

（1）平面型(图 3 - 6)。它由上磁盘、下磁盘及隔离套组成。上磁盘由电动机驱动,带动下磁盘与转子作同步旋转。

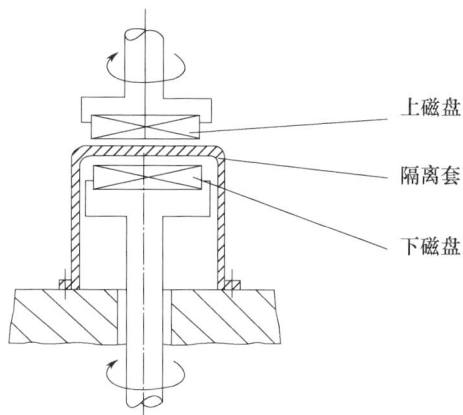

图 3 - 6　平面型磁力耦合器

（2）圆筒型(图 3 - 7)。其主要部件为内磁环及外磁环,两者互成同心圈结构,二环之间有一隔离套,内磁环在套内,受介质压力与腐蚀作用。外磁环在套外,由电机减速机驱动,并带动内磁环与搅拌转子做同步运转。

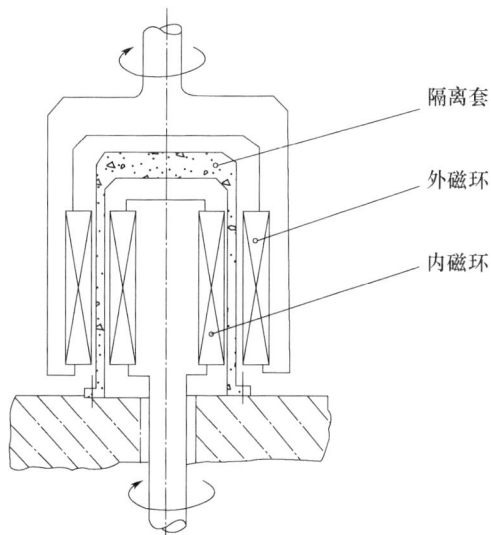

图 3 - 7　圆筒型磁力耦合器

2）轴封处搅拌轴摆动量的确定

轴封处搅拌轴摆动量的大小,直接影响到轴封的密封性能。允许摆动量的大小由釜内压力、允许泄漏量来确定。当不能加大轴径,而设置底部轴承仍无法达到允许摆动量时,可在釜内靠近轴封处设置中间轴承(尽量不在釜内设置轴承)。一般情况下,轴封处摆量应控制为填料密封:0.08~0.13mm,机械密封:0.04~0.08mm。

3)减速机输出轴与传动轴的连接

当减速机机架采用单支点时,需要用钢性联轴器连接;当减速机机架采用双支点时,刚性联轴器和柔性联轴器均可使用,一般情况下优先选用刚性联轴器。

4)传动轴

传动轴尽可能采用单根轴,需采用多根轴时,则各根轴之间的连接必须采用刚性连接。

(1)封头型式。釜体可采用半球型封头,椭圆封头及平盖等各类型封头。对于容积(釜体内径)较大的高中压反应釜,常采用半球型封头,因其受力好,易布置管口。而容积较小的高中压反应釜,则常采用平盖封头或椭圆封头和容器法兰连接的结构。

(2)防止因结构突变而产生附加弯曲应力。对于高中压反应釜,当采用半球型封头与釜体焊接结构时,应考虑封头与釜体的厚度相差不能太大,太大时,造成结构突变过大,而产生附加弯曲应力,出现危险区。

参 考 文 献

[1] Song H H, Hong S K. Preparation of rigid – rod Poly (p – phenylenebenz – obisthiazole) Films of Single Crystalline Texture[J]. Polymer,1997,16(38):4241 – 4245.

[2] Wang S F, Wu P P, Han Z W. Electron Paramagnetic Resonance of Poly(benzazole)s and Conducting Properties of N + – implanted Poly(be – nzazole)s[J]. Polymer,2001,42(1):217 – 226.

[3] Teketel Y, Neugebauer H, Luzzati S, et al. Insitu UV – VIS – NIR and Raman Spectroelectrochemical Studies of the Conjugated Ladder Polymer Polybenzimidazobenzophenanthroline (BBL)[J]. Synthetic Metals. 2001, (119):319 – 320.

[4] Sybert J R, Wolfe J F, Sybert P D, et al. Liquid crystalline polymer compositions, process, and products: U. S. Patent 4772678[P]. 1988 – 9 – 20.

[5] Imai Y, Itoya K, Kakimoto M. Synthesis of Aromatic Polybenzoxazoles By Silylation Method and Their Thermal and Mechanicalproperties[J]. Macromoleculer Chemistry and Physics 2000,201(17):2251 – 2256.

[6] Yang HH. Aromatic high – strength fibers[M]. New York:John Wiley and Sons,1989.

[7] Wolfe J F. Polybenzothiazoles and polybenzoxazoles in encyclopedia of polymer science and technology[M]. 2nd. New York:John Wiley and Sons,1988.

[8] Tadao K, Yoshikazu T, Toshiaki H. Heat resistance properties of poly(p – phenylene – 2,6 – benzobisoxazole) fiber[J]. Journal of Applied Polymer Science,1997,65(5):1031 – 1036.

[9] Thomas G, M id land, Hu ridg,et al. Rapid advancement of molecular weight in polybenzazoleoligomerdopes: US, US 5089591[P]. 1992 – 2 – 18.

[10] Harris W J. Preparation of aromatic heterocyclic polymers:US, US 4847350[P]. 1989 – 7 – 11.

[11] Wolfe J F, Sybert P D, Sybert J R. Liquid crystalline polymer compositions, process, and products: U. S. Patent 4533692[P]. 1985 – 8 – 6.

[12] Harris W J, Lysenko Z, Hwang W F. Thermoplastic compositions containing polybenzoxazole, polybenzothiazole and polybenzimidazole moieties: U. S. Patent 5075392[P]. 1991 – 12 – 24.

[13] Wolfe J F, Sybert P D. Liquid crystalline polymer compositions, process, and products: US 4533693[P]. 1985 – 8 – 6.

[14] Gregory T, Hurtig C W, Ledbetter H D, et al. Staged polymerization of polybenzazole polymers: US, US 5,194,568 A[P]. 1992 – 2 – 18.

[15] 掘田清史, 久保田冬彦. 芳族二胺 – 芳族二羧酸盐和制备它们的方法. CN 1165517C: 2004 – 09 – 08.

[16] Choe E W, Kim S N. Synthesis, spinning, and fiber mechanical properties of poly (p – phenylenebenzobisoxazole)[J]. Macromolecules, 1981, 14(4): 920 – 924.

[17] Maruyama Y, Oishi Y, Kakimoto M, et al. Synthesis and properties of fluorine – containing aromatic polybenzoxazoles from bis (o – aminophenols) and aromatic diacid chlorides by the silylation method[J]. Macromolecules, 1988, 21(8): 2305 – 2309.

[18] 金俊弘, 李光, 江建明. 聚苯撑苯并二噁唑(PBO)的合成[J]. 东华大学学报(自然科学版), 2002, 28(6): 125 – 128.

[19] 袁江, 王建营, 胡文祥, 等. 聚苯并噁唑(PBO)的合成及其应用研究[J]. 化工时刊, 2003, 17(8): 4 – 8.

[20] 李金焕, 黄玉东, 许辉. PBO 纤维的合成、纺制、微相结构与性能研究进展[J]. 高分子材料科学与工程, 2003, 19(6): 46 – 50.

[21] 崔天放, 张欣, 翟玉春, 等. PBO 纤维的合成及改性研究进展[J]. 材料导报, 2006, 20(8): 38 – 40.

[22] Wolfe J F, Arnold F E. Rigid – rod polymers. 1. Synthesis and thermal properties of para – aromatic polymers with 2, 6 – benzobisoxazole units in the main chain[J]. Journal of Sedimentary Research, 1981, 14(4): 1016 – 1023.

[23] Wolfe J F, Sybert P D. Liquid crystalline polymer compositions, process and products: U. S. Patent 4,703,103[P]. 1987 – 10 – 27.

[24] Yinghung So, J P H, Bruce Bell, et al. Study of the Mechanism for Poly(p – phenylene)benzoxazole PolymerizationA Remarkable Reaction Pathway To Make Rigid – Rod Polymers[J]. Macromolecules, 1998, 31(16): 5229 – 5239.

[25] Rosenberg S, Krauss R C, Liu M B, et al. Salts of polybenzazole monomers and their use: U. S. Patent 5,276,128[P]. 1994 – 01 – 04.

[26] 堀田清史, 久保田冬彦. Aromatic diamine/aromatic dicarboxylate and method for preparing same: , CN 1302794A[P]. 2001 – 7 – 11.

[27] Hotta K, Kubota F. Aromatic diamine/aromatic dicarboxylate and production method thereof: US, US 6617414 B2[P]. 2003 – 09 – 09.

[28] 张春燕, 史子兴, 冷维, 等. 采用4,6 – 二氨基间苯二酚 – 对苯二甲酸盐合成聚苯撑苯并二噁唑[J]. 上海交通大学学报, 2003, 37(5): 646 – 649.

[29] Hotta K, Kubota F, Araki Y, et al. Method for production of polybenzazole: US, US 5919890[P]. 1999 – 07 – 06.

[30] Wolfe J F. Rigid – rod Polymer Synthesis: Development of Mesophase Polymerization in Strong Acid Solutions[J]. Materials Research Society symposium proceedings. 1989, 134: 83 – 93.

[31] 渡边直树, 松冈豪, 久保田冬彦, 等. 聚苯并唑聚合物的制造方法及其聚合物. CN 101263179A: 2008 – 09 – 10.

[32] 金宁人, 刘晓锋, 张燕峰, 等. AB 型 PBO 的新单体合成与聚合反应研究[J]. 高校化学工程学报,

2007,21(4):671－677.

[33] 金宁人,刘晓锋,郑志国,等. AB 型新单体及 PBO 树脂制备的新技术及其发展[J]. 世界科技研究与发展,2007,29(2):15－22.

[34] Hageman J C L, Wijs G A de, Groot R A de. The Role of the Hydrogen Bonding Network for the Shear Modulus of PIPD[J]. Polymer,2005,46(21):9144－9154.

[35] 汪多仁. PBO 纤维的制备与应用[J]. 高科技纤维与应用,2001,26(2):34－36.

[36] 林生兵. 超高性能 PBO 纤维[J]. 金山油化纤,2005,24(1):42－48.

[37] 崔天放,张欣,翟玉春,等. PBO 的合成、表征及磷含量的测定[J]. 分子科学学报,2007,23(2):104－108.

[38] 牛玖荣. 高性能纺织纤维 PBO 的产业化发展[J]. 纺织导报,2008(8):58－60.

[39] 胡洛燕,汪秀琛. PBO 纤维界面改性研究[J]. 合成纤维工业,2008,31(5):39－43.

[40] 王飞,黄英,苏武. PBO 纤维的合成及表面改性研究进展[J]. 材料开发与应用,2009,24(2):81－86.

[41] Chow A W, Bitler S P, Penwell P E, et al. Synthesis and solution properties of extended chain poly(2,6－benzothiazole) and poly(2,5－benzoxazole)[J]. Macromolecules,1989,22(9):3514－3520.

[42] 韩哲文,陆志豹. 溶致性液晶高分子聚苯并噁唑的合成和结构与性能研究[J]. 高分子学报,1997,1(2):141－146.

[43] 周长民,崔天放,陈尔霆. 超级纤维 PBO 的性能及应用[J]. 辽宁化工,2005,34(12):531－533.

[44] 杜艳欣. PBO 纤维的国内外研究状况及应用前景[J]. 现代纺织技术,2007,15(3):53－57.

[45] 刘莉,向耿,周万城,等. 聚对苯撑苯并二噁唑的合成方法进展[J]. 材料导报,2013,27(1):94－98.

[46] 崔天放,张欣,翟玉春,等. 苯并双噁唑类聚合物的合成[J]. 高分子通报,2007(6):57－62.

[47] Takahiro F, Yusuke S, Tsuyohiko F, et al. Fabrication of Poly(phenylenebenzobisoxazole) Film Using a Soluble Poly(o－alkoxyphenylamide) as the Precursor[J]. Macromolecules,2014,47:2088－2095.

[48] HGT 3648—2011. 磁力驱动反应釜[S].

[49] GB 150—1998. 钢制压力容器[S].

[50] 栾燕,戴强,刘宝石. GB/T 20878—2007 不锈钢和耐热钢牌号及化学成分标准编制综述[J]. 冶金标准化与质量,2007(5):2－7.

[51] 余柏健,谭新强,何敏. 高压反应釜设计和制造要点[J]. 中国化工装备,2010(3):3－7.

[52] GB/T 21433—2008. 不锈钢压力容器晶间腐蚀敏感性检验[S].

[53] GB/T 8457—2003. 纺织机械 针织机 大公称直径圆机的针数[S].

[54] JB 4733—1996. 压力容器用爆炸不锈钢复合钢板[S].

[55] HGJ 33—1991. 衬里钢壳设计技术规定[S].

[56] HGT 20518—2011. 钢制化工容器材料选用规定[S].

[57] JB 4726—2016. 压力容器用碳素钢和低合金钢锻件[S].

[58] JB 4728—2000. 压力容器用不锈钢锻件[S].

[59] HGT 3796.1—2005. 搅拌器型式及基本参数[S].

[60] 韩怡,穆佳成,葛丽莎. 浅谈天然气输气设备密封[J]. 中小企业管理与科技,2010(2A):202－203.

[61] 魏龙. 软填料密封存在的问题与改进[J]. 通用机械,2005(2):50－54.

[62] GB/T 5894—2005. 机械密封名词术语[S].

[63] 胡小云. 机械密封端面信息采集及应用[D]. 昆明:昆明理工大学,2004.

第4章

PBO 纤维的纺丝及后处理工艺

刚棒状结构聚合物的液晶溶液具有一系列不同于一般高分子溶液的性质，其最大的优点是具有流变学特性，如果将此特性应用于纤维加工工程，即采用液晶纺丝技术，则可以顺利地解决高黏度溶液带来的一系列纺丝问题。液晶纺丝，是指用具有液晶状态的溶液进行纺丝。纺丝溶液的配制可以采用两步法，即预先制成聚合物，然后将其溶解、纺丝；也可以采用一步法，即直接用单体在溶剂中缩聚得到的聚合物溶液作为纺丝液，将制得的溶液经过混合、过滤、脱泡等相当复杂的准备工序，然后进行纺丝[1]。

PBO 的纺丝与芳纶纤维类似，通常采用液晶相浓溶液的干喷 – 湿纺法（dry – jet wet spinning）。由于 PBO 聚合物浓度大于形成溶致液晶聚合物临界浓度聚合，聚合物链增长到一定长度就形成液晶，分子链之间结合不再受平移、旋转扩散等控制，分子量在聚合溶液形成液晶后迅速增加，低剪切力下液晶溶液黏度的降低大于一般高分子溶液，液晶内流动单元更加容易取向。所以采用液晶纺丝，是指液晶状态下溶液的纺丝。在这个工艺中，聚合物溶液在进入凝固浴之前先通过一小段空气间隙，这可以阻止溶液在喷丝板内冷凝。事实上，大多数高强度、高模量合成纤维都是采用这种方法纺丝的。一般的湿法纺丝工艺中溶液纺丝和凝固同时进行，而在干喷 – 湿法纺丝工艺中，纺丝在空气中进行，然后再进入凝固浴凝固，从而造成这两种方法在纺丝过程中的传热和传质相差很大[2]。

干喷 – 湿法纺丝兼备干法纺丝和湿法纺丝的优点，是一种很有发展潜力的新一代纺丝方法。当纺丝细流出喷丝孔后首先要通过空气层，这样能大大提高喷丝头的拉伸比，通常认为采用干喷 – 湿法纺丝生产出的纤维具有更好的力学性能。此外，干喷湿纺法的纺丝速度比一般的湿法纺丝高 5～10 倍，纺丝效率更高。湿纺与干喷 – 湿纺的主要差异见表 4 – 1。

表 4-1　湿纺与干喷－湿纺的主要差异

项　目	湿法纺丝	干喷－湿纺
喷丝孔直径	小,0.05~0.07mm	大,0.10~0.20mm
纺丝液	中、低分子量和固含量	高分子量和固含量
拉伸率	负拉伸	正拉伸
纺速	纺丝速度一般	纺丝速度快,可在100m/min
纤维	纤维表面有沟槽,密度一般	纤维表面光滑,密度较高

4.1 PBO 纤维的纺丝工艺国内外发展情况

有关 PBO 的纺丝和热处理已有很多公知技术。早在 20 世纪 90 年代之前就有 Evers 的 Thermooxidatively Stable Articulated, p – Benzobisoxazole and p – Benzobisthiazole Polymers,美国专利 4359567(1982 年 11 月 16 日);Wolfe 等的 Liquid Crystalline Poly(2,6 – Benzothiazole) Compositions,Process and Product,美国专利 4533724(1985 年 8 月 6 日);Wolfe 的 Liquid Crystalline Polymer Compositions,Process and Products,美国专利 4533693(1985 年 8 月 6 日);Tsai 等的 Method for Making Heterocyclic Block Copolymer,美国专利 4578432(1986 年 3 月 25 日);Wolfe 等的 Liquid Crystalline Polymer Compositions,Process and Products,美国专利 4703103(1987 年 10 月 27 日);Polybenzothiazoles and Polybenzoxazoles,601(J. Wiley&Sons 1988);W. W. Adams 等的 The Material Science and Engineering of Rigid Rod Polymers(Materials Research Society 1989)以及日本公开专利公开 1990 – 84511(Takeda;1990 年 3 月 26 日公开)等技术。

此后,1989 年 S. G. Wierschke 等指出直线上的聚合物具有最高的理论弹性率的是顺式的聚对亚苯基并二噁唑。这可以认为即使在聚吲哚中,顺式的聚对亚苯基并二噁唑也具有 475GPa 的结晶弹性率、极端的一次性构造。因此,为得到极端的弹性率,理论总结出将聚对亚苯基苯并二噁唑作为聚合物的材料[3]。此后,陶氏化学公司的研究人员对 PBO 纤维的纺丝工艺进行了深入研究。

1991 年陶氏化学公司的赵歇春对含聚苯并噁唑和/或聚苯并噻唑或它们的共聚物的浆料和短纤维以如下方法合成得到:冷冻从纺丝浴取出后不经干燥的湿纤维,将冷冻的纤维切碎或磨碎到所需的尺寸及纤丝化程度[4]。

1993 年陶氏化学公司的 S·罗森堡使聚吲哚聚合物纺丝原液通过多孔喷丝板进行纺丝,喷丝孔的排布较密,其密度大于 2.0 个/cm²,纺制成的初生态纤维通过 50~100 的气隙,为了能使初生态纤维均匀地降低温度,吹以适当速度的气流对气隙中冷却了的纤维进行凝固成型[5]。

1993 年陶氏化学公司的 W・F・亚历山大改进了大规模制造聚吲哚纤维的热处理技术。使纤维在一个能够提供快速、并流、逆流或并流逆流两者皆有的热处理气体流的装置中进行热处理[6]。

1993 年陶氏化学公司的 R・A・布伯克提出了制造超高物理性能的 PBZ 纤维的方法。用此发明方法制造的聚苯并噁唑纤维具有的拉伸强度几乎是先前报道值的两倍[7]。

1993 年陶氏化学公司的 J－H・尹发现不会引起纤维损伤的 PBO 纤维的干燥方法,它是通过将纤维暴露在 2 个或多个设定的温度中,温度的选择取决于纤维的残存水分。如果纤维与干燥设备中设定的温度总是全接触,则在每个比之前一个更高的温度中纤维干燥所需的滞留时间降低[8]。

1993 年陶氏化学公司的周介俊等公开了一种低旦 PBO 纤维以及制造这些低旦 PBO 纤维的方法。该方法是以 12 ~ 60 之间的纺丝拉伸率通过细孔（0.0051 ~ 0.018cm）从低浓度纺丝液中纺出纤维,然后无破损地卷绕至少 750km 这种纤维[9]。

1993 年陶氏化学公司的矢吹和之等改进用于 PBO 纤维的蒸汽热处理方法大量加工 PBO 纤维的热处理技术。该纤维在一个蒸汽可快速、正向、反向、或正反双向流动的装置中用作热处理介质的蒸汽进行热处理[10]。

1993 年陶氏化学公司周介俊等将 PBO 聚合物纺丝液以高速通过一个具有经适当选择的孔的纺丝板纺成纤维,接着以至少 20 的纺拉比进行纺拉、洗涤、卷绕并干燥。卷绕速度至少约为 150m/s,至少能纺出 10km 长的纤维而不发生断裂[11]。

1995 年陶氏化学公司的矢吹和之等公布一种生产 PBO 长线无纺织物的方法,该法包括从喷丝头通过急冷室、导线辊、吸丝器同时纺出至少两种聚吲哚纺丝原液长丝,将长丝混合和沉积在基本水平的凝聚面上[12]。

1997 年陶氏化学公司的 A・森等公开了从 PBO 纺丝原液单丝中除去多磷酸的连续方法,该方法包括:① 使纺丝原液单丝与水或水和多聚酸混合物在能足以使单丝中磷含量降低至低于 10000×10^{-6} 的条件下接触;② 使纺丝原液纤维与无机碱的水溶液在足以使存在于单丝中的多聚酸基团至少有 50% 转变为碱与酸的盐的条件下相接触。已经发现,单丝洗涤后,使纺丝原液单丝与碱溶液相接触以除去大部分残留磷,有利于提高单丝的初始抗拉强度,以及提高在光和/或高温下曝露后的抗拉强度/或（PBO 聚合物的）分子量的保持率[13]。陶氏化学公司的研究人员通过对 PBO 纤维纺丝工艺的研究,取得重大突破。之后,东洋纺株式会社也对 PBO 纤维的纺丝工艺进行深入研究。

1997 年东洋纺织株式会社的寺本喜彦等发明的 PBO 纤维,其特征在于其弹性模量不小于 1350 g/d,且当纤维吸水不少于 2.0% ,于 110℃用热重分析仪测定其失重率时,含水量从 2.0% 减至 1.5% 时所需的时间不超过 10 min;其制备方法,包括从喷丝板上挤压含有聚吲哚和多磷酸的纺丝液以得到纺丝原液长丝,并将其冷却至不高于 50℃,而后凝固和洗涤。根据本发明的方法,可以提供在快速加热下表现出较少强度下降的聚吲哚纤维[14]。

2001 年东洋纺织株式会社的坂口佳充等通过在耐热性、机械特性等方面优良的 PBO 类化合物中引入磺酸基或磷酸基,可以得到不仅加工性、耐溶剂性、耐久稳定性优良,而且离子传导性也优良的成为固体高分子电解质的新的高分子材料[15]。

2001 年东洋纺织株式会社的北河亨等做得一种纤维表面的均方粒度为 20nm 的 PBO 纤维[16]。

2002 年东洋纺织株式会社的北河亨等以长度为 0.5 ~ 10μm 的碳纳米管,制备成压缩强度在 0.5GPa 以上的 PBO 纤维[17]。

2003 年东洋纺织株式会社的阿部幸浩等发明高耐久性 PBO 纤维以及薄膜,该发明涉及以单体或缩合物的形态含有选自胍类、三唑类、喹唑啉类、哌啶类、苯胺类、吡啶类、三聚氰酸类、或者 p － 苯二胺、m － 苯二胺或其混合物的碱性有机化合物的 PBO 纤维以及薄膜,该纤维可以用于短纤维、细纱、编织物、毛毡材料、复合材料、软线、杆、纤维制薄片、防刀背心以及防弹背心[18]。

2003 年东洋纺织株式会社的阿部幸浩发明了 PBO 的短纤维、细纱和编织物,纤维中含有热分解温度在 200℃ 以上并且溶解于无机酸的高耐热性有机颜料,氙光中暴露 100h 后的强度保持率为 50% 以上,并且在温度 80℃ 相对湿度 80% 的气氛下暴露 700h 后的拉伸强度保持率在 85% 以上。它们可以用于橡胶增强用软线、水泥 － 混凝土增强用薄片和杆、复合材料、帆布、绳、防弹防刀背心[19]。

2004 年东洋纺织株式会社的雾山晃平等发明涉及在织物、编物、编带、绳索、软线等的后加工工序中,即使纱受到破坏而在纱上产生纽结带之后,在高温高湿度下也具有优异的耐久性的 PBO 纤维、及含有其而形成的物品,尤其是纺织纱、橡胶加强材、纤维强化复合材料、编织物、防刀材或防弹背心、绳索、帆布等物品[20]。

2007 年东洋纺织株式会社的北河亨等对 PBO 纤维进行进一步的改善[21]。目前,东洋纺织株式会社经多年发展成为目前世界上技术最成熟 PBO 纤维的生产厂家,也是世界上唯一可工业化生产 PBO 纤维的企业。

4.2 PBO 纤维的纺制[22]

聚苯并噁唑纤维是通过拉伸后的纺丝原液方法制得的,纺丝原液含有聚合物和溶剂酸。该聚合物溶解在甲磺酸或多聚磷酸的溶剂酸中。聚合物的浓度应高到足以使纺丝原液含液晶畴。聚合物的浓度至少 7% ,通常为 14% 。纺丝原液中聚合物的最高浓度主要取决于各种实际的条件,例如纺丝原液的黏度等。将纺丝原液加压通过喷丝头并穿过气隙而拉丝。喷丝头可以是单孔或多孔。孔径范围可以从 $50 \sim 1000 \mu m$,至少为 $75 \mu m$ 且不大于 $500 \mu m$。模具和纺丝原液的温度至少 $100 ℃$ 且不高于 $200 ℃$。纺丝原液通过喷丝头的最佳压力随喷丝头和纺丝的条件而改变。气隙优选为至少 $5 mm$ 且不大于 $100 cm$。当纺丝原液纤维穿过气隙时,最佳的纺丝 - 拉伸比取决于纺丝模具和其他纺丝条件,然而通常小于 1000。然后,将其与凝固液(通常是水)接触使聚合物凝固而制成纤维。洗涤该纤维以除去残余的酸。将所得的纤维进行热处理以提高其模量。

　　PBO 纤维纺丝是一个包括热力学、动力学和流变学的复杂过程,涉及的工艺参数很多,各工艺参数之间相互影响,不易控制,每一个工艺参数的调整都会直接影响 PBO 纤维的性能。研究各个主要工艺参数对纤维的结构与性能的影响是非常必要的,准确而全面地了解它们可以将纺丝过程的多个影响因素归结、转化成几个关键问题,通过控制几个主要参数来实现连续稳定的纺丝过程。

4.2.1　纺丝原液的组成

　　生产上选用何种溶剂制备纺丝液是一个复杂的问题。如果单从纺丝工艺角度来说,较好的溶剂应对同一聚合物所制得的同等浓度的纺丝原液有较低的黏度,或者同等黏度的纺丝原液其浓度较高。但生产上究竟选用何种溶剂,不仅要考虑工艺,而且还要考虑设备、所得纤维的品质以及溶剂的物理、化学性质和经济因素等。

　　PBO 的纺丝溶剂有多聚磷酸(PPA)、硫酸、甲磺酸(MSA)、甲磺酸氯磺酸、三氯化铝硝基甲烷及三氯化钙硝基甲烷等[23]。目前,PPA 是最常用的纺丝溶剂。PPA 是 PBO 聚合物的优良溶剂,也是聚合的主要介质,由一系列磷酸低聚物的混合物构成,通式为 $H_{n+2}P_nO_{3n+1}$($n \geq 2$ 的整数),可以由磷酸(H_3PO_4)与五氧化二磷(P_2O_5)混合后加热得到,其浓度一般由 H_3PO_4 或者 P_2O_5 的含量来表示。PPA 的黏度依赖于 P_2O_5 的浓度和温度,在室温下 P_2O_5 的含量为 76% 时,黏度大约是 $1 Pa \cdot s$;加热到 $100 ℃$ 时,黏度下降到原来的 1/10。在室温下 P_2O_5 含量为 83.3% 时,PPA 是黏稠的浆状物,黏度是 P_2O_5 含量 76% 时的 10 倍。PPA 在聚合过程中起到了溶剂和催化剂的作用,而 P_2O_5 在聚合反应时起到了脱水剂的作用。尤其是在聚合反应后期,P_2O_5 的含量越来越少,会造成缩聚减慢,反应不能进行到底;溶剂体系发生变化后,对聚合物的溶解能力减弱,聚合物在分子量增大到足够高时便可能从体系中沉淀出来,不能继续进行聚合反应。可见,聚合体系是否含有足够量的 P_2O_5 是极为重要的,因此,通过 P_2O_5 的含量来表示 PPA 的浓度,可以直观地反映 PPA 的脱水能力。

　　PBO 纺丝原液中聚合物的浓度主要受聚合物溶解度和纺丝液黏度等实际

因素的限制。只有当纺丝液中聚合物的浓度高于形成液晶所需的临界浓度,使其处于液晶态下进行纺丝,并且在较高的拉伸比下,才能获得大分子链伸展度高、有序结构尺寸较大的 PBO 纤维。阿利克桑德等认为纺丝液中聚合物浓度最好在13%~20%(质量分数)范围内,体系中 P_2O_5 的含量最好为80%~86%(质量分数)[24]。PBO 纺丝原液中也可以加入氧化抑制剂、去光泽剂、着色剂和防静电剂等其他助剂[25]。

纺丝原液在用于纺丝之前,应进行过滤处理,以去除杂质。在聚合时因为需要强烈的搅拌,会混入大量气泡,气泡的存在会在纺丝过程中造成断丝,因而在纺丝前必须脱泡处理。脱泡的温度一般不应超过200℃,温度过低则溶液黏度过大,气泡难以脱除。实践证明,在温度为160~190℃的条件下,真空脱泡12~24h 后的效果较好。

4.2.2 纺丝压力

整个纺丝的过程即是在一定的压力下把高温液晶聚合物从纺丝组件中挤出成型的过程,在这个过程中要克服熔体流经纺丝组件的压力损失。纺丝组件中的压力损失主要来自于过滤网、分配板和喷丝板。其中,喷丝板上的压力损失主要来自于喷丝板微孔,微孔的数量、直径和长径比(LD:微孔长度和直径的比,是十分重要的参数)。除了考虑压力损失外,纺丝压力还要视体系的黏度、纺丝温度和纺丝速度而调节。纺丝温度低、黏度大、纺丝速度快,则需用较大压力。应该注意的是,如果纺丝压力过小,纺丝原液从喷丝板中流出的速度较慢,易造成供料不足或纺丝原液在喷丝板表面漫流。

在其他工艺条件相同的情况下,随着纺丝压力的增加,纤维的直径不断增加。这是因为随着纺丝压力的增加,喷丝板出口处溶液流量增加,流速增大,在相同的拉伸速度下,纤维的拉伸比越来越小,纤维的直径必然会增加。一般来说,纤维直径的增加并不一定能赋予纤维更高的拉伸强度,这是由于直径增加,纤维的结构缺陷也多,使得拉伸强度下降。

通过在纺丝过程中系统研究纺丝压力的影响后发现,纺丝压力是一个动态参数,对整体纺丝过程影响非常大,不易对该参数进行规律性控制。经实践证明,可以通过控制纺丝原液通过喷丝孔的速度,来间接控制纺丝压力,只要纺丝压力能够按照要求保证纺丝原液的流出速度即可。

4.2.3 纺丝温度

纺丝温度主要根据纺丝液的状态而定,直接影响到纺丝原液的黏度。在 PBO 聚合物纺丝时,温度过低会导致纺丝原液黏度增大,流动性变差,溶液细流不容易被拉伸,产生变形和取向困难,不利于纤维的成型。适当的提高纺丝温度,对降低体系黏度,减轻仪器设备负担,提高纤维质量较为有利。但纺丝温度不能无限提高,对于 PBO 的纺丝过程,当温度超过 200℃时,一方面溶剂 PPA 在高温作用下产生分解,破坏纺丝原液,严重影响纤维质量;另一方面,在高温下 PBO 聚合物会发生分解反应,长时间处于高温状态,PBO 的分子量急剧降低,不能被纺制成纤维。因此在实际纺制时,PBO 的纺丝温度应以 200℃为上限,并根据具体情况确定纺丝温度。

　　温度是热量的一种反映形式,纺丝原液需要有一定的温度才能流动,而高黏度的纺丝原液在通过喷丝组件的时候,由于摩擦而产生热量,会产生升温现象,根据物料和纺丝组件结构的不同,温升可以达到 2 ~ 10℃。温度的波动会造成物料黏度的变化,直接影响纤维的质量,甚至造成局部热量过高,致使物料分解。在设计喷丝头的时候,首先要掌握温度 - 黏度变化曲线,根据不同温度下的黏度情况,确定喷丝头内部的结构,即使是 2 ~ 3℃的温度改变,也要对喷丝头内部结构做出相应的调整。

　　当纺丝原液温度与喷丝头温度相同时,随着温度升高,纤维的直径增加。这是由于温度的升高,使得纺丝原液的黏度下降,在相同的纺丝压力下,纺丝原液流速增加,保持纺丝速度不变,则纤维所受拉伸随纺丝原液流速增加而减小,纤维直径变大。

4.2.4　空气隙长度

　　空气隙长度是指从纺丝孔延伸到纺原液长丝凝结处的距离,是 PBO 纤维干喷 - 湿纺工艺中一个很重要的工艺参数。理论上,纺丝原液长丝的断裂强度和由长丝的自重产生的力限制了空气间隙的最大长度,但实际上空气间隙的最大长度要受到诸多因素的影响。

　　在空气隙中,纺丝原液细流在拉应力作用下高倍拉伸细化,PBO 分子也相应地在拉应力方向上形成高度取向结构。空气隙是 PBO 纤维形成取向结构的主要场所,要得到高取向度的 PBO 纤维,通过增加空气隙的长度,使 PBO 分子在进入凝固浴之前有充足的时间沿拉应力方向排列取向是十分必要的。但是空气隙的长度不可能无限的增大,这是因为纺丝原液细流在空气隙中处于低强度的溶液状态,维系其不断的主要是 PPA 的粘附力,拉力致使纺丝液细流不断变细,当 PPA 的粘附力不足以抵抗外力时,纺丝原液细流断裂。当温度降低后,纤维将因冷却而不会再被轻易拉伸。此时,让纤维继续停留在空气隙中,纤维不能及时凝固、快速脱除溶剂,溶剂的存在造成分子的取向结构遭到破坏,对纤维的性能造成不利影响。

　　当空气隙长度达到 50cm 以上时,空气隙中的任何扰动都会对纤维造成不利影响。结合纺丝速度等其他因素考虑认为,空气隙长度为 10 ~ 50cm 是比较合适的。

4.2.5　凝固浴的组成与温度

1. 凝固浴的组成

凝固浴主要是纺出的纤维与水基凝固剂接触而凝固,凝固过程中碱性强于PBO的非溶剂扩散至PBO/PPA体系内夺取分子链中的质子,去除溶剂PPA完成液晶溶液向固态相的转变。研究水和H_2O/MSA凝固剂对PBO相分离动力学的影响,发现水中凝固比H_2O/MSA混合溶液中凝固速度快,但H_2O/MSA中凝固的样品比水中凝固的样品结构更均一,分子链的残余质子强烈地影响着最终凝固聚合物的结构。研究表明,凝固剂的温度、组成、性质对PBO聚合物以及纤维的微结构会有重要的影响,进而对纤维的最终性能造成影响[26-28]。

经空气隙拉伸的溶液细流,为了避免拉伸后已经高度取向的PBO分子在未降温的情况下发生解取向,应立刻在凝固浴中进行凝固。凝固过程是一个相分离成纤的物理过程。在这个过程中,发生了纺丝液细流与凝固浴之间的传质、传热、相平衡移动等过程,导致PBO沉析形成凝胶结构的丝条,凝固浴起着凝固成型、脱除溶剂的作用。

凝固浴可以是任何能稀释PPA而非PBO溶剂的液体,通常采用水基凝固剂。相关研究表明,在7.2%(质量分数)的H_3PO_4水溶液中,扩散速率系数适中,既能使纤维在凝固浴中继续拉伸使直径变小并进一步提高纤维取向度,又可使纤维充分凝固,因此,得到的纤维力学性能较好[29]。也有报道称,H_3PO_4浓度为22%(质量分数)时的凝固浴较为适宜。由此可见,凝固浴中酸的浓度可以在较大范围内变化。所以,在现阶段可以允许酸浓度在一定范围内变化。

在纺丝过程中发现,直接采用去离子水作为凝固浴也能够取得较好的效果,原因在于:① 在纺丝初期,由于要不断调整工艺参数,一部分纺丝原液要浪费掉,这些纺丝原液在凝固浴中脱除溶剂PPA,使凝固浴中形成了H_3PO_4水溶液,可以作为凝固浴。② 纺丝时间较短,凝固浴中酸浓度改变不大。

2. 凝固浴的温度

凝固浴温度不宜过高,因为在凝固过程中,只有纤维表皮中的溶剂扩散到凝固浴中,纤维内部还留存有大量溶剂,若凝固浴温度过高,在空气隙中经过拉伸取向的分子在热作用下在溶剂中发生运动,会破坏取向结构,降低纤维的性能。但是,过低的凝固浴温度会降低PPA的扩散速度。PPA是高黏度物质,在低温下很容易冻结,纤维表面容易凝聚结皮,内部的PPA更难得到扩散除去。适宜的凝固浴温度应既有利于提高PPA的扩散速度,使溶剂快速从纤维内脱除,又有利于保持纤维的取向结构。在低于10℃的凝固浴中纺丝,纺丝速度无法提高,纤维易断。因此,将凝固浴温度调整为20~30℃较为合适。

纤维在凝固浴中的停留时间不宜过长。一方面是因为纤维表皮凝固后,纤维内部的溶剂因凝固浴温度较低脱除较慢,不利于纤维结构形成;另一方面因为纤维经过一段时间凝固后,溶液细流中溶剂的浓度与凝固浴中酸的浓度越来越接近,浓度梯度变小,溶剂向凝固浴扩散减慢,不利于溶剂的脱除。

4.2.6　拉伸比

拉伸是降低纤维线密度、提高强度的必要手段。这个过程伴随着能量交换和聚合物结构变化。在 PBO 纤维的纺制过程中,影响纤维性能的一个主要因素就是纺丝速度,更为准确地说,影响纤维最终性能的主要因素是拉伸比(牵引辊的表面线速度与喷丝板出口处溶液细流流速的比值)。纤维在压力作用下,经喷丝孔"喷出"后,赋予了喷丝孔的形状,在空气隙中要经过高倍数的拉伸才能赋予纤维优异的性能。拉伸比计算公式如式(4-1)所示,当 v_1 与 v_2 接近时,拉伸比减小,反之则拉伸比变大,因此,拉伸比客观而准确地描述了 PBO 纤维在制备过程中被拉伸的程度。在其他条件不变的情况下,改变拉伸比,可得到不同力学性能的 PBO 纤维。总的来说,拉伸比越大,纤维的性能就越好。

$$b = \frac{v_1}{v_2} \qquad (4-1)$$

式中　b——拉伸比;

　　　v_1——牵引辊的表面线速度;

　　　v_2——喷丝板出口处纤维的线速度。

1. 拉伸比对纤维微晶结构的影响

PBO 纤维优异的性能除本质上归因于刚性大分子结构主链键能高外,还归因于液晶纺丝使大分子链沿纤维轴向高度取向和高结晶度的结构。PBO 分子是刚棒状分子,其聚集态结构中,分子之间不可能通过缠结来增强分子之间的相互作用力。从 PBO 分子结构来看,没有极性基团,分子之间不能通过形成氢键等强相互作用来增强分子之间的作用力。PBO 分子结构规整,具有对称性,在一定的外界条件作用下,是可以结晶的。PBO 纺丝过程中,经高倍拉伸的 PBO 分子在纤维轴向方向上高度取向,整齐排列的 PBO 分子会在拉应力下诱导结晶。结晶后的 PBO 分子之间作用力大大加强,宏观就表现出优异的抗拉伸性能,而且 PBO 分子排列得越规整,分子间距越小,排列到晶格中的分子链段越多(微晶尺寸越大),分子之间的作用力就越大,纤维的力学性能就越好。因此,通过测量纤维在轴向方向上有序结构(微晶尺寸 L_c)的长度,就可以准确地反映出纤维的有序结构,并且测试方法简单、准确且计算简便。

根据布拉格公式[30]计算晶面间距为

$$d = \frac{\lambda}{2\sin\theta} \qquad (4-2)$$

式中　d——晶面间距(nm);

θ——布拉格角($^\circ$)；

λ——单色 X 射线波长(nm)，$\lambda = 0.15418$nm。

由 Scherrer 公式可以计算出微晶尺寸为

$$L_c = \frac{180k\lambda}{\pi \sqrt{B^2 - b_0^2} \cos\theta} \qquad (4-3)$$

式中　L_c——微晶厚度(nm)；

　　　k——微晶的形状因子(取 0.9)；

　　　B——衍射线强度半高宽；

　　　b_0——仪器增宽因子(取 0.23°)。

根据布拉格公式计算晶面间距 d，由 Scherrer 公式可以看出一般情况下，拉伸比越大，分子沿拉伸方向的排列应该越规整，越容易形成结晶结构，微晶尺寸 L_c 越大。但是从实验所得数据并没有发现这一规律。这主要是因为初生纤维并没有经过热处理，存在弱键、未关环结构以及残余的磷酸。拉伸比是影响纤维强度和结构的完整性的原因之一。

2. 拉伸比对纤维力学性能的影响

在 PBO 纤维的纺制过程中，纺丝速度(即拉伸比)是影响纤维性能的一个主要因素。一般说来，纤维直径随拉伸比的增加而下降，纤维的拉伸强度随拉伸比的增加而提高。这可以说明，在纺丝过程中，当其他参数确定以后，提高拉伸比对纤维性能的提高是有利的。这主要是因为在纺丝过程中，一是通过"双扩散"过程脱去溶剂，使聚合物凝固，二是在拉伸过程中使得分子链取向排列，形成结晶，赋予纤维力学性能。拉伸比过小，纤维的直径较大，纤维内部的溶剂迁移到纤维表面的路程变长，脱除溶剂变得困难，残余在纤维内部的溶剂，在拉力撤去后，将使得部分取向的分子链发生解取向运动，使纤维的力学性能大大降低；另一方面，纤维的直径较大，溶剂脱除后，将留下很多微小的空洞，纤维疏松，结晶度低，纤维性能下降。提高拉伸比后，纤维的直径变细，这就加快了纤维中溶剂向外扩散的速度，使得溶剂扩散距离缩短，有利于完善纤维的结构，提高纤维的力学性能。因此，在一定条件下提高拉伸比，能够有效地提高纤维性能。拉伸比的大小与纺丝原液黏度及纤维强度之间的关系密切，仍有待于进一步研究。

4.3 PBO 的相关检测

4.3.1 聚合物特性黏度的测定

将聚苯并双噁唑聚合物或其聚磷酸溶液用已蒸馏的甲磺酸溶解、稀释，并使聚合物的浓度成为 0.05g/dL，然后在 25℃下使用乌氏黏度计进行测定。

4.3.2　PBO 的单体 DAR 可通过 HPLC 分析法进行纯度评价

在下述条件下测定。纯度根据峰面积比算出。

色谱柱：C8　φ 4.6 × 250mm；

流动相：乙腈/水 = 5/5(v/v)、磷酸 0.0085 mol/l；

流速：1 mL/min；

最大吸收波长：UV(230 nm)；

展开温度：50℃；

样品浓度：1 mg/mL[19]。

4.3.3　高温高湿下强度的评价

高温高湿下强度下降的评价方法是：在将纤维卷绕在直径为 10cm 的纸套管上的状态下，在恒温恒湿器中进行高温高湿保管处理，之后取出样品，在室温实施拉伸试验，并用相对于处理前的强度与处理后的强度保持率进行评价。另外，高温高湿下的保管试验中在 80℃、相对湿度 80% 的条件下处理 700h。

4.3.4　纤维强度保持率的测定

强度保持率的计算方法是：测定高温高湿保管前后的拉伸强度，将高温高湿保管试验后的拉伸强度除以高温高湿保管试验前的拉伸强度再乘以 100。另外，拉伸强度的测定是用拉伸试验机按照 JIS – L 1013 标准来测定的。

4.3.5　金属浓度的测定

长丝中的残留磷浓度是将试料凝固成颗粒状后用荧光 X 射线测定装置测定，钠浓度用中子活化分析法测定。

4.3.6　光暴露试验

使用水冷氙弧耐候性测试器，将纤维固定在金属框上之后安装在装置上，作为内侧滤光玻璃使用石英，作为外侧滤光玻璃使用硼硅酸盐、S 类型，在放射照度为 0.35 W/m^2(在 340 nm)、黑面板温度为 60℃ ± 3℃、试验槽内湿度为 50% ± 5% 的条件下连续照射 100h[17]。

4.3.7　拉曼位移的测定方法

拉曼散射光谱用如下方法测定。拉曼测定装置(分光器)是使用雷尼绍公司的系统 1000 测定。光源使用的是氦氖激光(波光 633 nm)，将纤维轴设置成与偏光方向平行而进行测定。从纱线中分出单纤维，贴成矩形(纵 50mm，横

10mm)的孔在空着的厚纸孔的中心线上,且长轴和纤维轴一致,两端用环氧类的粘着剂(环氧树脂)固定并放置2天以上。然后在通过测微计能调节长度的夹具上安装该纤维,将保持单纤维的厚纸小心切下,按规定的倾斜角度,放到该拉曼散射装置的显微镜载物台上,测定拉曼光谱。此时,同时利用测力传感器测定作用于纤维的应力。

4.3.8　压缩强度的测定方法

利用上述的拉曼散射也可测定压缩强度。测定的详细方法为以 Young 等人的方法 Polymer 403,421(1999)为标准实施。通过检测 PBO 的苯环伸缩引起的 1619cm^{-1} 带的变化确定压缩强度。

参 考 文 献

[1] 刘欣. 线形和二维交联结构聚亚苯基苯并二噁唑的合成与表征[D]. 大连理工大学, 2009.

[2] 贺福. 碳纤维及其应用技术[M]. 北京:化学工业出版社,2004.

[3] Galen P, et al. Material Research Society Symposium Proceedings[J]. Polybenzazol fiber and use of the same,1989,134:329.

[4] Chau C C, Wessling R A. Methods for synthesizing pulps and short fibers containing polybenzazole polymers:U. S. Patent 5164131A[P]. 1992 – 11 – 17.

[5] S·罗森堡, G·J·夸德勒, A·森, et al. Method for rapid spining of a polybenzazole fiber:CN 1091786 A[P]. 1994 – 09 – 07.

[6] Tani K, Rosenberg S, Alexander W E, et al. Rapid heat – treatment method for polybenzaole fiber:U. S. Patent 5288445[P]. 1994 – 2 – 22.

[7] Bubeck R A, Chau C C, Nolan S J, et al. Polybenzazole fibers with ultra – high physical properties and method for making them:U. S. Patent 5356584[P]. 1994 – 10 – 18.

[8] Im J, Chau C C, Murase H, et al. Method for rapid drying of a polybenzazole fiber:U. S. Patent 5429787 [P]. 1995 – 7 – 4.

[9] Chau, Chieh – Chun S, Myrna. Low denier polybenzazole fibers and the preparation thereof:CN,WO/1994/012700[P]. 1994 – 06 – 09.

[10] Yabuki K. Steam heat – treatment method for polybenzazole fiber:U. S. Patent 5288452[P]. 1994 – 2 – 22.

[11] Chau C C, Faley T L, Mills M E, et al. Method for spinning a polybenzazole fiber:U. S. Patent 5,296, 185[P]. 1994 – 3 – 22.

[12] Yabuki K. Process of making polybenzazole nonwoven fabric:U. S. Patent 5756040[P]. 1998 – 5 – 26.

[13] Sen A, Teramoto Y. Process for the preparation of polybenzazole filaments and fibers:U. S. Patent 5,525, 638[P]. 1996 – 6 – 11.

[14] Teramoto Y, Kitagawa T, Tanaka Y, et al. Polybenzazole fiber and method for production thereof:U. S. Patent 5993963[P]. 1999 – 11 – 30.

[15] Sakaguchi Y, Kitamura K, Taguchi H, et al. Polybenzazole compound having sulfonic acid group and/or phosphonic acid group, resin composition containing the same, resin molding, solid polymer electrolyte membrane, solid polymer electrolyte membrane/electrode assembly and method of preparing assembly:

U. S. Patent 7288603[P]. 2007 − 10 − 30.

[16] Kitagawa T, Sugihara H, Sakaguchi Y, et al. Polybenzazol fiber and use of the same：US, US20030152769[P]. 2003 − 08 − 14.

[17] Kitagawa T. Polybenzazole fiber：U. S. Patent 6884506[P]. 2005 − 4 − 26.

[18] Abe Y, Matsuoka G, Kiriyama K, et al. Highly durable polybenzazole composition, fiber and film：U. S. Patent Application 10/518,406[P]. 2003 − 6 − 26.

[19] Abe Y, Matsuoka G, Kiriyama K, et al. Polybenzazole fiber and use thereof：U. S. Patent 7357982 [P]. 2008 − 4 − 15.

[20] Kiriyama K, Murase H, Abe Y. Polybenzazole fiber and article comprising the same：U. S. Patent Application 10/580,400[P]. 2004 − 12 − 9.

[21] Kitagawa T, Kiriyama K, Watanuki S, et al. Polybenzazole fiber and pyridobisimidazole fiber：U. S. Patent 8,580,380[P]. 2013 − 11 − 12.

[22] 黑木忠熊，矢吹和之. PBO 纤维的基本物性和应用[J]. 高科技纤维与应用,1998,23(5):36 − 39.

[23] 江建明,李光,金俊弘,等. 超高性能 PBO 纤维的最新研究进展[J]. 合成纤维,2008,37(1):5 − 9.

[24] Alexander W E, Chau C C, Faley T L. Process for post − spin finishing of polybenzoxazole fibers：U. S. Patent 5273703[P]. 1993 − 12 − 28.

[25] Maffettone P L, Sonnet A M, Virga E G. Shear − induced biaxiality in nematic polymers[J]. Journal of Non − Nemassonian Fluid Mechanics,2000,90(2 − 3):283 − 297.

[26] Ran S, Burger C, Fang D, et al. In − Situ Synchrotron WAXD/SAXS Studies of Structural Development during PBO/PPA Solution Spinning[J]. Macromolecules,2002,35(2):433 − 439.

[27] Tashiro K,Hama H. Confirmation of the Crystal Structure of Poly(p − phenylenebenzobisoxazole) by the X − ray Structure Analysis of Model Compounds and the Energy Calculation [J]. Journal of Polymer Science,Part B:Polymer Physics. 2001,39(12):1296 − 1311.

[28] 北河亨,石飞三千夫. 高模量 PBO 纤维及其制法:日本,JP11 − 335926[P]. 1997.

[29] 承建军、李欣欣、刘子涛、等. 聚对苯撑苯并二噁唑溶液单孔纺丝条件的研究[J]. 合成纤维, 2006, 35(11): 1 − 5.

[30] 朱城身. 聚合物结构分析[M]. 北京:科学出版社,2004.

第 5 章

PBO 纤维的结构与性能

众所周知,PBO 纤维是继 Kevlar 纤维之后的新一代超高性能纤维,密度只有 $1.56g/cm^3$,而拉伸强度可达 5.8GPa、拉伸模量可达 380GPa,热分解温度则高达 670℃。除此之外,还具有优异的阻燃性(LOI 为 68%)、耐溶剂性、耐磨性等,是目前综合性能最好的一种有机纤维。总体上讲,PBO 纤维具有四项"超"性能,即"超高强度""超高模量""超高耐热性""超阻燃性",其优异性能取决于 PBO 的分子链的刚棒杂环结构、液晶纺丝所赋予的超分子微相结构。

5.1 PBO 初纺纤维

PBO 纤维的纺丝工艺与芳纶纤维类似,采用液晶相的浓溶液干喷湿纺法得到。如前所述,当 PBO 聚合物链增长到一定长度,而且聚合物浓度大于形成溶致液晶聚合物临界浓度时,PBO 聚合物溶液就可以形成液晶,分子链之间结合不再受平移、旋转扩散等控制,低剪切力下液晶溶液黏度的降低也大于一般高分子溶液,由于液晶内流动单元更加容易取向,其分子量在聚合物溶液形成液晶后可以快速增大。得到高分子量的 PBO 聚合物及其溶液后,可以进行液晶纺丝(指液晶状态下溶液的纺丝)以制备高性能 PBO 纤维。

纺丝原液的配制可直接用单体在溶剂中缩聚得到的聚合物溶液或将 PBO 聚合物溶于 PPA 中制成浓度在 12% ~20%(质量分数)(液晶相临界浓度)之间的纺丝原液,然后在 200℃左右进行干喷湿纺,拉伸比控制在 15 ~20 左右,就能实现分子链沿应力及纤维长轴方向高度取向;经过 5 ~250mm 空气层后,到达低温凝固浴(一般为稀磷酸或者水溶液),分子取向结构被保留下来,再经过水洗、干燥即可得到初纺 PBO 纤维(AS – PBO)。从成分上讲,PBO 纤维采用的是干喷湿纺工艺,初纺 PBO 纤维除了 PBO 聚合物成分之外,还包含溶剂和凝固浴等化合物;从结构上讲,PBO 纤维具有高度的取向结构,并有较高的结晶度,而且其湿法纺丝的工艺导致了 PBO 纤维具有明显的皮芯结构。

5.1.1　化学成分组成

PBO 初纺纤维化学成分较多,包括 PBO 大分子聚合物、低聚物、磷酸和水,其分布如图 5 - 1 所示。其中磷酸和水的含量通常可以通过 TGA 测定,其原理是利用各组分的沸点和分解温度差异,在 PBO 初纺纤维升温过程中,磷酸和水先于 PBO 纤维蒸发或者分解而产生失重,这一失重过程发生在 300℃ 左右,与 PBO 的分解温度相差较大,所以可以较好地区分。虽然该测量方法存在误差,但依然可以半定量地确定磷酸和水的含量。一般来讲,不同工艺所得 PBO 初纺纤维中的水分及磷酸含量有一些差异,大致范围为 3% ~ 8%(质量分数)。

PBO初生纤维

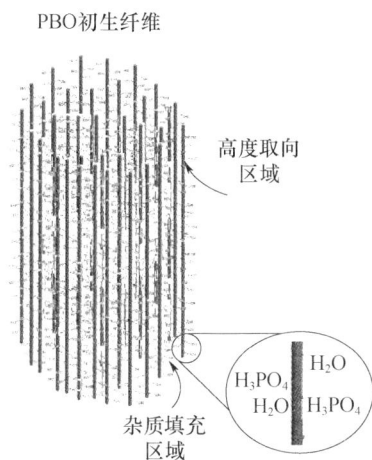

高度取向区域

H_3PO_4　H_2O
H_2O　H_3PO_4

杂质填充区域

图 5 - 1　PIPD 初生纤维成分分布示意图

5.1.2　皮芯结构及其影响因素

PBO 初纺纤维呈现出明显的皮芯结构(图 5 - 2),这主要与纺丝条件凝固条件有关,其中主要原因包括[1]:

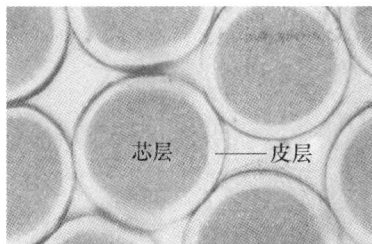

芯层 —— 皮层

图 5 - 2　纤维的皮芯结构

（1）在 PBO 纺丝原液细流中，处于细流周边和内部的聚合物的凝固机理不同，以及凝固剂在纤维内部分布不均匀，导致皮层和芯层的结构不同；

（2）PBO 纺丝原液在喷丝孔口处的膨化效应导致细流外表层出现拉伸效应；

（3）在喷丝头拉伸区中出现，皮层已经凝固但芯层仍处于黏流状态的现象，使纺丝张力主要作用在纺丝线表面的冻胶层上，从而使纤维沿纤维径向分布的各层出现不同取向度。

其中 PBO 初纺纤维的皮层和芯层存在较大差别的结构和性能，主要包括下列方面：

（1）从超分子结构方面看，皮层的序态较低，结构比较均一，晶粒较小，取向度较高，因而断裂强度和断裂延伸度也较高，抗疲劳强度和耐磨性能都比较好；

（2）皮层具有在水中的膨润度较低、吸湿性较高、对某些物质的可及性较低、密度较低、对染料的吸收值低但染色牢度较高的特点；

（3）芯层结构较为松散，微晶粗大。

以纺丝成型工艺流程为导向，可以对 PBO 初纺纤维的皮芯结构起因进行详细的探讨。在 PBO 纤维纺丝过程中，当 PBO 纺丝原液细流通过喷丝板后，从进入空气段开始，纺丝原液在喷丝孔口处的膨化效应导致细流外表层出现拉伸效应，约靠近中心部位，拉伸效应越弱，因而导致细流例外的拉伸取向不一致。与此同时，处于聚合物溶液细流周边和内部的聚合物同步开始凝固，但是由于冷却速度不一样，其实际温度变化不同步，导致凝固机理不同。特别是当 PBO 纤维进入凝固液后，由于凝固剂需要对 PBO 纤维进行渗透扩散，其在纤维内部的分布也各不相同，自然会引起凝固速度与结构上的差异。除此之外，PBO 纤维的皮层将先于里层发生凝固，而失去黏流性质，但芯层仍处于黏流状态的现象，在后续的凝固和拉伸过程中，拉伸张力主要作用在纺丝线表面的冻胶层上，从而使纤维沿纤维径向分布的各层出现不同取向度，使里外结构差异进一步扩大。综上原因，PBO 纤维内部出现结构不均一的皮芯结构，皮层结构致密、取向度高，而芯层致密、取向度略低。PBO 纤维的皮层和芯层致密度差异明显，中间有模糊的过渡层。一般来讲，可以通过测量纤维截面的直径和芯层直径计算纤维截面皮层与芯层的比例。

皮芯结构的存在显然与纤维在凝固浴固化过程中的几个方面有关：一是溶剂的双扩散，即在纺丝过程中，丝条的凝固是一个双扩散过程，即凝固剂向初生纤维内扩散，同时纺丝溶剂也向凝固剂中扩散[2]；二是纺出的纤维从表面开始急剧的凝固；三是脱溶剂。其中最重要的就是双扩散，双扩散首先在丝条表层进行时会在表面产生一层薄膜，这层薄膜会使双扩散过程难以向芯部进行，这样就会导致初生纤维表层和内部致密化程度不相同，最终形成了皮芯结构。

通常,为了最大程度地保证 PBO 纤维的内外均一性,以保证 PBO 纤维的规整性和超高性能,可以通过调节纺丝液浓度、拉伸比、凝固浴种类与凝固温度来弱化皮芯结构。

5.1.2.1　纺丝液浓度

随着浓度的提高,皮层含量增加。这是因为浓度越高,各向异性 DDA 值越大。DDA 值在一定程度上反映了聚合物大分子在溶液中的区域有序结构和取向状态。DDA 值大,分子间排列紧密,取向度高,大分子链比较直,规整性提高,在光学显微镜下可观察到所纺制的纤维透光率高,层皮含量也大。

5.1.2.2　喷丝板孔径

如果浓度相同,喷丝头孔径不同,则孔径越小,皮层含量越大。这是因为一方面孔径小,比表面积大,初生纤维凝固得较充分;另一方面,在同样的拉伸倍数下,孔径小,纤维的旦数低,取向就高。

5.1.2.3　拉伸比

拉伸比对 PBO 纤维的结构有着重要的影响,在其他凝固浴条件固定的条件下,随着喷丝头拉伸倍率的增大,初生纤维的截面形状变化不大,都为圆形,皮层厚度从 $5\sim6\mu m$ 减少至约 $3\mu m$,在拉伸倍率为 1.1 时,皮层厚度仅为 $1\mu m$ 左右。但是随着拉伸倍率的增大,皮芯差异变大,内部变得疏松。这是由于随着拉伸倍率的增大,双扩散速度增加,形成了较硬的皮层,使初生纤维内部的扩散变慢,凝固不充分,造成内部结构疏松。

5.1.2.4　凝固浴种类

凝固浴在 PBO 纤维成型过程中承担着重要的任务,一方面,凝固浴起到冷却纤维并定型的作用,另一方面,它还起着析出纤维内部溶剂的作用。在其他凝固浴条件保持不变的情况下,随着凝固浴质量分数的提高,初生纤维截面形状由肾形逐渐变为圆形。在质量分数为 43% 时,初生纤维有明显的皮芯结构,外层较致密,内部疏松且有较大孔洞。这是由于在低质量分数时初生纤维与凝固浴的质量分数差较大,扩散剧烈,快速形成较硬的皮层,导致芯部聚合物贫相中的溶剂无法及时向外扩散而发生富集,在进一步凝固过程中塌陷形成 $5\sim6\mu m$ 孔洞。随着凝固浴质量分数的提高,皮层差异减小,内部结构逐渐致密,在凝固浴质量分数为 70% 时,皮芯差异最小。这是由于凝固浴质量分数提高使双扩散的浓度梯度降低,从而使扩散速度相应降低,皮层致密性减弱,芯部扩散阻力减小,由此得到内外结构均匀性增强、截面形状更加规整的初生纤维。研究表明,当质量分数达到 73% 时,尽管内部结构致密,外部皮层消失但出现 $2\mu m$ 左右的微孔,表层的这种变化可借助分析膜表面孔径变化——相分离过程中高分子晶核的形成与生长的理论来解释[3]。一般来说,增加体系的过饱和度,晶核的尺寸减小,晶核的数目增多,晶核生长的速度加快。随着凝固浴中溶剂含量的增加,过饱和度升高的速度将会减慢,晶核有足够的时间生长,晶核的数目也会减少,由此形成的初生纤维表面大晶核之间的孔隙也会较大,从而使表层中孔隙的孔径增大。

5.1.2.5 凝固温度

在凝固浴其他条件不变的情况下,凝固浴温度对初生纤维截面形状与皮芯结构也有明显的影响。随着凝固浴温度的升高,初生纤维截面形状由鞋底形逐渐变为圆形,皮层的厚度略有增加(从40℃时的2μm左右增加到60℃时的4μm左右),但皮芯差异减小。凝固浴温度对初生纤维截面形貌和皮芯结构的影响也是通过扩散速率以量的形式表现的,随着凝固浴温度的升高,纺丝原液中的二甲基亚砜向凝固浴的扩散速率与凝固浴中的水向纺丝原液的扩散速率增大。当温度过低(30℃)时,扩散系数较小,扩散过慢,纤维芯层的凝固速率较小,芯部凝固不充分,而表层较薄,硬度较小,截面因坍塌而形成不规则的肾形;随着温度的升高(60℃),凝固速率增大,芯层凝固较充分,表皮层的厚度与硬度均逐渐增大,内外部凝固程度差异较小,当芯层收缩时,皮层相应收缩,结果形成圆形截面,皮芯差异不明显。

总体上讲,在PBO初纺纤维中,皮层含量小,则芯层所占比例大,芯层分子排列疏松,分子间相互作用力小,吸湿性就大。从上面各点分析,要使皮层含量增加,在同一浓度时,提高纺速就较为有利;在不同浓度时,提高浓度就更为突出。可以归纳成以下几点:

(1) 纺速不变,随着浆液浓度增加,皮层含量增加;

(2) 浓度不变,随着纺速的增加,皮层含量有所增加;

(3) 随着回潮率下降,皮层含量增加,纤维的致密化程度提高,强度提高;

(4) 要增加纤维的强度,可适当采用较小的喷丝头孔径。

5.1.3 取向结构

PBO纤维的高强高模性能多归于其高度取向结构,这也是刚性芳杂环高分子液晶纺丝的共性。对PBO分子链构象的分子轨道理论计算结果表明,PBO分子链中苯环和苯并二噁唑环是共平面的,从空间位阻效应和共轭效应角度看,PBO纤维分子链间可以实现非常紧密的堆积。不仅如此,由于共平面的原因,PBO分子链各结构成分间存在更高程度的共轭,因而导致了其分子链具有更高的刚性。这种刚性结构使PBO大分子具有伸直链构象和高度的取向有序性,且分子链之间堆砌的非常紧密,因而赋予了PBO纤维优异的力学性能和热化学稳定性能[1-5]。尽管如此,这种高度取向结构在为PBO纤维带来优异的力学性能的同时也为PBO纤维催生了一些其他方面的缺点,比如浸润性低、表面粘接性能差等。

Kitagawa等人[5]研究了紫隆纤维中的结晶大小、结晶取向、微纤、微孔以及其他精细结构,如图5-3(a)所示。PBO大分子在纤维轴方向进行高度取向,这种结构可以用透射电子显微镜的晶格图像摄影法测得。图 5-3(b)是用晶格图像摄影法观察 PBO 纤维内部结构得到的结果,可以较为清晰地观察到平行于纤维轴的多根条状花纹。分析认为,这些条状花纹是 PBO 结晶(200)晶面的晶格衍射条纹。(200)晶面是平行于 PBO 大分子的晶面,从中可以看出,在 PBO 纤维中大分子几乎采取完全平行于纤维轴方向的形式排列。理论上讲,纤维中的大分子取向方向平行于纤维轴的程度越高,越能取得高的力学性能。

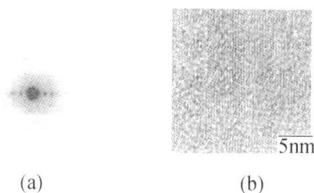

图 5-3　PBO 纤维电子衍射和透射电镜显微镜照片

(a)PBO 纤维电子衍射照片;(b)透射电镜显微镜照片。

与此同时,可以根据结晶旋转和结晶自身变形解说模型来说明 PBO 纤维的变形机制,并根据这一模型求出纤维模量与结晶取向的关系。一般采取外推法,向全取向状态外推可求取结晶模量,但是用这一方法求得的 PBO 纤维结晶模量与广角 X 射线衍射实测的结晶模量不一致,推测是由于 PBO 纤维中不均一结构(例如大量含有大分子末端等缺陷的非晶区)的存在引起的。后来,人们利用晶区-非晶区串联结构模型,根据应力施加于纤维上的拉曼谱带位移量,成功给出了解释。PBO 纤维结晶的分子轴(C 轴)在纤维轴方向高度取向,结晶的 a 轴在纤维横截面上半径方向会择优取向。从 PBO 纤维上切下厚度 70nm 的超薄切片,用电子射线衍射研究纤维内部的结构方位。最新研究结果表明,采用比 PBO 纤维直径(12μm)更细的可变形 X 射线(0.5μm)可以做到平行于纤维轴入射,使在纤维截面内的结晶选择取向测量更加精确[5]。

5.1.4　晶体结构

村濑浩贵等人[6]利用 X 射线衍射法研究了 PBO 分子的排列及结晶结构(图 5-4),单位晶胞为非素胞单斜晶系,$a = 1.120$nm,$b = 0.354$nm,$c = 1.205$nm,($r = 101.3°$,分子链沿 c 轴取向,b 为分子链平面之间的距离,$6a$ 为分子链侧面之间的距离),认为晶胞中 PBO 分子杂环与苯环并非完全共平面,平均扭转角 13°,如图 5-4 所示。C. Martin 等[7]对单晶织构的研究也得到了基本相同的晶胞参数,单位晶胞中含两个重复单元,另外指出两分子链 a 轴方向轴向位移 ±c/4,如图 5-4 所示。K. Tashiro 等[8]将 X 射线衍射成像技术与计算机模拟结合起来研究 PBO 结晶结构及排列位错,根据衍射图确定的晶胞参数与 Fratini

非常相近,属 P11a – C2S 空间群,层线的弥散散射表明晶格排列位错存在。计算机模拟过程中引入了相邻链沿 110 面位移 ±c/4,同时这些面沿 b 轴在 c 轴方向上随机排列的位错以及 N、O 原子位置自由交换或链平面翻转排列位错。大多数 X 射线横穿纤维产生各向异性的强度图样,从中可推测出晶胞结构、分子取向、空隙含量等数据,而 S. J. Bai[9] 用轴向 X 射线散射研究 a – b 晶面微结构信息,呈现出各向同性纤维散射图样,热处理 PBO 纤维的轴向 X 射线散射研究表明,PBO 纤维中有非轴向分子取向存在。中子衍射与 X 射线衍射相比有很多优点,原子散射长度与原子数、散射角无关,这就使得不同散射角都能得到清晰准确的衍射图;另外,大多数元素的中子吸收很小,因此高、低温测试都很容易进行。Y. Takahashi[10] 用中子衍射方法研究了不同温度下的纤维结构,结果表明,结晶大小、结晶位错均与温度无关。另外,利用 X 射线衍射与能量计算将 PBO 两模型化合物单晶结构与 PBO 聚合物的结构进行了对比,分析了热处理过程中 PBO 纤维有序结构的形成。

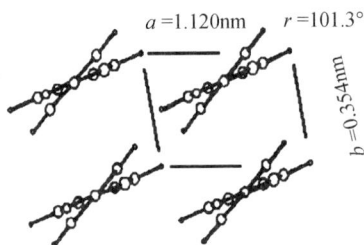

图 5 – 4   PBO 晶体结构

PBO 纤维的广角 X 射线衍射和电子射线衍射图显示在纤维轴垂直方向(赤道方向)清晰的点状衍射点,反映了分子高度排列的状态。另一方面,平行于纤维轴方向(子午线方向)的衍射,没有分离成点状,而是在纤维轴向延伸形成条纹状衍射。这是 PBO 结晶的一个特征。原因是结晶中分子轴方向原子位置参差不齐。这种分子轴方向参差不齐的情况,在其他聚吡咯类刚性高分子的结晶中也可以观察到。根据精密 X 射线衍射测量及计算机模拟,得出结晶结构模量,在 PBO 分子轴方向有四分之一单体单元长度无规地导入结晶结构中。

另外,从 PBO 纤维的小角 X 射线散射花纹也可以观察到在 PBO 纤维轴倾斜位置出现的四点干涉花纹。这四点干涉花纹说明,在 PBO 纤维中有数十纳米级密度不均结构的存在。密度的不均一,说明完全高结晶部分与包含任何缺陷在内的略微不够完全的部分有密度差存在。在 PBO 纤维纺丝时,可根据凝固条件改变,制得没有四点干涉花纹的纤维。消除四点干涉花纹的纤维明确显示出具有高模量。这也证明了一点,不仅是分子取向,而且分子聚集状态都对力学性能有着重要的影响。

5.1.5　微纤化结构

PBO 初生纤维中残余的溶剂和水对纤维性能有很大损害,而且纤维的微结构还没有完全形成,所以必须对其进行后处理。PBO 纤维的后处理包括洗涤、干燥、上浆及热定型,如果要制备高模量的 PBO 纤维,还应进行高温热处理,热处理后的 PBO 纤维具有比较典型的微纤结构[11]。PBO 纤维的微结构示意图如图 5 – 5 所示,直径一般为 10 ~ 15μm,是由微纤结构组成。通常纤维的次级结构又含有微纤、小微纤和分子链三个层次。微纤由 5μm 的大微纤、0.5μm 的微纤、50nm 的小微纤和几条分子链结合在一起构成。微纤 – 微纤间则由更弱的分子间力结合在一起构成纤维,因此 PBO 纤维比较容易微纤化。

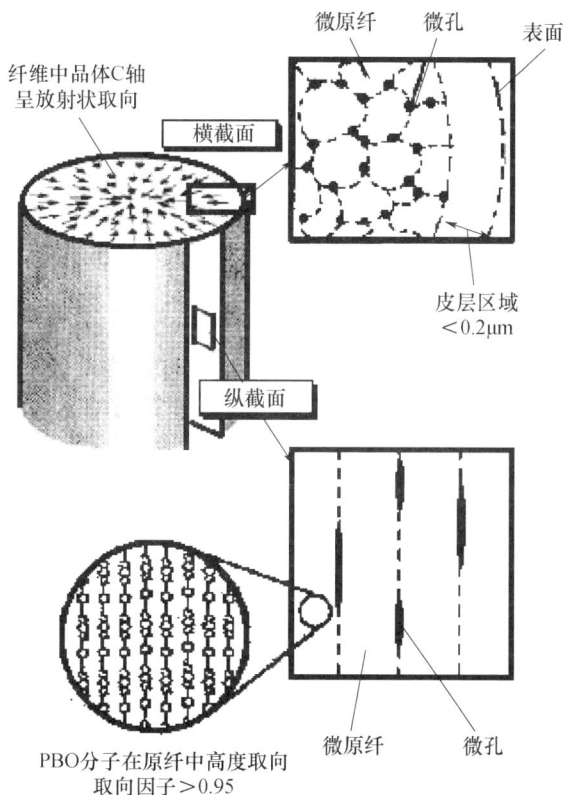

图 5 – 5　PBO 纤维的微纤化结构示意图

5.1.6　纤维表面结构

PBO 纤维的表面形貌主要是由纺丝工艺决定的,比如喷丝头的形状以及凝固浴溶剂的种类。因为液晶纺丝工艺制得的 PBO 纤维含有大量的溶剂,在凝固过程中需要将大量的多聚磷酸溶剂去除掉,这样会导致纤维的本体及表面产生变化,在纤维本体中产生孔洞结构,喷丝过程中受拉伸力的作用后,就会在纤维表面形成沟槽及突起的形状。同时,凝固剂性质、凝固浴温度等因素对孔隙的大小、孔隙含量都有重要影响。图 5 - 6 为 PBO 初生纤维表面的扫描电镜图。

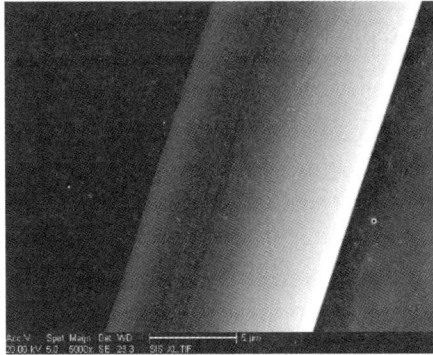

图 5 - 6　PBO 初生纤维表面的扫描电镜图

5.2 PBO 初纺纤维的后处理

5.2.1　残留小分子及其对纤维性能的影响

在 PBO 纤维凝固之后,需对其进行洗涤以除去残留的小分子,如溶剂和水。纤维中残留溶剂较多时主要有以下几个弊端:①使纤维的单丝之间局部并丝,进而导致整体丝束僵硬;②影响单丝的截面形状;③对纤维的力学性能有很大损害,直接影响最终纤维的质量。

洗涤采用水基洗涤流体,洗涤流体以中性最方便,但也可以是酸性或碱性的。为了使纤维得到充分洗涤,可在水洗浴中加入弱碱,一般 pH 值不大于 8。在纤维的水洗过程中,要对其施加张力,这是因为水洗浴的水温通常较高(70 ~ 80℃),施加张力以避免纤维中的分子解取向。洗涤操作可以采取单级或不同级数的方式进行。例如,可先进行短暂的在线洗涤,随后再进行较长时间的静态洗涤。值得注意的是,PBO 纤维中残留的溶剂酸会影响到纤维最终的性能和应用,但是过度的洗涤同样对纤维造成损害,很容易降低纤维的抗张强度,一般情况下,洗涤时间不应超过 72h。

表 5 - 1 是洗涤工艺对 PBO 纤维力学性能的影响。从表中所列数据可以看出,流动的水对洗涤比较有利,洗涤流体温度高,洗涤速度快;弱碱溶液对纤维的强度几乎没有影响,并且会有效降低纤维中的酸含量。所以,最佳的洗涤工艺是

采用流动的热水连续洗涤 9～12h。

表 5 - 1　洗涤工艺对 PBO 纤维的影响

水洗浴组成	温度/℃	洗涤方式	洗涤时间/h	纤维强度/GPa
蒸馏水	20	流动	12～15	2.7
	20	浸泡	72	2.6
	60～70	流动	9～12	2.8
2%（质量分数）KHCO₃ 溶液	20	浸泡	60	2.6
1%（质量分数）NaOH 溶液	20	浸泡	60	2.8

在经过凝固和洗涤后,PBO 纤维含有的水较多,对其进行干燥处理是很重要的。如果大部分水不除去就直接进行热处理,将会使纤维遭受严重的损害。纤维在洗涤完成后立即干燥或是很短时间内干燥,在潮湿的条件下长期储存纤维会造成纤维抗张强度不稳定。纤维必须在足够高的温度下以及经济的方式除去适量的水分,但是必须防止温度过高对纤维造成损害。一般情况下,纤维的干燥温度在 120～300℃之间。干燥时间需根据纤维中所含的残余水分而定。将洗涤后的纤维按不同方法干燥,结果见表 5 - 2。

表 5 - 2　干燥工艺对 PBO 纤维的影响

样品	干燥温度/℃	干燥时间	干燥方法	纤维强度/GPa	残留水分含量/%（质量分数）
1	120	2h	管式炉	2.6	0.16
2	160	1h	管式炉	2.9	0.19
3	220	0.5h	管式炉	2.6	<0.1
4	20～25	>48h	暗处自然干燥	2.1	2

从表 5 - 2 中所列数据可以看出,在没有对纤维表面进行上浆保护处理或无氮气保护的条件下,干燥温度不宜过高,在 150℃左右最佳,否则会因纤维暴露在高温空气中而发生表面氧化,损伤纤维的本体强度。另外,干燥时间并不是关键因素,只要纤维中的残余水分含量达到要求即可。室温下的自然干燥方式,由于所需干燥时间较长,纤维长时间处于潮湿状态,会导致其拉伸强度下降。

在热处理之前,干燥后的纤维可以任意地在暗处和干燥（或惰性）气氛下储存一段时间。

5.2.2　热处理对纤维的影响

为了提高 PBO 纤维的力学性能,需要将初生纤维进行热处理,W. E. Alexander 等[12]研究了 PBO 纤维热处理的方法与条件,得出了较好的热处理温度是 500～600℃,张力在 0.1～0.3N 之间,时间通常为 1～30s。Y. Cohen 等[13]研究得出,在张力下热处理能抵消纤维内应力,同时张力又可促使分子链段沿张力方向滑动,提高分子取向。北河亨等[14]认为应控制好热处理前纤维残余水分含量,微量水分的存在能起到润滑作用,使大分子在张力作用下更容易运动,也就更容易使分子在纤维轴向取向。承建军等[15]详细研究了热处理对 PBO 纤维分子链结构的影响,利用 FTIR、DSC 和磷含量分析证明了热处理可促使 PBO 分子链未关环链节进一步关环,提高分子链与链之间排列的有序性和规整性,同时研究了热处理对 PBO 纤维溶解性能和表面润湿性能的影响。巩桂芳等[16]研究了热处理对 PBO 纤维性能和表面形貌的影响,结果显示在低于 650℃的温度下热处理过的纤维,其拉伸强度稍有上升趋势,但在 650℃以上的温度热处理后,其拉伸强度有明显降低。SEM 图片显示:经 650℃以上的温度热处理后的 PBO 纤维的表面出现了明显的沟槽和缺陷。同时发现经过热处理的 PBO 纤维,其热分解温度较未处理的纤维有明显降低,且随热处理温度的升高呈现出逐渐降低的趋势。

合成纤维成型及拉伸之后,其超分子结构已基本形成。但由于在这些工艺过程中,纤维的停留时间很短,有些分子链处于松弛状态,而另一些链段处于紧张状态,使纤维内部存在着不均匀的应力。这种纤维若长时间放置,它们的内部结构会逐渐变化而趋于某种平衡,这种变化包括纤维尺寸,结晶度(急冷形成的无定形区的二次结晶化),微孔性(微孔洞的陷缩),内应力松弛,大分子取向等的变化。以上变化的速度,从根本上讲是受纤维材料黏弹特性的控制,从分子论的角度来说,是受到分子运动强度的制约。一般在室温下系统的变化速度很慢,在高温下大分子运动强度增加很快,可以在数分钟内就使体系接近于平衡,从而在以后的使用过程中基本上能抵抗外界条件的变化,有效地处于稳定状态。拉伸加工会使纤维产生新的应力不均匀的新的结构缺陷,这种纤维在一般实际应用温度下(如洗涤、熨烫)表现极强的形状不稳定。因此,拉伸纤维需经热处理过程达到一个新的稳定平衡,这种热处理工序通常称为热定型。在这一过程中如果能得到适当的结晶和取向度,则对纤维的力学性能会有明显的改善。

热定型要达到的是修补或改善纤维成型或拉伸过程中已经形成的不完善结构,而不是彻底破坏和重建。这些结构上的变化,归纳起来有三个方面:

(1)提高纤维的形状稳定性(尺寸稳定性),这是定型原来的意义,形状稳定性可用纤维在沸水中的剩余收缩率来衡量。剩余收缩率越小,表示纤维在加工和服用过程中遇到热湿处理(如染色或洗涤)时,尺寸越不易变动。

(2)进一步改善纤维的物理力学性能,如打结强度、耐磨性等以及固定卷曲度(对短纤维)或固定捻度(对长丝)。

(3)改善纤维的染色性能。

对 PBO 纤维进行热处理是制备高模高强 PBO 纤维的重要工艺流程,热处理过程能有效地使纤维的力学性能得到加强,图 5 - 7 是纤维热处理工艺流程图。有研究表明,在张力下进行热定型(100～150℃)可去除纤维中的内应力、水和残余溶剂,改善 PBO 分子链的横向有序度,拉直弯曲的结构单元。还可在较高温度(200～300℃)下进行张力热定型,较大幅度的增加纤维中的微晶尺寸,提高纤维强度和模量。研究发现,张力下热处理能抵消纤维内应力,同时张力又可促使分子链段沿张力方向的滑动,提高分子取向。目前,普遍认为应控制好热处理前纤维残余水分的含量,微量水分的存在,能起到润滑的作用,使大分子在张力的作用下更容易运动,也就更容易使分子在纤维轴方向取向。

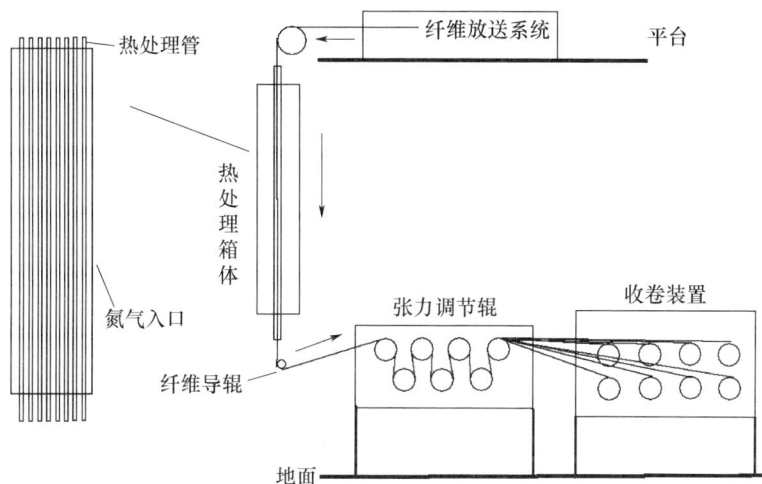

图 5 - 7   纤维热处理工艺流程图

5.2.2.1   热处理对纤维成分组成的影响

为了研究热处理对 PBO 纤维成分的影响方式,一般以 PBO 原丝为原料,对纤维进行了热处理,通过控制工艺中的不同参数,来改变热处理条件,进行梯度对比。然后对处理后的纤维进行各项性能测试,分析总结热处理条件对 PBO 纤维分子结构、表面形态以及力学性能等的影响。如果初生纤维中存在很多未关环结构,闭环反应结束后,应该有大量小分子脱除,未洗净的游离磷酸在热处理后也应脱除,这些过程在失重曲线上均有所反映。

此外,有相关研究通过分析不同热处理温度下 PBO 纤维的磷含量来进一步验证热处理能使未关环链节进一步关环完全的推测。图 5 - 8 是经不同热处理温度下 PBO 纤维的残余磷含量,可以看出,热处理能够有效地除去 PBO 纤维中残余磷酸,降低磷含量。随着热处理的温度提高,磷含量逐渐下降,在 450℃ 以后磷含量出现突降。这说明在 PBO 纤维样品中既有未洗净的游离磷酸,还有结合更牢固的缔合磷酸。在低温段,PBO 纤维磷含量的下降主要是由于游离磷酸的脱除。在高温段,一方面游离磷酸继续脱除;另一方面,未关环单元在高温热处理过程中完成关环反应,失去了羰基,同时释放出游离磷酸,并且从纤维中脱除,所以此时磷含量下降速度很快。残余磷酸的脱除有助于消除 PBO 分子内应力,减少纤维在凝固过程中产生的孔隙,能提高分子规整性,这对改善纤维力学性能有利。

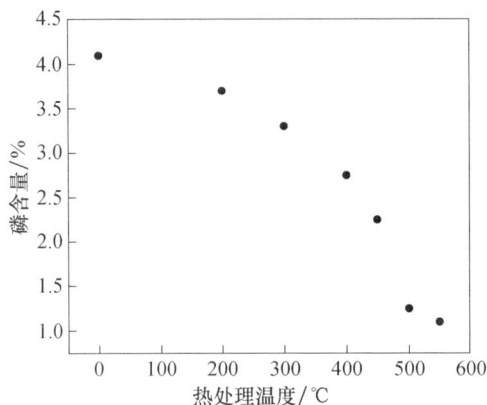

图 5-8　热处理温度与 PBO 纤维磷含量的关系

5.2.2.2　热处理对纤维表面形貌的影响

热处理工艺对纤维表面形貌有非常显著的影响,图 5-9 为未处理的 PBO 纤维与在氮气氛围下经 500~800℃热处理 30s 后 PBO 纤维表面的扫描电镜对比图。

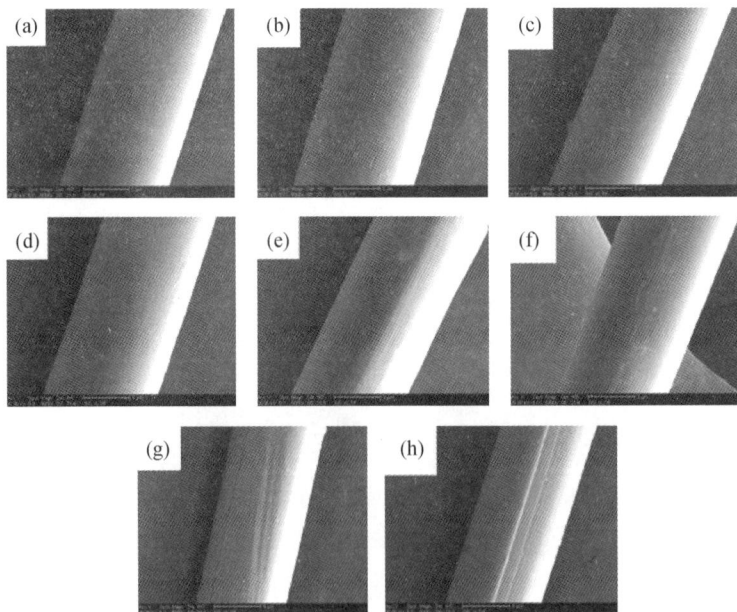

图 5-9　未处理 PBO 与在氮气下经 500~800℃热处理 30s 后 PBO 纤维扫描电镜图
(a)未处理 PBO 纤维;(b)500℃氮气 30s;(c)550℃氮气 30s;(d)600℃氮气 30s;
(e)650℃氮气 30s;(f)700℃氮气 30s;(g)750℃氮气 30s;(h)800℃氮气 30s。

PBO 纤维皮层缺陷较少,取向度和结晶度均高于芯层,热处理首先破坏的纤维表层,致使纤维表层结构破损,随着热处理时间的延长,纤维皮芯结构出现裂纹,再随着处理时间的延长,甚至出现表层结构断裂,进而逐渐破坏。其中,图 5 − 10(a)为未处理的 AS − PBO 纤维表面扫描电镜图,图(b)为在氮气气氛保护下经 500℃ 处理 30s 后的纤维表面扫描电镜图,图(c)为在氮气气氛保护下经 550℃ 处理 30s 后的纤维表面扫描电镜图,对比(a)、(b)、(c)三幅图可以看出 PBO 纤维在氮气氛围的保护下,经 500℃ 和 550℃ 处理 30s 后,纤维表面与未处理纤维相比并未发生明显的变化。图 5 − 9(d)为在氮气气氛保护下经 600℃ 处理 30s 后的纤维表面扫描电镜图,可以看出在此温度下,纤维表面开始出现少量的沟壑,突起等缺陷;图(e)为在氮气气氛保护下经 650℃ 处理 30s 后的纤维表面扫描电镜图,纤维表面的沟壑,突起数量增多;图(f)为在氮气气氛保护下经 700℃ 处理 30s 后的纤维表面扫描电镜图,纤维表面的粗糙程度明显增大;图(g)为在氮气气氛保护下经 750℃ 处理 30s 后的纤维表面扫描电镜图,纤维表面的沟槽变得更深;图(h)为在氮气气氛保护下经 800℃ 处理 30s 后的纤维表面扫描电镜图,纤维表面被破坏的程度比 750℃ 时更加严重。

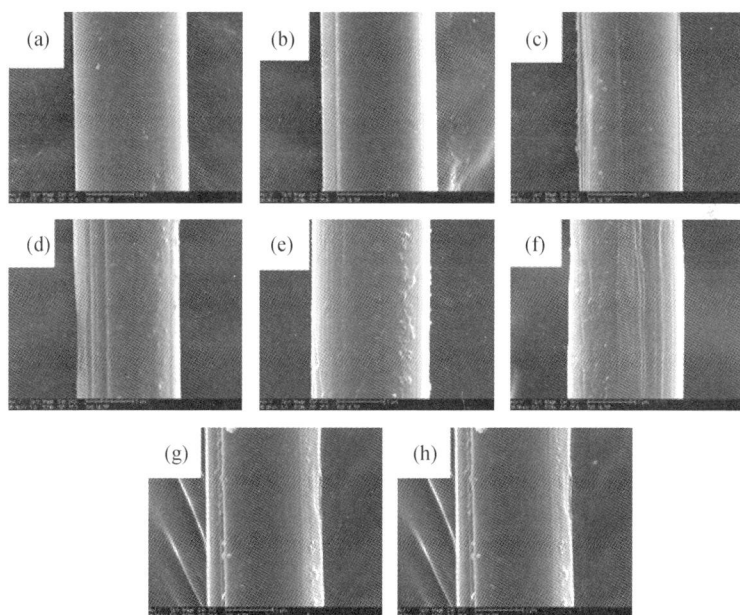

图 5 − 10　在空气氛围下经 500～800℃ 热处理 30s 后 PBO 纤维的扫描电镜图
(a)500℃空气30s;(b)550℃空气30s;(c)600℃空气30s;(d)650℃空气30s;
(e)700℃空气10s;(f)700℃空气30s;(g)750℃空气30s;(h)800℃空气30s。

除了温度与时间对 PBO 纤维表面形貌有着显著的影响外,处理气氛的影响更加明显。图 5-10(a)为在空气中经 500℃ 处理 30s 后的纤维表面扫描电镜图,与未处理的相比,表面形貌变化较小;图(b)为在空气中经 550℃处理 30s 后的纤维表面扫描电镜图;图(c)为在空气中经 600℃ 处理 30s 后的纤维表面扫描电镜图;图(d)为在空气中经 650℃ 处理 30s 后的纤维表面扫描电镜图,比较(a)、(b)、(c)、(d)这四幅图可以看出,随着温度的升高,纤维表面的粗糙程度增大;图(e)为在空气中经 700℃ 处理 10s 后的纤维表面扫描电镜图;图(f)为在空气中经 700℃ 处理 30s 后的纤维表面扫描电镜图,比较(e)、(f)可以看出,图(f)中的纤维表面粗糙程度明显高于(e)图,即随着热处理时间的延长,纤维的被破坏的程度增大;图(g)为在空气中经 750℃ 处理 30s 后的纤维表面扫描电镜图;图(h)为在空气中经 800℃ 处理 30s 后的纤维表面扫描电镜图,通过对比,我们可以看出在空气中的高温热处理,由于热氧化作用和热降解作用使得 PBO 纤维表面的皮层分解,因此粗糙程度大幅度上升。

比较图 5-9 与图 5-10,PBO 纤维在两种气氛下热处理后的电镜照片,可以观察出:空气气氛下的热处理对 PBO 纤维表面的造成的破坏更大。因为在空气氛围中的热处理有了氧气参与,使得 PBO 纤维表面的氧化反应自由能降低,易于在纤维表面发生了氧化作用,最终破坏了 PBO 纤维表层结构,出现尺寸较大的沟壑等缺陷。

5.2.2.3 热处理对纤维分子化学结构的影响

对于 PBO 分子而言,在聚合反应中噁唑环的形成是最为关键也是较为困难的,如果纤维中存在未关环的结构,会使 PBO 分子本身的刚性降低,也会影响到分子链之间的紧密排列,对结晶产生不利的影响。图 5-11 描述了 PBO 分子在反应时闭环可能的两种形成噁唑环的方式。如果按照方式 1 进行闭环反应,那

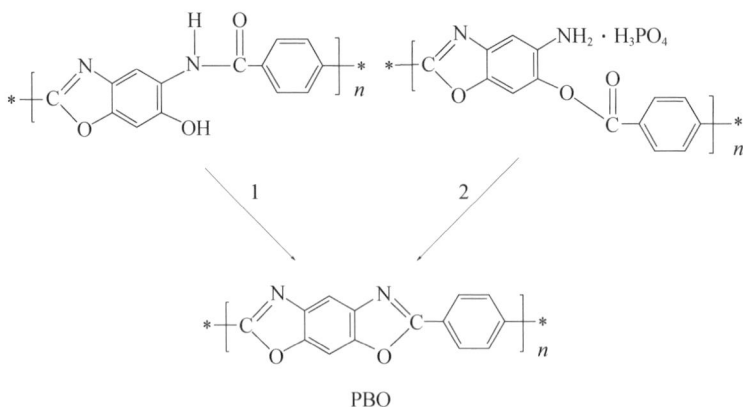

图 5-11 PBO 的两种闭环反应方式

么,在闭环反应发生前后,N—H、—OH 和羰基的含量应有所变化;如果按照方式 2 进行闭环反应,羰基的含量应有所变化。所以,不论哪种方式,羰基官能团的数量都会发生变化,这些官能团的变化在红外光谱中能够被观察到。

图 5－12 是初生 PBO 纤维和热处理后的 PBO 纤维的红外光谱谱图。$3656cm^{-1}$ 处的吸收峰是羟基的特征吸收峰;$3057cm^{-1}$ 吸收峰是 N—H 的特征吸收峰;$1720cm^{-1}$ 处为羰基特征吸收峰。热处理前后羰基特征吸收峰发生了变化,分析两种可能的关环反应,闭环反应完成后,羰基均应消失,所以,羰基吸收峰的变化不足以判断闭环反应是按哪种方式进行的。热处理前,存在明显的 N—H 和—OH 的吸收峰,热处理后,N—H 和—OH 的吸收峰明显减弱,这就足以说明闭环反应主要是按照方式 1 进行的。

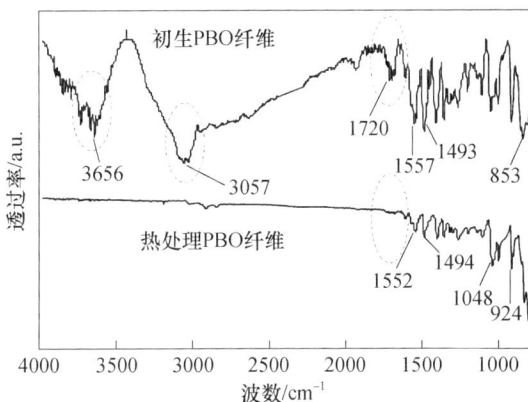

图 5－12　PBO 纤维的红外光谱谱图

经过红外光谱分析可以看出,N—H、—OH 和羰基特征强度的减弱,噁唑环吸收强度的增加,说明在热处理时,PBO 分子链上未关环的结构在高温条件下完成了反应,使得分子结构更为完整。

5.2.2.4　热处理对纤维表面元素组成的影响

聚合物分子对热空气是非常敏感的,对于 PBO 这种耐高温的聚合物而言,其热敏感度明显低于其他聚合物。在空气气氛中,经 700～800℃下处理 30s 后的 PBO 纤维的 XPS 全谱谱图如图 5－13～图 5－15 所示。PBO 纤维热处理前后表面元素含量的结果如表 5－3 所列。可以看出,经热处理后的 PBO 纤维的 C 元素含量变化不明显、O 元素的含量明显增加,出现了 Si 元素,而 N 元素的含量很低,这可能是 PBO 纤维的热处理过程中的弱键芳杂环断裂,使得 N 元素明显减少。而使用的热处理设备中的管式加热炉内部的陶瓷管壁的脱落等原因导致纤维中引入了较多 Si 元素的杂质,也相对使得 N 元素的含量下降,N 元素吸收峰不明显,而相反 Si 元素的吸收峰很明显。

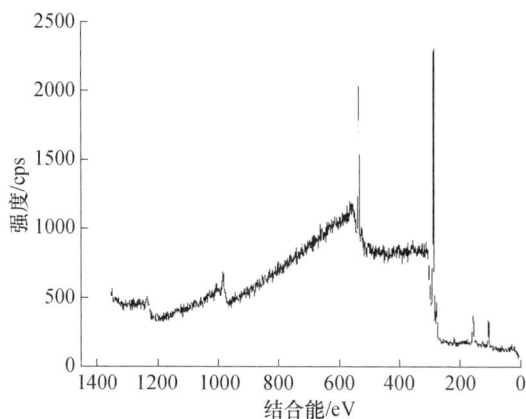

图 5 - 13　热处理条件为 700℃、空气、30s 的 PBO 纤维的 XPS 谱图

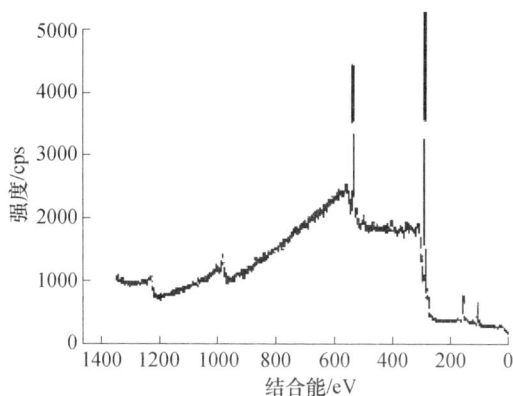

图 5 - 14　热处理条件为 750℃、空气、30s 的 PBO 纤维的 XPS 谱图

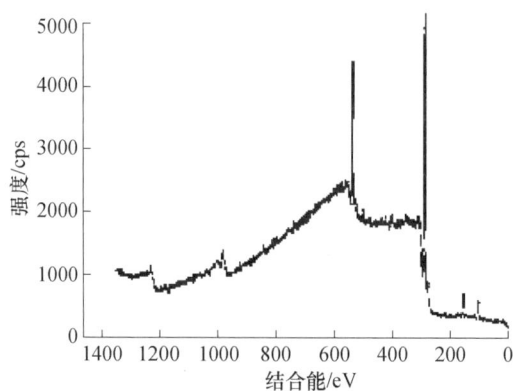

图 5 - 15　热处理条件为 800℃、空气、30s 的 PBO 纤维的 XPS 谱图

表 5 – 3　XPS 分析 PBO 纤维表面元素含量的结果　　（％）

元素	C	O	N	Si
理论值	72.38	13.66	11.96	0
700℃	72.86	19.25	1.29	6.60
750℃	71.02	20.44	2.47	6.08
800℃	75.18	18.51	1.52	4.79

可以看出，在三种热处理条件下，PBO 纤维的主峰峰位相同，但是峰强度有差异。为了研究这三种条件下是否存在官能团的差异，分析了三种热处理温度下 PBO 纤维的 XPS 扫描能谱 C_{1s} 峰，如图 5 – 16 ~ 图 5 – 18 所示，分峰结果列于表 5 – 4 中。

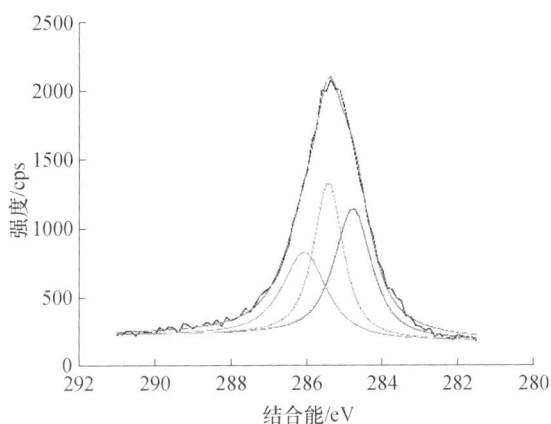

图 5 – 16　热处理条件为 700℃、空气、30s 的 PBO 纤维 C_{1s} 能谱

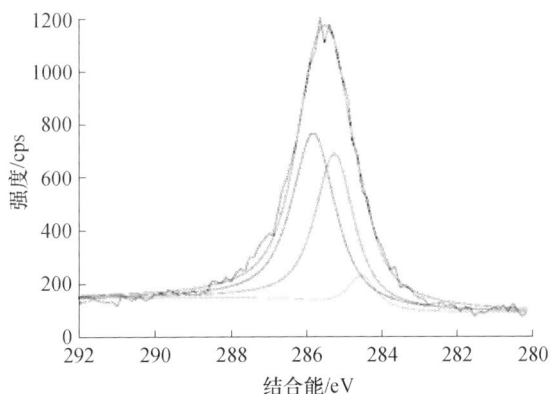

图 5 – 17　热处理条件为 750℃、空气、30s 的 PBO 纤维 C_{1s} 能谱

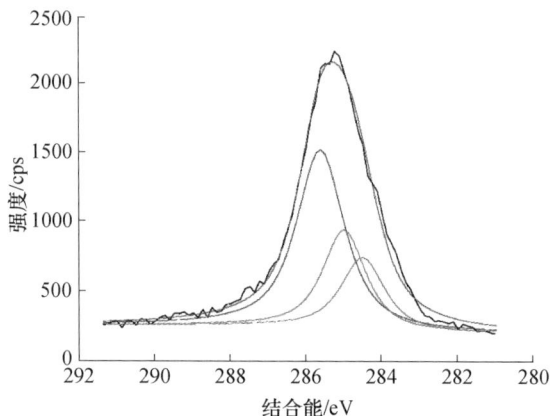

图 5-18　热处理条件为 800℃、空气、30s 的 PBO 纤维 C_{1s} 能谱

从 PBO 纤维的 C_{1s} 能谱可以看出,三种 PBO 纤维的 C_{1s} 峰都包含—C—C—C—、—C—O—、—C—N—及—O—C ＝N—四种官能团。700℃ 热处理后的 PBO纤维的 0、1、2 峰面积的比例为 1.07:1:0.67,750℃ 处理过的 PBO 纤维的 0、1、2峰面积的比例为 1.24:1:0.17,800℃ 处理过的 PBO 纤维的 0、1、2 峰面积的比例为可见 0.37:1:0.50,其相同的官能团在数量上是不成比例的,且差别很大。而未处理的 PBO 纤维的 0、1、2 峰面积的比例为 1.75:1:0.68,通过比较可以看到:经 700℃、750℃、800℃ 热处理过的 PBO 纤维的—C—C—C—和—O—C ＝N 两种官能团的含量较未处理的纤维明显降低,且 800℃ 热处理过的纤维的—C—C—C—含量降低程度最大、750℃ 热处理过的纤维的—O—C ＝N—含量降低程度最大,这说明热处理过程中,这两种官能团的化学键发生了断裂,这将直接导致拉伸强度的降低和表面沟槽的出现。

表 5-4　PBO 纤维 XPS 能谱 C1s 分峰结果

热处理条件	峰编号	结合能/eV	峰面积	对应结构
空气 700℃ 30s	0 1 2	284.51 285.63 286.05	1662.063 1549.296 1043.76	—C—C—C— —C—N—,—C—O— —O—C ＝N—
空气 750℃ 30s	0 1 2	284.51 285.63 286.05	1301.086 1045.226 175.3409	—C—C—C— —C—N—,—C—O— —O—C ＝N—
空气 800℃ 30s	0 1 2	284.51 285.63 286.05	1080.04 2866.237 1437.465	—C—C—C— —C—N—,—C—O— —O—C ＝N—

5.2.2.5　热处理对 PBO 纤维浸润性的影响

纤维的浸润过程是纤维表面与溶液分子发生相互作用的过程,这个过程中的相互作用力主要是分子间的氢键和范德瓦尔斯力等。一方面,纤维表面的极性基团(如—OH、—C—O—、O—C ＝O 等)与溶液分子发生相互作用使得溶液分子吸附到纤维表面,这种相互作用越强则纤维越容易被浸润。另一方面,纤维的表面形貌对其浸润过程也有显著影响,纤维表面形貌越复杂,表面粗糙度越大,纤维与溶液之间的接触面积也就越大,纤维也越易被浸润。可见,纤维的浸润性能与纤维表面极性基团的种类和含量、纤维的表面形貌等密切相关。由上面 PBO 纤维表面的 SEM 分析可知,PBO 纤维的热处理使得纤维表面粗糙度增大,这利于提高 PBO 纤维的浸润性能。

根据光学显微镜和显示器测量出环氧树脂在 PBO 纤维表面的接触角,如表 5 – 5所列。根据表 5 – 5 做出接触角随温度的变化图,如图 5 – 19 所示。从中可以直观地看出,随着 PBO 纤维热处理的温度越高,接触角先随之减小,即纤维的润湿性能就越好,在空气中处理后的纤维的接触角要小于在氮气中处理的纤维,即经空气处理后的纤维表面润湿性比氮气氛围下的好,这与扫描电镜测试结果所证实的随着热处理温度的升高,PBO 纤维的表面粗糙程度增大所一致。随着温度进一步的升高,接触角开始增大,说明过高的温度破坏了纤维表面,使得纤维表面发生了热降解,导致纤维的比表面积减小,接触角变小。纤维的浸润性能随温度变化的规律与纤维的界面剪切强度随温度变化相一致。

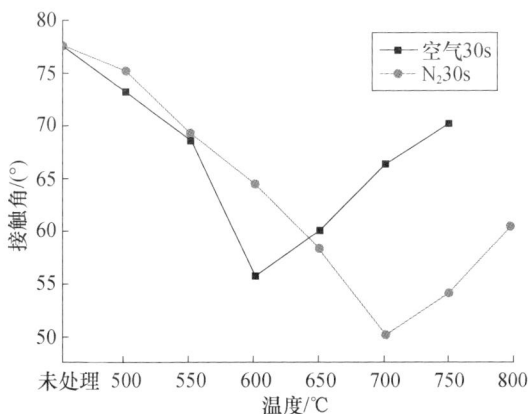

图 5 – 19　PBO 纤维的接触角随热处理温度的变化图

表 5 – 5　PBO 纤维的接触角 θ

$\theta/(°)$	未处理	500℃	550℃	600℃	650℃	700℃	750℃	800℃
空气 30s	77.6	73.2	68.6	55.7	60.1	66.4	70.2	—
N_2 30s	77.6	75.2	69.3	64.5	58.4	50.2	54.2	60.6

5.2.2.6 热处理对纤维微晶结构的影响

在热处理的升温过程中,PBO 聚合物链将发生松弛,甚至位移,进而引起 PBO 纤维的微晶结构变化。对比 PBO 初生纤维与热处理后纤维的晶体结构可以发现,热处理后的 PBO 纤维晶型与紫隆相同,出现了(400)、(210)晶面的衍射峰。更为重要的是,(200)晶面的衍射峰强度很高,而且十分尖锐,说明热处理后的纤维形成了较为完整的微晶结构。PBO 纤维微纤化程度的增加和纤维微晶尺寸的增大,均可以说明纤维内部有序结构的增加。经过热处理的纤维,PBO 分子沿张力方向产生了热运动,有助于 PBO 分子链的调整、松弛及滑动,使垂直于纤维取向方向的分子链与链之间排列更有序、更规整,堆砌更加紧密,从而导致结晶度增加。经过热处理后,结晶度和微晶尺寸均大幅度增加,导致了微纤结构的大量形成,赋予了纤维更高的力学性能。热处理前后 PBO 纤维 XRD 曲线如图 5 – 20 所示。

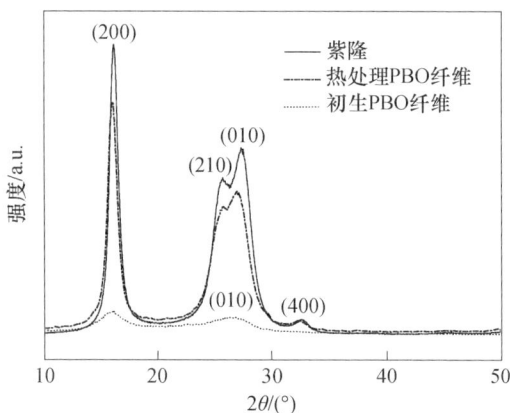

图 5 – 20　热处理前后 PBO 纤维 XRD 曲线

表 5 – 6 中列出了热处理前后微晶尺寸 L_c 的数值。从表 5 – 6 中所列数据可以看出,纤维经过热处理后,微晶尺寸明显地增大。

表 5 – 6　PBO 纤维的结晶尺寸

纤维种类	(200)晶面间距 d/nm	微晶尺寸 L_c/nm
未处理 PBO	0.554	11.00
热处理 PBO	0.546	18.81
紫隆	0.547	21.03

当然,分子排列的规整、紧密,是提高结晶度和增大微晶尺寸的一个必要条件,而不是充分条件,其他因素也可以对二者造成影响。要首先对 PBO 纤维微观结构形成较为全面的认识,才能提高制备 PBO 纤维的水平。

5.2.2.7　热处理对 PBO 纤维性能的影响

综上所述,热处理对 PBO 纤维产生由里至外的影响,包括化学结构、表面元素组成、浸润性以及微晶结构,随之而来的是 PBO 纤维性能的极大变化,尤其体现在模量与断裂伸长率方面。

表 5 – 7 是热处理前后紫隆纤维各项性能的对比。从表中所列数据可以看出,热处理后的纤维的强度变化不大,但是模量变化很大,至少比未进行热处理纤维的模量高 10% ,甚至可以提高 100% 。

表 5 – 7　热处理前后紫隆纤维的各项性能

性能	AS – PBO 纤维	HM – PBO 纤维
单丝纤度/tex	1.5	1.5
密度/(g/cm³)	1.54	1.56
强度/GPa	5.8	5.8
模量/GPa	180	280
断裂伸长率/%	3.5	2.5
热分解温度/℃	650	650

W. E. Aleksandr 等[12]研究了 PBO 纤维高温热处理的方法与条件,得出比较好的高温热处理工艺条件:处理温度为 $500 \sim 600℃$,处理时间为 $1 \sim 30s$,张力为 $2 \sim 6g/d$,需要采用氮气或氩气进行保护。值得注意的是,在这里,"g/d"用来表示纤维所受张力的大小。一般来说,张力的单位是"牛(N)",只要知道纤维所受多少"牛顿"的力,就可以做比较研究,这种方法的前提是,纤维的直径是相同的。但是,纤维的特点是直径并不完全相同,存在一定的分布范围,它的直径是一个平均值,对于粗细不同的纤维来说,单纯比较"牛顿"的数值就失去了意义。采用"吉帕(GPa)"来表示纤维所受"张力"也比较繁琐,因为需要测量每一根纤维的直径,操作很不方便,效率较低。这时"g/d"这个定义的优越性就显现出来了,在具体操作过程中,只需要简单的称取纤维的质量换算成"旦"就可以进行实验了,最重要的是,无论单根纤维的直径是多少,采用了这个定义后,就具有了比较意义。

热处理除了可以提高 PBO 纤维的拉伸强度,还能够有效提高其模量。热处理使 PBO 纤维分子链中聚合后期少量的未关环反应趋向完全,使得 PBO 分子的共轭链长增加,弱键消失,提高了分子链与链之间排列的有序性,使链与链之间堆砌更加紧密。热处理温度越高和时间越长,PBO 分子链越容易关环,沿纤维轴向越易产生调整及滑动,也越容易使纤维中水和磷酸挥发出来,并消除了纤维分子间的内应力和凝固过程产生的孔隙,使纤维在轴向的取向度提高,从而使纤维模量增大。但热处理温度过高,纤维由于高温而发生热降解,会使强度和模量降低。同样,根据聚合物时温等效原理,延长热处理时间相当于提高热处理温度,因而热处理时间过长,热解取向和热降解的程度增大,强度和模量也随之下降。

随着热处理张力的增大,分子链段更易沿张力方向滑动,PBO 纤维在张力方向上的取向排列更有序和紧密,使分子链的结构更规整。因此,纤维的模量得到明显增强。但过大的张力会破坏纤维的分子链,甚至会使部分微纤发生断裂,从而导致纤维的力学性能降低。

图 5-21 是 PBO 纤维经热处理后的 SEM 照片。从图 5-21(a)中可以看出,经过表面热处理后,PBO 纤维表面沟纹增多,微纤化更加明显,表面皮层的微纤和纤维内部形成的微纤已没有明显的界限。微纤结构是由表面平行纹理结构演变而来的,经过热处理以后,纤维中的大部分结构已经变成了高度有序的微纤结构,这与未处理纤维存在着明显的差异。图 5-21(b)是 PBO 纤维经热处理后的断口形貌。从图中可以看出,纤维的断口形貌也产生了很大变化,皮层结构变得不明显,纤维的断裂是微纤被拉断的结果,而不再表现为表皮被拉断。纤维的力学性能不再取决于坚韧的皮结构,微纤结构赋予了纤维主要的力学性能。

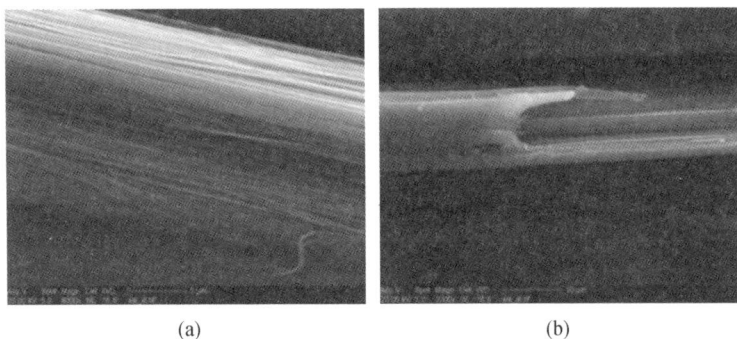

(a)   (b)

图 5-21 热处理后 PBO 纤维 SEM 照片

(a)热处理后纤维的表面形貌;(b)热处理后纤维的断口形貌。

5.3 PBO 纤维性能的表征方法

5.3.1 抗张强度及模量

一般来讲,可按照 ASTM - D3379 标准《高弹性模量单丝材料拉伸强度和杨氏模量的标准试验方法》。在单丝拉伸强度测试中所采用的样品如图 5-22 所示。

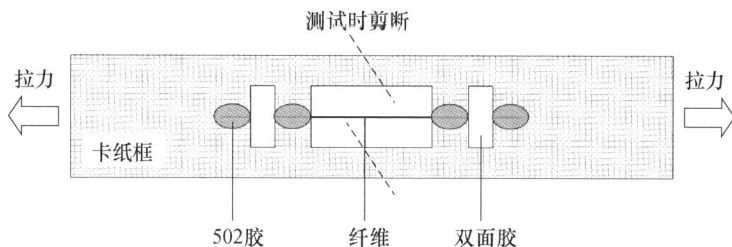

图 5 - 22　PIPD 纤维单丝拉伸测试样品示意图

　　具体方法为:将坐标纸裁剪成长和宽分别为 100mm 和 20mm 的矩形,已知纤维有效测试长度为 20mm,在大矩形的中心用壁纸刀裁出长 20mm 宽 10mm 的矩形孔洞。将要测试的 PIPD 纤维用双面胶带将纤维的两端固定在纸框的中心线上,此时要保证纤维拉直,然后在双面胶的两端涂抹 502 胶水,这样既能使被测试纤维的有效长度等于中间长方形孔洞的长度,又能加固待测纤维,避免测试时的脱胶。在电子万能试验机上对 PIPD 纤维单丝拉伸强度来进行测试,在测试时先把卡纸框的两端用夹具夹紧,再剪断纸框的两侧,将电脑显示器上的拉力和位移的数值归零后以 10mm/min 的速度施加载荷,试验机会自动记录载荷随时间变化的关系曲线,纤维的直径通过光学显微镜测得并求出平均值备用。在实验时要记录载荷的峰值,每种条件下的 PIPD 纤维需要测得约 30 组数值。在已知载荷峰值和纤维直径的情况下,可以通过下式来计算 PIPD 纤维的单丝拉伸强度。

$$\sigma = \frac{4F}{\pi d^2} \tag{5-1}$$

式中　σ——单丝拉伸强度(GPa);

　　　　F——单丝断裂时的载荷(N);

　　　　d——单丝的直径(m)。

　　由于脆性材料中存在的各种缺陷(内部孔隙,表面裂纹等)会影响材料的拉伸强度。当脆性材料承受载荷时,在含有缺陷的地方会形成应力的集中,在较低的应力作用下纤维就会发生破坏。由于材料的强度测试结果具有很大的分散性,本测试中使用威布尔分布函数来分析 PIPD 纤维的单丝拉伸实验数据。威布尔概率分布函数是用来确定高性能有机纤维强度的累积分布函数。纤维遭到破坏的累积概率 P_f 被定义为

$$P_f = 1 - \exp\left[-L\left(\frac{\sigma_f}{\sigma_0}\right)^{\beta} \right] \tag{5-2}$$

式中　P_f——纤维在应力 $\leqslant \sigma_f$ 下断裂的概率;

　　　　L——PIPD 纤维的长度;

σ_0——尺度参数；

β——形状参数。

威布尔分布函数中的尺度参数和形状参数可以通过下式中的双重对数公式来计算：

$$\ln(-\ln(P_f)) = \ln(L) + \beta\ln(\sigma_f) - \beta\ln(\sigma_0) \qquad (5-3)$$

式(5-3)显示出，当 L 为标距长度 1 时，$\ln(-\ln(P_f))$ 与 $\ln(\sigma_f)$ 成线性关系，β 为斜率，$\beta\ln(\sigma_0)$ 为截距。

尺度参数 σ_0 代表了特征应力值，而形状参数(威布尔斜率)β 衡量了纤维强度的分散性，它们用于下式中来计算 PIPD 纤维的平均强度和标准偏差：

$$\overline{\sigma_f} = \sigma_0 L^{-1/\beta} \Gamma\left(1 + \frac{1}{\beta}\right) \qquad (5-4)$$

$$s = \sigma_0 L^{-1/\beta} \sqrt{\Gamma\left(1 + \frac{2}{\beta}\right) - \Gamma^2\left(1 + \frac{1}{\beta}\right)} \qquad (5-5)$$

式中　L——与参考长度的长度比例；

　　　Γ——Gamma 函数。

5.3.2　抗压强度测试

如果是微米级直径的纤维，其本身的抗压强度是无法准确测定的，也不具有实际意义，这就是为什么纤维增强复合材料的压缩强度是一个由树脂决定的特性。因此与其说是测纤维的压缩强度，不如说是测复合材料的压缩强度。一般的压缩强度的测定用万用拉力机(Instron 或类似仪器)就可以了，A. S. T. M D Section 里有方法。同样地其他压缩强度，如 OHC，CAI 也可以类似地进行测量。纤维的压缩实验方法有弹性环法、拉伸回弹法、悬臂梁法、压缩法和纳米压痕法。弹性环法是拉伸纤维的两端使纤维包围的圆环逐渐减小，通过环的。拉伸回弹法是将纤维拉伸至预先确定的载荷，在中间用电火花切断，断开的纤维在回弹过程中会产生压缩，当压力大于纤维的压缩强度时，会发生压缩破坏。悬臂梁法在实验过程中压力方向与纤维的横截面不容易保持垂直。

近几年，对多壁碳纳米管在径向的弹性压缩进行了研究，实验过程中首先使用了带有 Berkovich 金刚石压头的 AFM 探针，从纠缠在一起的数根碳纳米管中分离出单根的碳纳米管，然后再使用纳米压痕实验的方法在不同的载荷下对碳纳米管在径向进行了压缩；用纳米压痕实验的方法对竖直排列的多壁碳纳米管簇在轴向的弹性压缩进行了研究。

2007 年，美国 Delaware 大学发明了一套动态界面加载装置(Dynamic Inter-phase Loading Apparatus,DILA)，用于研究纤维/基体界面性能以及纤维轴向压缩性能，该装置增加了大于纤维直径的平头压头，用于对纤维施加均匀的轴向载荷。弹力环形弯曲测试方法首先应用于测试玻璃纤维的拉伸强度。由于测试中弯曲度的性质,这种分析也可以用于测试纤维的抗压缩强度。此测试基于环形的几何形状,对于有弹性变形的纤维,主轴(竖直方向)与副轴(水平方向)的比值保持在 1.34,而不用考虑可能存在于纤维拉伸与压缩区域的任何模量的各向异性。

弹性环形测试的方法如图 5-23 所示。选取初始状态基本一致的纤维,纤维的长度为 80mm,将 PIPD 纤维折成环形置于载物片上,然后用塑料巴氏吸管吸取少量的低黏度油滴在其上,最后盖上另一块载物片,保证纤维的两端露在外面。实验过程中在水平方向上尽量保持缓慢匀速对纤维两端进行拉拽,可以看到环形逐渐变小,当纤维开始出现竹节褶皱时停止拉拽,并在显微镜下记录弯折时纤维圆环的水平方向直径。在纤维进入塑性变形区时,竖直轴与水平轴的比例在快速增加。当超过纤维所能承受的压缩强度时,最小曲率半径就会出现在环形的底部。

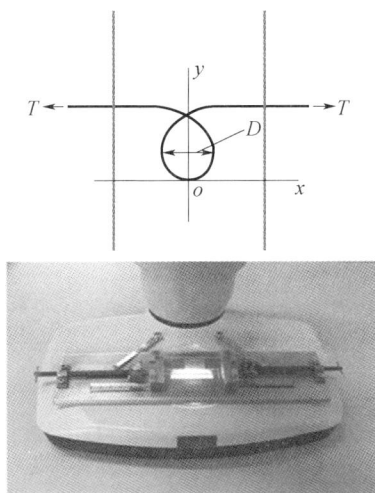

图 5-23 弹性环形测试方法及装置

表 5-8 显示的是几种高性能纤维的轴向拉伸模量和压缩模量,纤维压缩强度 σ_c 的计算公式如下式。由表中的数据可假设 PIPD 纤维的拉伸模量与压缩模量在纤维的弹性区域内是相等的。

$$\sigma_c = \frac{E_t \cdot r}{0.4692 D} \qquad (5-6)$$

式中　r——PIPD 纤维的半径(m);

　　　E_t——PIPD 纤维的拉伸模量(GPa);

　　　D——纤维进入塑性变形区时纤维圆环的水平方向直径(m)。

表5-8   几种高性能有机纤维的轴向拉伸模量和压缩模量

纤维	E_t/GPa	E_c/GPa	E_c/E_t
M5 HT	134 ± 18	125 ± 7	0.93
M5 AS	75 ± 10	68 ± 5	0.91
Armos	134 ± 18	100 ± 7	0.75
Kevlar KM2	75 ± 10	46 ± 3	0.61
Kevlar	124 ± 6	75 ± 6	0.60
PBO	227 ± 10	73 ± 4	0.32
注:每种条件下的 PIPD 纤维测量 15 次后取平均值			

图5-24为弹性环测试后的 PBO 纤维与 M5 纤维表面形貌,可以看出,PBO
纤维表面的褶皱尺寸更大,更明显,这表明 PBO 纤维的抗压缩强度比 M5 纤维的
要低,这主要得益于 M5 纤维内部存在大量的氢键,这些氢键形成了强大的氢键
网络结构,进而增强了 M5 纤维内部微纤之间的抱合力,体现为纤维抗压缩强度
的增强。

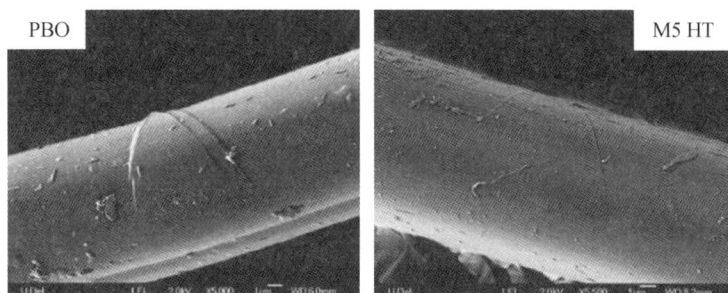

图 5-24   弹性环测试后的 PBO 纤维与 M5 纤维表面形貌

5.3.3   界面性能及测试方法

5.3.3.1   浸润性测试

纤维与树脂基体之间的界面结合力的大小,主要由树脂基体能否在纤
维表面形成良好的浸润来决定。接触角测试分为动态接触角和静态接触
角,本次实验采用静态接触角来表征纤维的浸润性能。先将环氧树脂滴在
纤维的表面,使树脂在纤维表面上形成树脂球后,放入电热恒温鼓风干燥箱
用80℃加热1h,取出置于室温下冷却,最后出通过光学显微镜和显示器测
量出树脂球的长 L 和高 a,如图5-25所示,用下式计算出环氧树脂与 PBO
纤维的接触角 θ。

$$\theta = \arctan \frac{2al}{L^2 - a^2} \tag{5-7}$$

式中　θ——树脂球与纤维的接触角(°);

　　　a——树脂球的高度(m);

　　　L——树脂球包覆纤维的长度(m)。

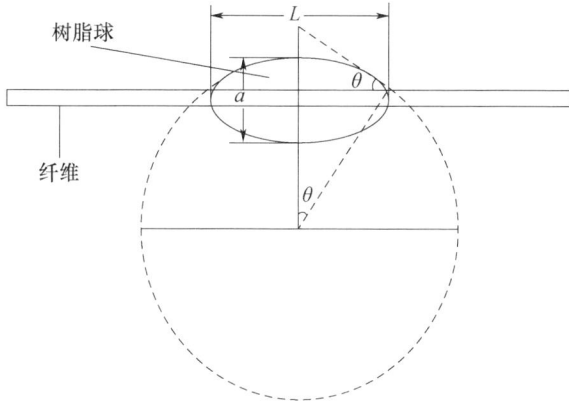

图 5 - 25　接触角的测量示意图

　　分析结果:接触角 θ 等于 0°时,表示固体与液体完全浸润;接触角 θ 小于 90°时,可以部分浸润;接触角 θ 等于 90°,是能否浸润的分界点;接触角 θ 大于 90°,表示不可浸润;接触角 θ 等于 180°,表示完全不浸润。可以看出分析接触角越小,浸润效果越好。

5.3.3.2　微脱粘法

　　采用 Microbond 单丝拔出测试仪对 PBO/环氧树脂微复合材料进行界面剪切强度的测试,图 5 - 26 为单丝拔出原理示意图。将环氧树脂和固化剂按照 100:33 的比例混合均匀,然后用金属针尖粘上树脂,滴在 PBO 纤维单丝上,使树脂覆盖住纤维的长度在 80μm 左右,然后用电热恒温鼓风干燥烘箱来让被测样品固化,经过分段固化后用 Microbond 单丝拔出测试仪测试 PBO 纤维与环氧树脂的单丝拔出强度:将被测样品装入卡座中,设好仪器参数,通过显示器来找树脂球的位置,将卡具刀置于树脂球的一侧如图 5 - 26 所示,启动仪器,记录下试样在拔出纤维球的过程中最大的剪切力,即拔脱力 F_p。

　　通过下式可以算出 PBO 纤维与环氧树脂的界面剪切强度 IFSS。

$$\text{IFSS} = \frac{F_p}{\pi dl} \tag{5-8}$$

式中　F_p——拔脱力(N);

　　　d——纤维直径(m);

　　　L——树脂球覆盖住纤维的长度(m)。

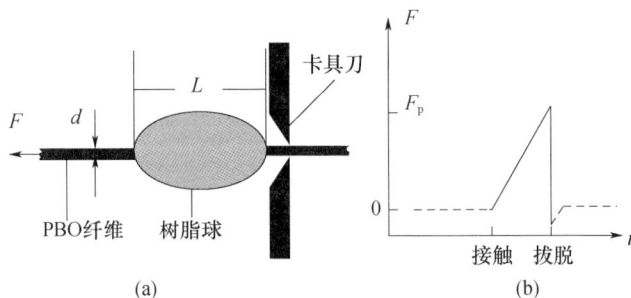

图 5 – 26　单丝拔出原理示意图

（a）单丝拔出；（b）拔脱力与时间的关系。

参 考 文 献

［1］黄友河,詹怀宇,周雪松.PBO 纤维原纤化方法的研究［J］.合成纤维工业,2005（05）:17 – 19.

［2］时代.热处理对 PBO 纤维的结构和性能的影响［D］.哈尔滨:哈尔滨理工大学,2013.

［3］江晓玲.PBO 纤维水洗及热处理工艺研究［D］.上海:东华大学,2015.

［4］黄玉东.PBO 超级纤维研究进展及其表面处理［J］.高科技纤维与应用,2001（01）:11 – 16.

［5］Kitagawa T,Yabuki K,Young R J. An investigation into the relationship between processing,structure and properties for high – modulus PBO fibres. Part 1. Raman band shifts and broadening in tension and compression［J］.Polymer,2001,42（5）:2101 – 2112.

［6］村濑浩贵,山田.PBO 纤维的结构和性能［J］.合成纤维,2011（11）:43 – 46.

［7］Riekel C,Dieing,T Martin,C,et al. X – ray microdiffraction study of chain orientation in poly（p – phenylene terephthalamide）［J］.Macromolecules,1999,32（23）:7859 – 7865.

［8］Tashiro K,Nishimura H,Kobayashi M. First success in direct analysis of microscopic deformation mechanism of polydiacetylene single crystal by the X – ray imaging – plate system［J］.Macromolecules,1996,29（25）:8188 – 8196.

［9］Hunsaker M E,Price G E,Bai S J. Processing,structure and mechanics of fibres of heteroaromatic oxazole polymers［J］.Polymer,1992,33（10）:2128 – 2135.

［10］Takahashi Y. Neutron Structure Analysis and Structural Disorder of Poly（p – phenylene benzobisoxazole）［J］.Macromolecules,1999,32（12）:4010 – 4014.

［11］李霞,黄玉东,矫灵艳.PBO 纤维的合成及其微观结构［J］.高分子通报,2004（04）:102 – 107.

［12］Aleksandr W E,Chao C C,Ferraz T L. Improved method after textile finishing for PBO fiber:CN,CN1087138A［P］.1999.

［13］Cohen Y,Gartstein E,Arndt K,et al. The effect of heat treatment on the microfibrillar network of poly（p – phenylene benzobisthiazole）［J］.Polymer Engineering & Science,1996,36（10）:1355 – 1359.

［14］北河亨,石飞三千夫.高模量 PBO 纤维及其制法:JP,JP11 – 335926［P］.1997.

［15］承建军,张敏,刘子涛,等.热处理对 PBO 纤维分子链结构和性能的影响［J］.固体火箭技术,2007（04）:353 – 357.

［16］巩桂芬,时代,赵蕾,等.PBO 纤维的热处理对其性能和表面形貌的影响［J］.科技创新与应用,2013（1）:25 – 26.

第6章

PBO 纤维的老化与防护

  PBO 纤维最初由美国空军材料实验室研制开发,因其耐高温性能比 Kevlar 纤维优越而用于防护材料。1999 年,紫隆(PBO 纤维商品名)防弹背心在美国销售。2003 年,美国一名身穿紫隆防弹背心的警察中弹身亡,还有一名警察受重伤。调查发现,该紫隆纤维制成的防弹背心使用不到 5 年,性能出现了较大幅度下降,直接导致了此悲剧的发生。2003 年 9 月,美国"二次机会防弹衣公司"向客户通报紫隆防弹背心在遇热、光线照射和潮湿环境下的性能下降速度比原先预想要快许多的警告。出于对材料可靠性的考虑,PBO 纤维的老化问题引起了人们的关注,从而国内外开展了对 PBO 纤维抗老化性能的研究。

6.1 PBO 纤维的紫外老化

  老化是指高聚物长时间暴露在各种自然环境下,聚合物分子链受到光、热、水分、氧气、微生物等因素的影响发生的一系列复杂的有害变化。不同高聚物的老化表征不同,如纤维会发生颜色改变、变形开裂、变脆、变硬等不同物理行为改变[1]。高分子材料的环境老化机理与金属腐蚀存在本质差别。高分子材料由于导电性能差及溶解性能差,不适用金属腐蚀时发生的电化学腐蚀原理。另一方面,高分子材料的老化不仅是介质向内部扩散的结果,同时可能发生材料内部组分萃取出来,这与金属腐蚀过程只发生在表面大不相同。环境因素引起材料老化主要包括化学因素,物理因素及生物因素。其中物理因素中的光对材料的影响不容忽视。在太阳光组成成分中,占绝大部分的是可见光组分及红外光组分,其波长范围分别是 400 ~ 800nm 和 800 ~ 3000nm。处在波长范围为 290 ~ 400nm 内的紫外光虽然仅占整个太阳光谱的 6%,但是紫外线由于处在短波区内,能量高,老化破坏力大,对材料的老化贡献力量达 90% 以上,因此是聚合物老化过程中不可忽视的重要因素[2]。

6.1.1 PBO 纤维老化机理

国内外对 PBO 纤维的光老化行为已有报道,但目前尚没有统一的认识。经典的聚合物光降解机理是以氢过氧化物为活性中间体的自由基光降解机理。在这种机理下,聚合物分子在吸收光辐射后被激发,分裂为两个自由基,继而在氧的作用下生成过氧化物和新的自由基,连锁反应使得分子链发生断裂和次级氧化反应[3],见图 6-1。

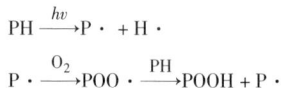

$$PH \xrightarrow{hv} P\cdot + H\cdot$$

$$P\cdot \xrightarrow{O_2} POO\cdot \xrightarrow{PH} POOH + P\cdot$$

图 6-1 一般聚合物光降解的自由基机理

PH—聚合物;P·—聚合物自由基。

经典的聚合物光降解机理很好地解释了自由基型光稳定剂在传统聚合物抗光老化上的作用。但 PBO 分子中不存在弱键,而且分子链中含有吸收紫外线后能量转换并发射荧光的基团,在光照射下并不会直接发生化学键断裂和自由基的产生过程。相关研究结果表明,单纯加入自由基型光稳定剂或者阻胺型光稳定剂对提高 PBO 纤维光稳定性收效甚微。因此传统的自由基机理并不适用于 PBO 的光降解行为。

研究表明 PBO 纤维紫外光老化过程包括物理老化和化学老化两个阶段[4]。第一个阶段是物理老化阶段,PBO 分子量基本稳定不降低,未发现有新的化学结构出现。由于 PBO 纤维的微纤化结构,在紫外线作用下水分子向纤维内部渗透,使 PBO 微晶之间出现滑移,纤维表层出现缺陷并逐步扩展,使得纤维强度缓慢下降,在纤维表面出现细长条纹。第二个阶段是化学老化阶段,在紫外线照射下出现了大分子断链,PBO 的分子量急剧下降,红外图谱显示有新的化学结构产生,纤维表层出现剥离和脱落,晶体结构破坏,纤维强度快速降低。进一步研究发现,在氮气气氛下,PBO 纤维对光照是稳定的,只有在氧气存在下才会发生明显的力学性能下降。将 PBO 纤维溶解制成稀溶液后,其耐紫外线老化降解性比较稳定,在紫外线照射下其结构几乎不发生变化。

目前对于 PBO 纤维的光老化机理尚没有统一认识,主要存在以下两种推测:

1. 噁唑环开环

Peter J. Walsh 等认为在紫外线照射下 PBO 纤维力学性能的下降主要是因为发生了噁唑环的开环,而不是分子链的断裂[5]。他们对 PBO 纤维进行了紫外-可见光辐照老化研究,结果发现,经 $750W/m^2$ 的紫外-可见光辐照 150h 和 270h 后,纤维表面有序度丧失,纤维表面出现剥离和脱落。ATR-FTIR 测试结果显示,在 3200cm^{-1} 和 1685cm^{-1} 处分别发现了一个吸收峰,对应于次级 N—H 键和氨基连接基的 C =O 键的拉伸振动,并由此推断在光照的过程中主要发生了噁唑环的开环导致力学性能下降,而不是分子链的断裂。PBO 纤维的紫外老化过程首先是噁唑环上的 C—O 键发生断裂,从而引发 PBO 大分子链发生开环反应,继而是 C =O 和 NH 基团的产生,纤维进一步老化则可能会生成单体 4,6 - 二氨基间苯二酚和对苯二甲酸。可能存在的紫外线老化降解机理如图 6 -2所示。

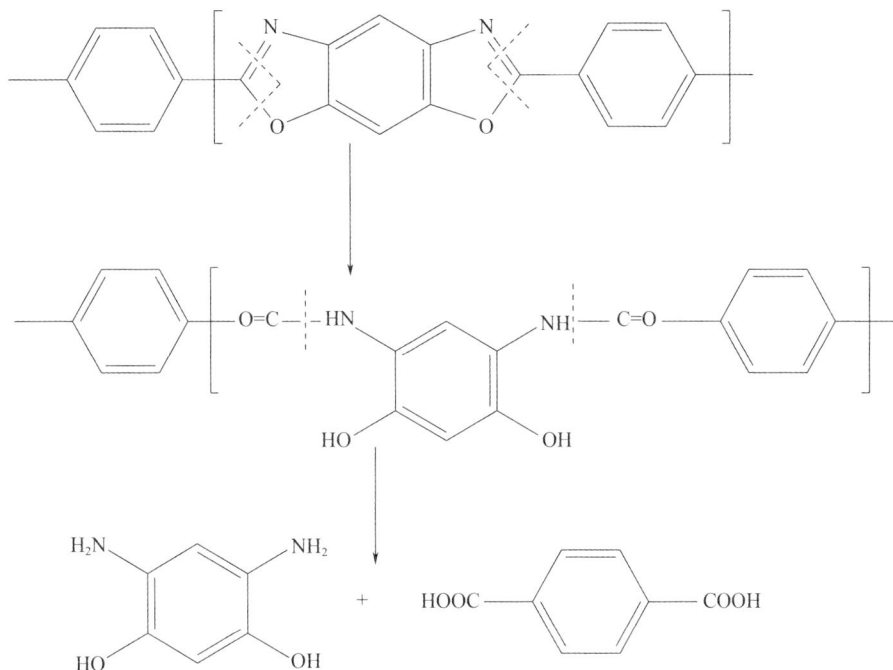

图 6 - 2　PBO 纤维可能的紫外线降解过程示意图

2. 光致电子转移

进一步研究发现,在氮气氛下,PBO 纤维对光照是稳定的,只有在氧气存在下才会发生明显的力学性能下降。Y. H. So[6] 等提出聚对苯撑苯并唑类聚合物的自催化光致电子转移光老化机理。其基本过程是:PBO 分子吸收光子被激发,与另一聚合物分子通过电子转移作用,形成阳离子基阴离子基对,在无氧情况下,离子对发生逆电子转移而使聚合物不被破坏;当有氧气存在时,离子对与氧分子发生电子转移,生成过氧化物,这个过氧化物极不稳定,分解为一个聚合物阳离子基和一个氧负离子基,聚合物阳离子基进一步分解为一个芳环自由基和一个碳正离子,芳环自由基从别的分子上捕获一个氢原子,形成新的分子。在 PBO 稀溶液中,分子间距大,无法形成类似三明治结构的激基缔合物和易分解的聚合物阳离子基,而激发态分子的能量则通过辐射光子的形式散发出去,使聚合物稳定。在固态情况下,PBO 分子间距离约为 0.35nm,而且分子共平面平行排列,完全满足激基缔合物的形成条件,光降解反应得以发生。光致电子转移机理很好地解释了 PBO 固态时在氧和光照共同作用下会发生化学降解而在稀溶液状态下却很稳定的实验事实。可能存在的紫外老化降解机理如图 6-3 所示。

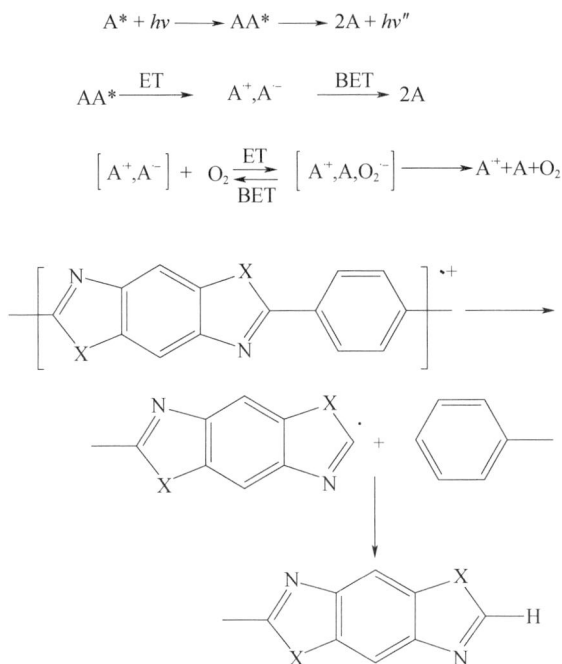

$$A^* + h\nu \longrightarrow AA^* \longrightarrow 2A + h\nu''$$

$$AA^* \xrightarrow{\text{ET}} A^+, A^- \xrightarrow{\text{BET}} 2A$$

$$[A^+, A^-] + O_2 \underset{\text{BET}}{\overset{\text{ET}}{\rightleftharpoons}} [A^+, A, O_2^{\cdot-}] \longrightarrow A^{\cdot+} + A + O_2$$

图 6-3 聚苯并唑类化合物的自催化光致电子转移机理

6.1.2 光老化防护

紫外线照射到纤维上,一部分被吸收,一部分被反射。抗紫外线老化防护原理就是采用抗紫外线老化剂对纤维进行改性处理,从而达到吸收或反射紫外线的目的。从发生光老化的原因来看,主要原因在 PBO 结构本身,所以改善 PBO 的结构以提高其抗老化的能力十分重要;还可在合成加工过程中添加抗紫外线老化剂;此外,还可以用物理防护的方法,如涂漆、镀金属、浸涂防老剂溶液等。

6.1.2.1 改善纤维结构

经研究发现,PBO 纤维为皮芯结构,而且在聚合过程中噁唑环难以完全闭环,PBO 分子结构中存在一定比例的缺陷。PBO 纤维的纺丝过程中使用多聚磷酸(PPA)作为溶剂,虽经多级洗涤,仍有少量磷酸残留在纤维中。磷酸可导致 PBO 分子的质子化,加速 PBO 分子的光化学降解,使纤维强度降低。因此,需要对 PBO 纤维进行洗涤脱酸、高温热处理等后处理，尽量减少残余磷酸含量，完善 PBO 结构，以增强其抗紫外老化能力。

高温热处理可以令 PBO 纤维分子链中少量未关环反应趋向完全，使 PBO 分子的共轭链长增加，弱键消失，提高分子链间排列的有序性，使链与链之间堆砌的更加紧密。同时，高温热处理还可使 PBO 纤维表面致密化，减少纤维表面对紫外光的吸收，有利于提高 PBO 纤维的紫外光稳定性。高温热处理还能够有效除去 PBO 纤维中残余的磷酸，降低磷含量。残余磷酸的脱除有助于消除 PBO 分子的内应力，减少纤维在凝固过程中产生的孔隙，提高分子规整性，改善纤维力学性能，同时对 PBO 纤维的光稳定性也有较大影响。

此外，提高 PBO 的分子量，纤维的抗紫外老化性越好。PBO 分子为全芳杂环结构，缺少极性基团，纤维中 PBO 分子链间主要靠范德瓦尔斯力相互作用，而且 PBO 是刚性棒状分子，沿纤维轴向方向高度取向。PBO 分子量越大，相邻 2 个刚性棒状链之间的重叠区域和相互作用区域越大，作用力也就越大，结构越不容易被破坏。而且分子量越大，端基数就越少，越有利于 PBO 纤维的结构稳定。但需注意，分子量不能过高，否则会影响其后续的可加工性能。

6.1.2.2　添加抗紫外线老化剂

提高材料抗线老化性能的传统方法是添加有机紫外线吸收剂或紫外线屏蔽剂。有机紫外线吸收剂对聚合物的防护作用是通过优先吸收机理来实现的。传统的紫外线屏蔽剂为炭黑，虽然炭黑是效能最高的光屏蔽剂，但不适用于非黑色制品。而某些无机纳米材料如纳米 TiO_2、纳米 ZnO 等对紫外线具有强吸收作用，通常也作为紫外线吸收或屏蔽剂与 PBO 纤维复合来改善 PBO 纤维的抗紫外线老化性能。常见的 PBO 纤维的抗紫外线老化改性方法有表面涂覆法、原位聚合法和溶液共混法等。

（1）表面涂覆法。表面涂覆法就是在 PBO 纤维表面涂覆一层抗紫外线老化薄膜，阻止紫外线直接照射 PBO 纤维基体，延缓 PBO 纤维的紫外线老化。通常采用溶胶凝胶技术制备 SiO_2、TiO_2、ZnO 纳米粒子溶胶，微小的纳米粒子具有极大的比表面积和较高的比表面能，受热时小粒子发生紧缩和缔合，使纳米粒子形成三维网状结构。用其处理 PBO 纤维，可以在纤维表面形成一层氧化物薄膜。

采用溶胶凝胶法对 PBO 纤维进行纳米粒子涂覆后，其抗紫外线光稳定性有一定改善，但效果并不明显。分析原因主要是纳米粒子虽然在纤维表面形成了一层涂层，但存在大量裂纹。研究发现，即使提高纳米粒子的浓度和延长浸泡时间，也无法达到全覆盖。而覆盖程度、涂层厚度等因素都会对 PBO 纤维光稳定性的改善效果产生影响。采用溶胶凝胶法形成的氧化物薄膜是以物理吸附形式附着在 PBO 纤维表面，由于纤维表面较光滑，缺少极性基团，纳米粒子要吸附在纤维表面并达到对纤维表层的全覆盖是十分困难的。要想采用溶胶凝胶表面涂覆大幅改善 PBO 纤维的光稳定性有一定难度。因此,有人通过在纤维表面形成配位络合物的形式,以配位键将抗紫外线老化剂与 PBO 纤维基材相结合,有效地改善了物理吸附无法全覆盖的问题,从而提高了 PBO 纤维的抗紫外线稳定性。

(2)原位聚合法。原位聚合法是在聚合过程中添加单一或复合抗紫外剂的方法以制备抗紫外线 PBO 聚合物,再通过干喷 – 湿纺成型工艺制得抗紫外线 PBO 纤维。这种纤维具有良好的抗紫外线性能,能有效地吸收波长为 280 ~ 340nm 的紫外线。抗紫外线老化剂和 PBO 纤维通过化学键结合,增强了 PBO 纤维基体和抗紫外线老化剂之间的相容性,延长了纤维的抗紫外线老化寿命。

但是,加入第三单体会影响 PBO 聚合物的聚合度,对纤维的力学性能和热学性能产生一定的影响。因此,使用该方法对添加的抗紫外线老化剂的种类和质量有较严格的要求,在增强纤维光稳定性的同时最大限度地保持其力学性能和耐高温性能。

(3)溶液共混法。溶液共混法是将抗紫外线老化剂与 PBO 聚合物溶液共混,再纺制成纤维,提高 PBO 纤维的抗紫外光稳定性。该方法操作简单,不破坏 PBO 本身的结构,其力学性能和热稳定性得以保持。谢众[7]等以甲基磺酸作为溶剂,在超声波作用下采用溶液共混法制备 TiO_2/PBO 纳米复合材料。由于纳米 TiO_2 优异的紫外屏蔽性能,减缓了 PBO 的光老化,复合材料的抗老化性能得到了极大的提高。

6.2 PBO 纤维的原子氧老化

距地球表面 200 ~ 700km 的低地球轨道(Low Earth Orbit,LEO)作为对地观测空间站、载人飞船以及科学实验卫星的主要运行轨道,是人类对太空进行开发利用的重要场所。低地球轨道高层大气主要由 80% 的原子氧和 20% 的氮气组成,原子氧作为最普遍存在的中性气体粒子,是由波长小于 243nm 太阳紫外线辐照氧分子发生光致解离产生的。由于低地球轨道空间的气压很低,大气十分稀薄,两个游离态的氧原子再碰撞复合形成一个氧分子的概率极小,因而低地球轨道环境中原子氧的含量非常高。原子氧的形成机理如下式:

$$O_2 + hv = O^{\cdot} + O^{\cdot} (99\%) \tag{6-1}$$

$$O_2 + hv = O^+ + O^- (\ll 1\%) \tag{6-2}$$

6.2.1 老化机理

具有强氧化性的原子氧与结构材料发生碰撞后能够引发很多复杂的物理和

化学反应,并通过氧化剥蚀作用导致材料的形貌变化、质量损失以及性能退化,严重影响航天器的可靠性和使用寿命。原子氧与材料表面发生的作用包括物理溅射和化学反应,作用机制比较复杂。原子氧可以从高分子材料的分子结构中萃取一个碳原子或氢原子,可以与分子结构中的一个原子进行置换反应,还可以化合进入分子结构中,并嵌入两个相邻的原子之间。总之,原子氧通过以上的各种反应形式,实现其对空间材料的侵蚀。

6.2.2　老化防护

　　航天器在低地球轨道中运行时,其表面会直接暴露在原子氧环境中。由于航天材料大多为原子氧敏感材料,物理、化学性能极易因原子氧的侵蚀而下降,进而导致航天器寿命缩短或实验任务失败,所以对航天材料进行有效保护就变得十分重要。目前,原子氧敏感材料的防护方法主要分为基底强化法和表面强化法两大类。

6.2.2.1　基底强化法

　　通过共混掺杂、共聚等方式将抗原子氧的官能团或填充物引入到聚合物基体中,对材料进行基体强化,从而制备出抗原子氧侵蚀的新型本征材料[8,9]。基体强化法具有以下优点:① 能够有效避免防护涂层的表面缺陷;② 材料被破坏时能够在表面原位生成钝化层,具有自修复(或自愈)特性;③ 能够广泛适用于薄膜、纤维以及树脂等多种材料的改性。尽管基底强化法拥有众多的自身优势,能提高航天器材料的抗原子氧侵蚀性能,但由于受到工艺和设备等因素的限制,以及研制本身抗原子氧又兼具良好的力学、光学或电学性能的新型材料难度较大,这些因素均限制了基底强化法的推广。目前,含硅、磷及氟元素抗原子氧材料的研究最为广泛。

　　(1)抗原子氧含硅材料制备抗原子氧含硅材料通常是将硅氧烷、聚硅氧烷等有机硅结构引入到聚合物主链中,也可将无机二氧化硅粒子添加到聚合物基体中,用以改善聚合物材料的抗原子氧侵蚀性能。

　　(2)抗原子氧含磷材料含磷聚合物在与原子氧相互接触时,分子主链结构中的含磷基团会发生氧化反应,在聚合物表面生成致密的聚磷酸酯惰性保护层,防止下层聚合物受到进一步的侵蚀。

　　(3)抗原子氧含氟材料由于 C—F 键能较高,含氟有机聚合物能够很好地抵御原子氧的侵蚀。其中,氟化乙烯丙烯聚合物(Teflon FEP)是典型的抗原子氧材料。

6.2.2.2　表面强化法

　　在航天器表面制备各种防护涂层是抵御原子氧侵蚀的常用方法,统称为表面强化法。基于原子氧氧化能力强但穿透力弱的特点,采用表面强化法能够显著减少到达基底材料的原子氧数量,同时能够大幅减缓到达基体材料的原子氧速度。表面强化法的制备工艺相对简单且成本低廉,在具有良好原子氧防护效果的同时,又能保持基底材料的原有性能,因而引起国内外研究者的广泛关注。原子氧防护涂层一般应满足以下要求[10]:① 与原子氧之间的反应系数低,在空间辐照的协同作用下保持良好的化学稳定性;② 质地轻薄且不存在气孔、微裂纹等缺陷;③ 在弯曲或摩擦作用下保持原有的形貌和特性,与基底材料之间具有牢固的结合力;④ 挥发性低、不易被污染且满足真空排气要求。目前用于原子氧防护的涂层主要分为金属涂层、有机涂层、无机涂层以及有机－无机杂化涂层等四种。

(1)金属涂层。采用离子注入、激光融覆等技术在原子氧敏感材料上包覆一层与原子氧反应系数较低的金属层,是常用的原子氧防护技术之一。相关研究显示,厚度约 5nm 的惰性金属层即可达到理想的保护效果。金、铝、铬以及镍等是通常使用的金属防护涂层材料。

金属涂层的 AO 剥蚀率极低,涂层不仅具有极好的抗 AO 侵蚀能力,还具有耐各种辐射环境作用的能力。但由于涂层制备困难,成本高,工艺复杂并且难以适用于大规模的实际生产,涂层的制备工艺还有待改善。

(2)有机涂层。有机涂层具有良好的耐氧化、耐冷热交变以及耐真空辐照等特性,有机涂层与基体结合牢固,柔韧性好,附着力强,因而被广泛应用于航天材料的防护。在众多种类的有机涂层材料中,有机硅聚合物的抗原子氧侵蚀性能最为理想。

有机涂层具有良好的抵抗裂纹形成能力,但剥蚀率比无机涂层低 1 到 2 个数量级,而且对 VUV 比较敏感,这些缺点还有待改善。

(3)无机涂层。无机涂层不仅具有优异的耐氧化性和空间稳定性,而且制作工艺简单、成本较低,因此,在聚合物材料的原子氧防护领域引起了广泛关注。氧化硅、氧化铝、氧化钛以及氧化锌等是通常采用的无机防护涂层材料。

虽然无机防护涂层在早期研究中取得了较好的成果,但它的应用也会受到限制。由于其柔韧性较差,与基底材料之间的结合不够牢固,在制备和应用过程中表面会产生微裂纹,出现开裂现象,为原子氧进入基底材料提供了"潜蚀"通道,极大地影响了无机涂层的抗原子氧侵蚀性能。

(4)有机－无机杂化涂层。无机涂层脆性大、易开裂,与聚合物基底材料结合不够牢固,不适宜在柔性基底表面应用。采用有机－无机杂化技术可以实现有机聚合物与无机材料在分子尺度上的复合,增强两者之间的界面相互作用,提高涂层的失效应变因子,从而有效改善涂层的柔韧性。

6.3　PBO 纤维的湿热老化

研究发现,PBO 纤维为皮芯结构,直径一般在 $10 \sim 20 \mu m$。表层为厚度约 $0.2 \mu m$ 的不含微孔的致密层,芯部由微纤和直径约 $2 \sim 3 nm$ 的不连续的毛细管构成。

6.3.1　老化机理

Peter J. Walsh 等[11]把 PBO 纤维置于 50℃、湿度为 90 % 的暗室中 $1 \sim 270 d$,并对其力学性质做了跟踪测试。结果表明,随着放置时间的延长,PBO 纤维的韧性、拉伸强度均较大幅度下降,但模量保持不变,浸泡在水中的纤维力学性能要比在潮湿环境中降低得快。纤维力学性能的降低可能是纤维微纤化的结果,由于 PBO 分子间没有很强的作用力,容易微纤化。在湿热老化条件下,因为水的溶胀作用,加速了 PBO 纤维内部微纤化的发展。PBO 纤维内有非晶区域、孔洞、纺丝过程中残余的磷酸以及热处理过程中因部分氧化形成的极性基团,在一定条件下水分子扩散进入纤维内部,使 PBO 微晶之间滑移、分离,形成微纤。

在 PBO 研究初期,就有 PBO 强酸溶解再用水沉淀后特性黏数降低的报道。Y. H. So 等[12]对此进行了深入的研究。把 PBO 纤维溶解于 MSA 或 PPA 中再用水沉淀之后,特性黏数的确发生了降低,此过程重复 6 次,特性黏数由最初的 $22 dL/g$ 下降到 $4.5 dL/g$。这进一步表明,PBO 纤维在酸性条件下不仅发生了物理降解,也伴有化学降解,而在水中主要发生物理溶胀。

6.3.2　老化防护

鉴于 PBO 纤维在湿热条件下发生老化降解,在 PBO 原丝的运输和储藏时,对原丝进行适当的洗涤和干燥以除去纤维中残留的酸,通过必要的干燥措施以弱化纤维老化因素的刺激,就可使纤维免受伤害。此外,使用纤维时,在纤维表面进行塑料薄膜包覆或者其他方法以隔绝水,也是避免纤维性能下降的有效措施。

6.4　PBO 纤维的热氧老化

6.4.1　老化机理

Y. H. So 等[13]研究了 PBO 的模型化合物和用 ^{13}C 标记的 PBO 聚合物的热降解行为,认为 PBO 高温降解时主要发生了苯环与噁唑环之间单键的均裂和芳杂环的分解。聚合物分解的产物主要是 CO_2、苯二甲氰、氰苯以及少量的苯,并提出了 PBO 热降解的机理,见图 6-4。

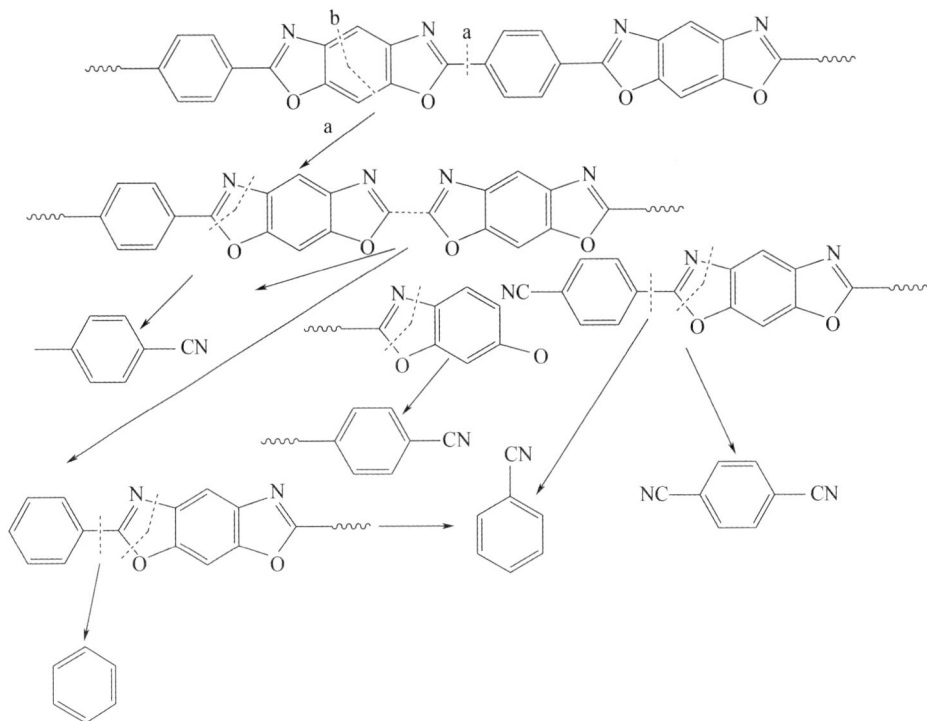

图 6-4　PBO 热降解机理图

张敏[14]等还详细研究了氧在 PBO 纤维高温热降解过程中的作用。发现在相同的失重率条件下,PBO 纤维在空气氛围中的热氧化分解活化能要比在氮气氛围下的热分解活化能小得多,这可能是由于热分解产生断键的同时,形成了过氧化物结构,加速了断键的生成,同时过氧化键又可再生产含氧自由基,加速了近邻键的链转移,产生新的分解和自由基转移。热分解过程中,氧气的不断加入会产生更多的含氧小分子挥发物,使失重率大幅增加,最终碳残留物甚至不足10 %。PBO 纤维在氮气氛围和在空气氛围中的分解均属于单阶段过程,在不同热分解阶段均符合无规引发裂解模式。但氧气作为热降解的引发剂,降低了PBO 在空气氛围中降解反应的活化能,使它在空气氛围中比在氮气氛围中容易热降解。

6.4.2　老化防护

既然 PBO 纤维在热氧条件下会老化降解,故而需对原丝进行必要的隔氧处理,减少纤维的老化因素。还可以进行物理防护以隔绝氧气,也是对纤维热氧老化防护的有效措施。

参 考 文 献

［1］ Khun N W,Frankel G S. Effects of Surface Roughness,Texture and Polymer Degradation on Cathodic Delamination of Epoxy Coated Steel Samples[J]. Corrosion Science,2013,67(1):152 – 160.

［2］ VorakiatLO,Turgut,Teale,et al. Ultrafast Demagnetization Measurementsusing Extrem Ultraviolet Light:Comparision of Electronic and Magnetic Contributions[J]. American Physical Society,2012,2(1):1 – 5.

［3］ RABEK J F. Photostabilization of Polymers:Principlesand Applications[J]. Elsevier,Essex,England,Chapter 1,1990.

［4］ 宋波,傅倩,刘小云,等. PBO 纤维的紫外光老化及防老化研究[J]. 固体火箭技术,2011,34 (3):378 – 384.

［5］ Peter J Walsh,Xianbo Hu,Philip Cunniff,et al. Environmental Effects on Poly – p – phenylene Benzobisoxazole Fibers. II. Attempts at Stabilizayion[J]. Journal of Applied Polymer Science,2006,102:3819 – 3829.

［6］ So Y H. Importance of δ – Stacking Photoreactivity of Aryl Benzobisoxazole and Aryl Benzobisthiazole Compounds[J]. Micromolecules,2003,36:4699 – 4708.

［7］ 谢众,庄启昕,毛晓阳. 溶液共混法制备 TiO$_2$/PBO 纳米复合材料[J]. 中国有色金属学报,2011,21 (3):642 – 647.

［8］ Verker R,Grossman E,Eliaz N. Erosion of POSS – polyimide films under hypervelocity impact and atomic oxygen:the role of mechanical properties at elevated temperatures[J]. Acta Materialia,2009,57(4):1112 – 1119.

［9］ Miyazaki E,Tagawa M,Yokota K,et al. Investigation into tolerance of polysiloxane – block – polyimide film against atomic oxygen[J]. Acta Astronautica,2010,66(5 – 6):922 – 928.

［10］ 黄永宪. Kapton 等离子体注入/沉积鞘层动力学及抗原子氧侵蚀效应[D]. 哈尔滨:哈尔滨工业大学,2008.

［11］ Peter J Walsh,Xiaobo Hu. Environmental effects on poly – p – phenylenebenzobisoxazole fibers. I. mechanisms of degradation[J]. Journal of Applied Polymer Science,2006,102:3 517 – 3 525.

［12］ So Y H. A Study of Benzobisoxazole and Benzobisthiazole Compounds and Polymers under Hydrolytic Conditions[J]. Journal of Polymer Science:Part A:Polymer Chemistry,1999,37:2637 – 2643.

［13］ So Y H,Froelicher SW,Kaliszewski B,et al. A Study of Poly(benzo[1,2 – d:5,4 – d']bisoxazole – 2,6 – diyl – 1,4 – phenylene) Reactions at Elevated Temperatures[J]. Macromolecules,1999,32:6565 – 6569.

［14］ 张敏,唐来安,庄启昕,等. 聚亚苯基苯并二噁唑的热分解行为[J]. 华东理工大学学报(自然科学版),2006,32:60 – 64.

第 7 章

PBO 纤维的增强及改性技术

PBO 纤维作为迄今为止综合性能最好的有机纤维,具有高强、高模、耐热性好的优异性能,在各行各业都有着巨大的应用前景。但是 PBO 纤维由于其分子链上没有活性侧基、并且其分子为高度共轭的刚性链分子,这就使其分子链与分子链之间的作用力很弱,导致 PBO 纤维的压缩性能很低,仅为其拉伸强度的 10% ~20% 。同时,PBO 纤维的实际模量(280GPa)和理论模量(460 ~478GPa)差距还很大。PBO 纤维也存在类似于其他高性能纤维的一些缺点,纤维表面光滑、惰性大、与树脂基体粘合性不好。另外 PBO 的化学结构也导致其内部化学键容易吸收紫外线而发生跃迁形成化学键的破坏,从而使聚合物发生断链、降解。上述缺点都阻碍了 PBO 纤维在复合材料领域中的应用。综上,为了使 PBO 纤维在先进复合材料领域得到更为广泛的应用,就必须对其进行必要的改性研究。本章针对以上问题,介绍目前 PBO 纤维的增强及改性技术。

7.1 碳纳米管对 PBO 纤维的增强改性

制备"更强"的纤维一直是全世界科研工作者不懈努力的目标。PBO 是典型的刚棒形聚合物,而 PBO 纤维是现今已知的综合性能最为优异的有机纤维,其拉伸强度可达 5. 8GPa。佐治亚理工大学的 S. Kumar 教授所率领的课题组在碳纳米管/聚合物复合纤维研究方面做了很多工作,特别是在利用单壁碳纳米管(SWNT)来提高刚棒型聚合物纤维的力学性能方面做了较为深入的研究。在这些研究的基础上,S. Kumar 教授于 2008 年在 *Science* 上发表文章,展望了"更强的纤维"的发展方向[1]。由图 7 – 1 可以看出,普通"织物纤维",由于晶区和非晶区交替出现,以及不可避免的杂质粒子的存在,使得其强度只有 0. 5GPa 左右;现今大多数的"高性能纤维",由于孔隙、催化剂粒子、柔性链段以及少数缠结链的存在,其性能大约在 5GPa;"理想纤维"(指碳纳米管纤维)没有这些"缺陷",这种结构的纤维的拉伸强度可以达到 70N/tex(PBO 纤维的拉伸强度是 3.7N/tex),SWNT 的直径为 2nm 左右时,由它制得的纤维的拉伸强度可以达到 70GPa。因此,S. Kumar 教授得出结论,新一代的超强纤维可采用碳纳米管作为增强体。

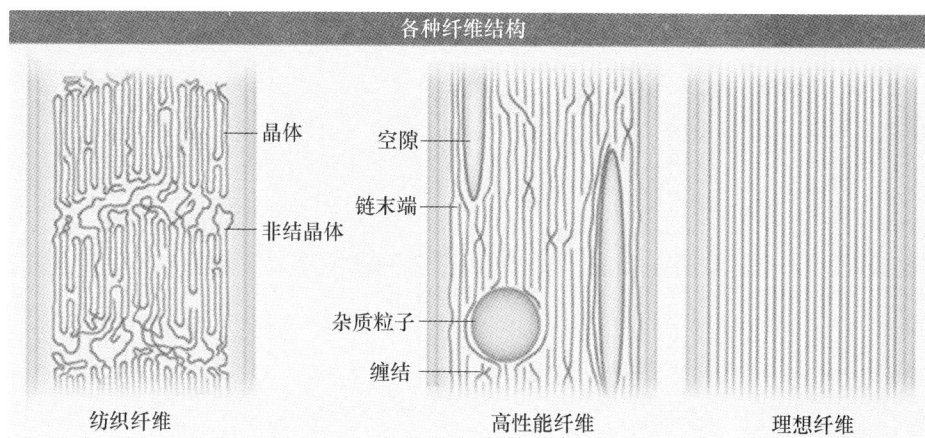

图 7-1　各种纤维的结构(由于结构完善和缺陷减少,
纤维性能从左到右依次提高)[1]

与此同时,由于碳纳米管具有超高的力学性能,目前国际上许多研究工作都集中在得到宏观可见的连续碳纳米管纤维。当前已经发展的碳纳米管纤维的制备方法主要有溶液纺丝法及固相纺丝法。溶液纺丝法借鉴于传统纺丝工艺,以形成碳纳米管的稳定分散液为基础和关键。但这一方法面临着一些关键的挑战,比如碳纳米管纤维的力学性能偏低、如何去除溶剂、如何避免碳纳米管之间的缠结使之高度取向以及优化纺丝工艺、减少缺陷等。碳纳米管纤维的固相纺丝法主要分为阵列抽丝技术和浮动化学气相沉积(CVD)直接纺丝。固相纺丝法同样存在一些亟待解决的关键问题,如碳纳米管的生长要求比较苛刻、制备的碳纳米管纤维的力学性能较单根碳纳米管仍有较大差距等。

当前看来,碳纳米管纤维的研究与应用尚处于非常初期的阶段,但是一个值得关注的领域是发展其他宏观纤维材料与碳纳米管的复合纤维材料。近年来,碳纳米管已与 Kevlar、尼龙 -6、聚酰胺 -12、聚丙烯腈、聚碳酸酯、聚乙烯醇等宏观纤维材料复合,得到复合纤维材料的力学性能均有较大程度的提高。可以预见,PBO 与 SWNT 通过共价键结合,将能制备出力学性能优异的新型纳米复合纤维。PBO 是材料学家从结构与性能关系出发进行分子设计的产物。它是一种全芳杂环聚合物,能够形成溶致型液晶,其拉伸强度可达 5.8GPa,热分解温度高达 650℃,有"纤维之王"之称,是目前综合性能最好的一种有机纤维。截至目前,碳纳米管增强改性 PBO 纤维可采用物理共混及原位共聚等方式实现。在此过程中,作为增强体的碳纳米管如何实现在 PBO 纤维中有效分散及取向,是碳纳米管 PBO 复合纤维结构控制的关键问题。总之,利用碳纳米管增强改性高分子制备高性能有机纤维已迅速发展成该领域的研究热点,这也是今后制备高性能纤维的重要发展趋势。

7.1.1 碳纳米管及其功能化处理

1. 碳纳米管的功能化处理

1991 年,日本 NEC 公司基础研究实验室电子显微镜专家 Sumio Iijima 在高分辨率透射电子显微镜下观察 C_{60} 结构时,发现了直径 4~30nm,长达微米量级,管壁呈石墨结构的多层碳分子 – 多壁碳纳米管(Multi – Walled Carbon Nanotube,MWNT)。准确地说,Iijima 是世界上第一个"在意"碳纳米管的人,在此之前,碳纳米管就曾被人们制造出来,只是由于当时的电镜不足以观察到壁层的结构或是对这种结构没有多加留意。在此基础上,Iijima 和 IBM 公司的 Bethune,分别用 Fe 和 Co 混在石墨电极中,各自独立地合成了单壁碳纳米管(Single – Walled Carbon Nanotube,SWNT),至此,碳纳米管家族得以完善,并引起了全世界的巨大震动和广泛关注,也揭开了近年来关于纳米材料研究的序幕。

碳纳米管(CNTs)为无机材料,在与有机聚合物制备功能复合材料时,二者相容性较差,导致其界面结合力低,分散均一性差,因此对碳纳米管的表面进行修饰是近年来人们研究的一个热点问题。氧化处理后的碳纳米管,不仅纯度和分散性有了很大的提高,而且表面结构也发生了变化,碳纳米管的端帽被打开,曲折点断裂处以及其他不饱和的碳原子被氧化为带有羟基、羰基和羧基等有机极性的官能基团,利用这些官能基团和侧壁、P 键堆垛、豆荚型缺陷等进行功能化修饰,可使其表面接枝多种官能团,引入增容基团,提高碳纳米管的反应性和相容性,从而更好地制备新型功能材料。目前,碳纳米管的表面修饰技术主要分为两类:共价修饰和非共价修饰。

液相氧化法是应用最广、研究最多的 CNTs 的共价修饰方式。液相氧化法一般采用溴水、重铬酸钾、高锰酸钾、硝酸、硝酸/硫酸等氧化剂氧化开口,截成短管,使末端或(和)侧壁的缺陷位点引入羧基、羟基等活性基团,然后再利用活性基团进行二次衍生化,进而引入多种多样的功能基团。如在氧化性强酸作用下,CNTs 的开口顶端和缺陷处含有一定数量的羧基活性基团,羧基在氯化亚砜或者二环己基碳二亚胺(DCC)等缩合剂存在下,在适当的有机溶剂中可以与各种胺或醇进行酰胺化或酯化反应(图 7 – 2)。液相氧化法操作简单且易重复,因此在各种场合均被广泛使用,是 CNTs 共价修饰的通用方法。

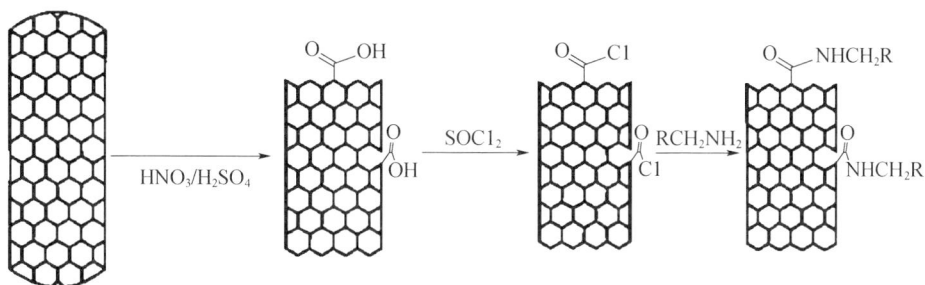

图 7 - 2　碳纳米管的液相氧化及酰胺化反应示意图

除液相氧化法外,经过多年的研究工作,学者们已成功发现多种 CNTs 的侧壁共价化学修饰方法。按照反应类型,可划分为以下类别[2]。如氟化加成反应、氢化加成反应、亲核加成、氮烯[2 + 1]环加、1,3 - 偶极环加成、碳卡宾的环加成或插入反应、芳基重氮盐的自由基加成、自由基加成、Birch 反应等(图 7 - 3)。

虽然利用共价方法对碳纳米管修饰和功能化已取得了很大进展,但这种方法不可避免地破坏了 CNTs 完美的 sp2 结构,降低了 CNTs 的机械强度和电子学性能,无法适应碳纳米管在多种领域的应用。相比之下,非共价修饰有其独特的优点,利用物理吸附和包裹,不会破坏 CNTs 本身的结构,而且可能将 CNTs 组装成有序网络,因而有十分广泛的应用前景。表面活性剂处理、聚合物包覆及 π - π 相互作用是非共价修饰的主要机理。

利用表面性剂修饰来提高碳纳米管的溶解性和分散性是非共价修饰中常用的有效方法之一,碳纳米管能够被表面活性剂,如十二烷基硫酸钠(SDS)、十二烷基苯磺酸钠(SDBS)、Triton - X 100 和 Tween 20 等的水溶性胶束溶液分散溶解[3]。聚合物包裹法利用聚合物(如聚乙烯基吡咯烷酮、聚苯乙炔、聚乙二醇)共轭和芳环基团通过 π - π 堆积和范德瓦尔斯力相互作用包裹碳纳米管[4,5]。被聚合物包裹后的碳纳米管表面性质发生了巨大的改变,其在多种溶剂的分散性、与聚合物的亲和性、反应性等都发生显著改善。由于苯环或杂环等共轭体系能与碳纳米管形成较强的 π - π 相互作用,因此也可利用这一相互作用力将一些小分子物质或大分子吸附至碳纳米管表面。

2. 碳纳米管/聚合物复合材料的制备方法

为了使碳纳米管在聚合物复合材料中作为增强体发挥有效的作用,除了对碳纳米管进行功能化处理,避免碳纳米管在聚合物基体中团聚,提高其在聚合物基体中的分散性,增强碳纳米管和基体界面的相互作用,制备碳纳米管/聚合物复合材料的方法也非常重要。目前,制备碳纳米管/聚合物复合材料的方法主要有溶液共混法、熔融共混法、原位聚合法。虽然方法不同,但是最终的目的都是为了使碳纳米管束在聚合物基体中剥落分离,以单个管均匀分散在聚合物基体中,具有良好的取向性和界面结合性。

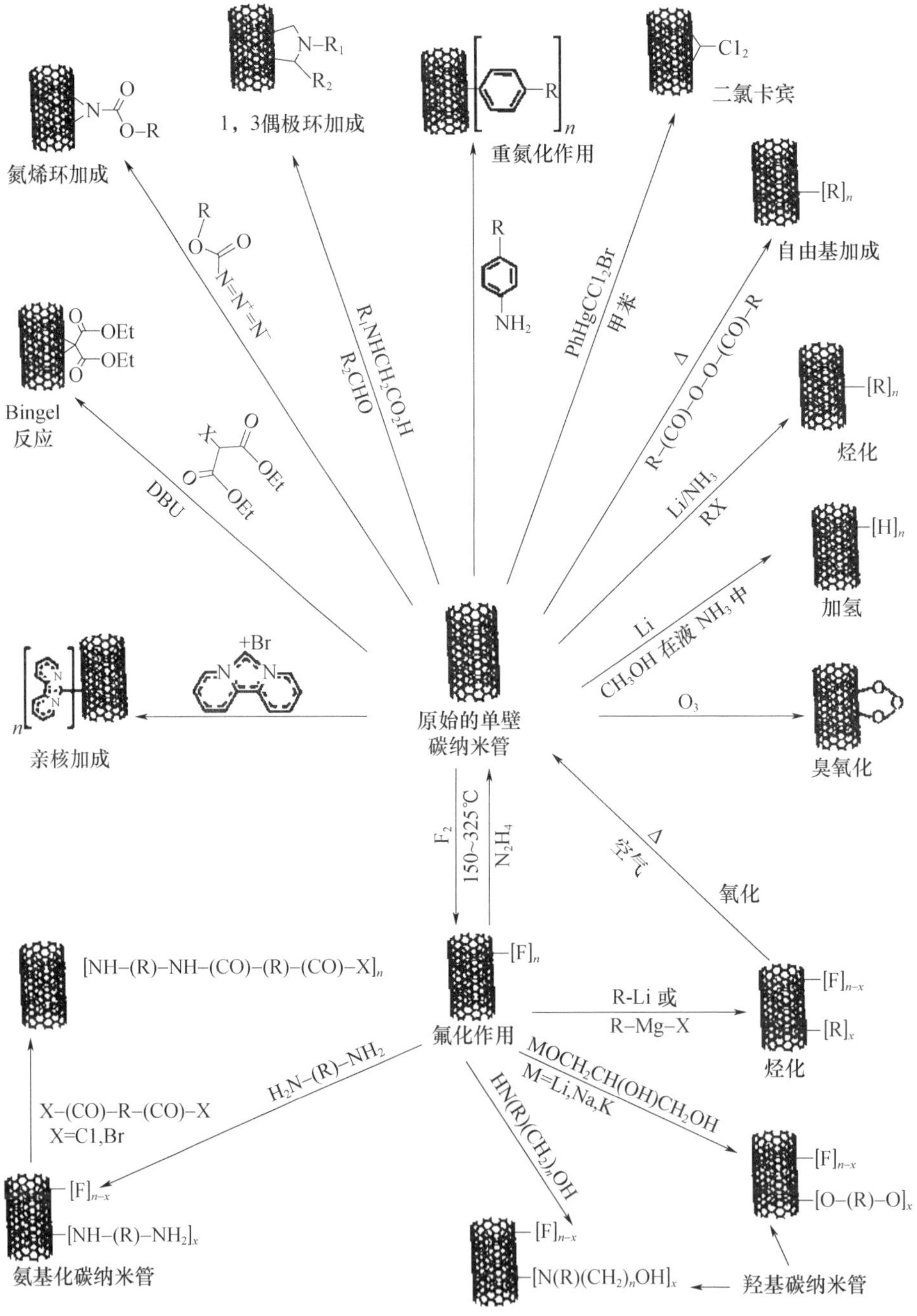

图 7-3 SWNT 侧壁共价修饰反应示意图[2]

溶液共混法是制备碳纳米管/聚合物复合材料最普通的方法,此方法就是将碳纳米管和聚合物混到合适的溶剂中,然后再将溶剂蒸发,形成碳纳米管/聚合物复合薄膜。一般溶液共混方法,首先把碳纳米管通过强力搅拌或超声分散到液体溶剂中。其次,把碳纳米管分散液和聚合物分散液混合。最后,在真空条件下蒸发掉溶剂。由于热塑性聚合物加热到熔点以上会软化,所以熔融法对于合成这类碳纳米管聚合物复合材料具有非常实用的价值。此外,熔融法也适用于那些在普通溶剂中不溶的聚合物,不能使用溶液共混法的聚合物。熔融共混法是指在高剪切力下混合聚合物熔融物和碳纳米管,根据制备的复合材料的形状,可以通过挤出、模压或注射等方法成型。随着碳纳米管的修饰手段逐渐丰富,原位聚合法已经被广阔应用合成功能化复合材料。原位聚合法的主要优点是聚合物嫁接到碳纳米管上,并且碳纳米管还能和其他自由的聚合物链混合。此外,由于单体分子尺寸小,对比溶液共混碳纳米管和聚合物,这种方法制备的复合物均一性更好。此外,这种方法可以制备高含量碳纳米管的聚合物复合材料。

7.1.2　碳纳米管 PBO 纤维的共混复合改性

1. 碳纳米管与 PBO 纤维直接共混

2002 年,S. Kumar 教授课题组在 *Macromolecules* 期刊上首次报道了 PBO/SWNT 复合纤维[6],拉开了碳纳米管增强改性 PBO 纤维的序幕。在此工作中,未经修饰的 SWNT 被直接加入至 PBO 溶液缩聚体系中,在得到聚合物后,经由干喷湿纺工艺最终得到 PBO/SWNT 复合纤维。结果令人惊喜,当 SWNT 加入量为 10%(质量分数)时,PBO/SWNT 共混纤维的拉伸强度较 PBO 纤维提升了50% 以上(图 7 – 4)。结构表征的结果显示,SWNT 的加入并未影响 PBO 纤维的

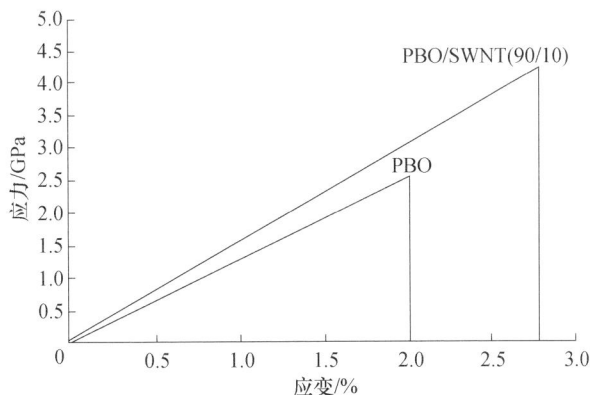

图 7 – 4　PBO/SWNT 复合纤维应力 – 应变曲线[6]

化学结构。此工作证实了 SWNT 增强改性 PBO 纤维的可能性,但也存在一些问题。如未经修饰的碳纳米管容易发生缠结,进而影响其在 PBO 聚合物中的分散性;纯 SWNT 不含功能基团,因此与聚合物亲和性较差;SWNT 的加入量需要较大时才能体现出明显的增强作用等。

2. 羧基化碳纳米管对 PBO 纤维共混改性

科学研究总是逐步深入。为了解决将纯碳纳米管混入 PBO 纤维过程中存在的问题,接下来的研究工作采用液相氧化法首先对碳纳米管进行修饰,进一步将羧基化碳纳米管加入至 PBO 聚合反应体系中,从而得到碳纳米管/PBO 复合纤维。对碳纳米管进行纯化及羧基化主要目的如下:① 得到纯度较高的,具有一定长度和官能化程度的碳纳米管;② 增强反应活性;③ 提高其在聚合物基体中的分散性。基于此,可以预期,羧基化碳纳米管在 PBO 纤维中具有更好的分散性,也有利于形成更加有序的取向结构。羧基化碳纳米管含有多个羧基功能团,因此从理论上也可发生酰胺化或酯化反应,在 PBO 溶液缩聚反应体系中也有可能发生相应反应,得到碳纳米管/PBO 共聚物。事实上,多个关于羧基化碳纳米管/PBO 复合纤维制备的研究论文都阐述了上面的观点[7-12]。碳纳米管与 PBO 聚合物可能发生的聚合反应示意图如图 7-5 所示[7]。然而也应该认识到,羧基化碳纳米管上的功能基团贴近管壁,因此其反应活性易受到空间位阻的影响。碳纳米管为刚性棒状结构,在溶液中的运动也将受到较大阻碍。PBO 的溶液聚合体系黏度高,使得分子间的碰撞难度加大。以上所有因素均决定,羧基化碳纳米管并不能完全参与 PBO 的共缩聚反应。因此,羧基化碳纳米管从一定程度上可认为是聚合反应的"第三单体",但其更是一种物理共混的增强相,经由物理共混增强改性 PBO 纤维。

与 Kumar 的结果相似,羧基化碳纳米管的加入可使复合纤维的力学性能及耐热性能获得明显提升,加入质量分数为 2% 的碳纳米管,可使复合纤维的力学性能提升 30% 左右[8,10]。与此同时,碳纳米管的加入也赋予了 PBO 纤维一定的功能性,如加入质量分数为 10% 的 MWNTs 后,复合纤维的体积电阻率较纯 PBO 聚合物降低约 9 个数量级[9]。

3. 络合盐法制备碳纳米管/PBO 复合纤维

合成 PBO 聚合物的反应是典型的缩聚反应,为得到高分子量的聚合物,首先要求严格控制聚合单体等当量比投料,并且在整个聚合过程中保持聚合单体等当量比。等当量比投料很容易实现,但 TA 在 PPA 中的溶解度较低,而且在反应后期,由于聚合温度升高,TA 易从反应体系中升华,破坏了等当量比,导致很难合成高分子量聚合物。为了解决这一问题,人们尝试了很多办法,比如在投料时使 TA 过量 5%(质量分数)。虽然这种方法可以得到高分子量的聚合物,但是会造成少量的 TA 残留在纺丝原液中,纺丝后形成缺陷。进一步,人们尝试采

用络合法制备 DADHB/TA 络合盐,这种方法的优点是,络合反应是严格按照1:1
进行的,并且在聚合初期,全部 DADHB 与 TA 均有相等的机会形成低聚物,低聚
物形成后,有效地避免了 TA 在反应后期容易升华的问题,为制备高分子量的
PBO 聚合物创造了良好的条件。这种方法也有一些显著的缺点:如反应过程中
DADHB 极易氧化;反应结束后须将络合盐干燥,干燥过程极易氧化变质;对储
存条件要求较为苛刻等。

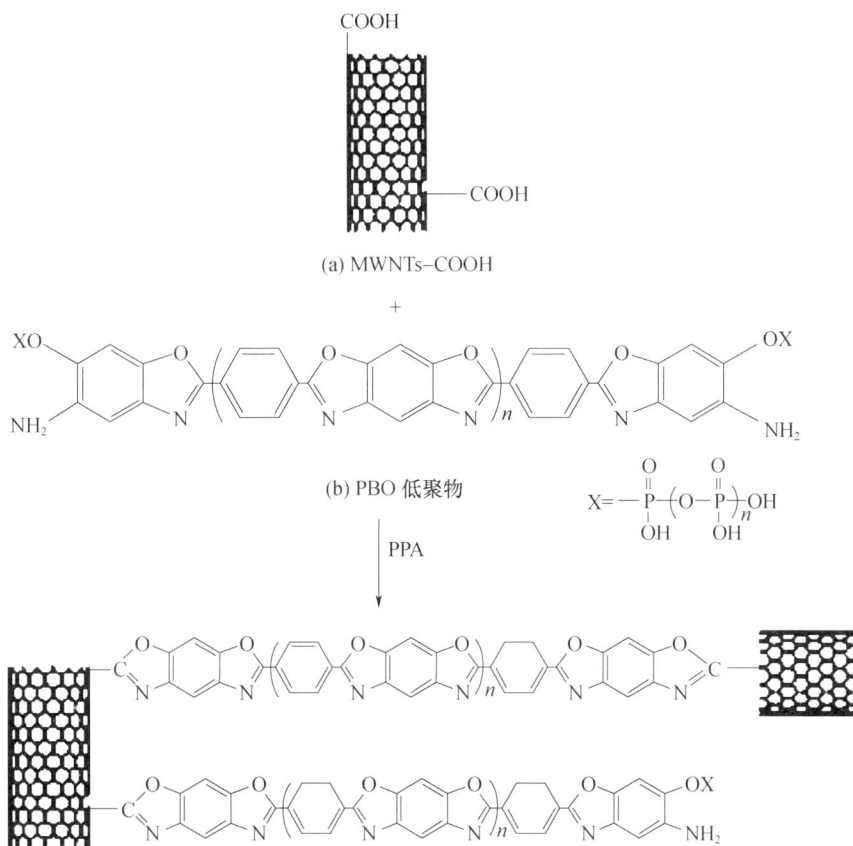

(a) MWNTs–COOH

(b) PBO 低聚物

图 7–5　羧基化碳纳米管与 PBO 纤维可能发生的共缩聚反应示意图

　　在此背景下,哈尔滨工业大学的学者们创新性地将 TD 络合盐法应用到碳
纳米管/PBO 复合纤维的制备中,用来解决碳纳米管在 PBO 聚合物中的分散问
题。DADHB/TA 络合盐的合成反应是在水相中进行的。羧基化碳纳米管在水
环境下能形成稳定的分散液。同时,经由碳纳米管上羧基与 DADHB 上氨基的
成盐反应,可使碳纳米管参与到络合反应中去,并且均匀地分散到络合盐中,为
碳纳米管在 PBO 聚合体系中的分散奠定良好的基础。络合盐法制备碳纳米管/
PBO 复合物的示意图如图 7–6 所示。

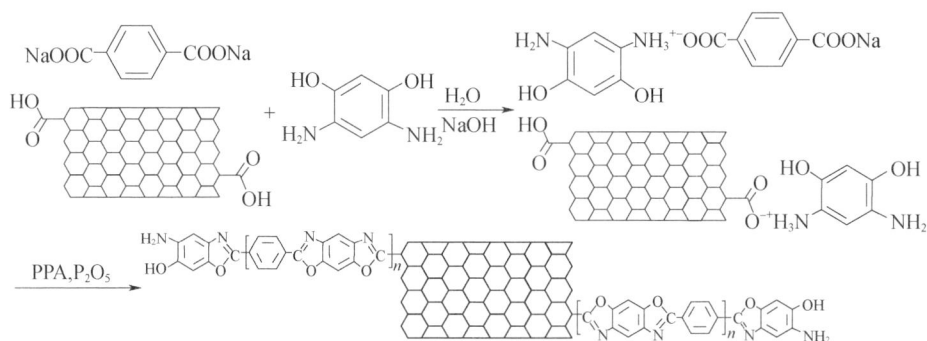

图 7-6 络合盐法制备碳纳米管/PBO 复合物示意图

通过对 DADHB/TA/碳纳米管络合盐的扫描电镜观察,可得到一些规律性的认识(图 7-7)。DADHB/TA/碳纳米管络合盐是一种比较规整的长方形晶体,宽度在 5 μm 左右。在高倍数下观察,发现碳纳米管沿着络合盐的长度方向定向排列,相互之间有一定的间距没有缠绕现象,包覆在络合盐中。由于碳纳米管具有非常高的比表面积,在络合反应体系中加入碳纳米管后,生成的络合盐被吸附在碳纳米管的表面,并以其为"中心"不断生长,进而形成一定的有序结构。有序结构的生成将使得碳纳米管在 PBO 聚合物中取向度提高,同时促使其在聚合物基体中均匀分散。通过干喷湿纺工艺,可得到碳纳米管/PBO 复合纤维,图 7-8 为复合纤维的扫描电镜图片。

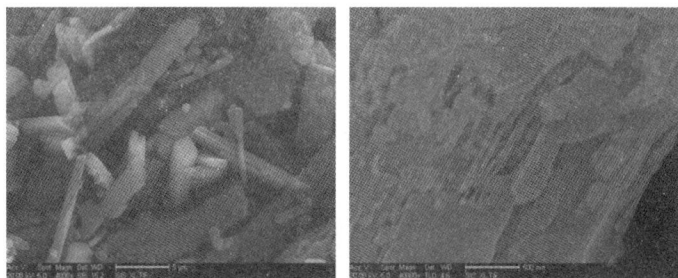

图 7-7 DADHB/TA/碳纳米管络合盐典型的 SEM 图片

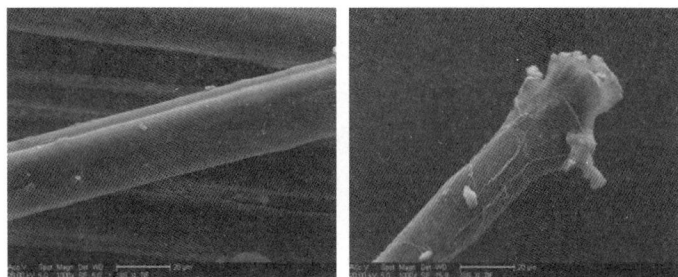

图 7-8 碳纳米管/PBO 复合纤维的典型 SEM 图片

4. 碳纳米管/PBO 复合薄膜的制备

除利用碳纳米管的优异性质制备 PBO 复合纤维外,也有少量研究报道了碳纳米管/PBO 复合薄膜[13,14]。采用溶液复合原理,将羧基化碳纳米管分散至溶解有 PBO 聚合物的甲磺酸中,超声辅助分散。将此混合溶液转移至玻片上,浸入水中析出成膜。由于碳纳米管的掺入,PBO 聚合物的导电性发生巨大变化。加入 5%(质量分数)的羧基化碳纳米管,PBO 薄膜的导电性提升了 8 个数量级,效果惊人。与此同时,薄膜的耐热性及力学性能也有一定程度的提升。通过此方法制备的碳纳米管/PBO 复合薄膜具有良好的透光性,加入碳纳米管对薄膜的透光性没有产生决定性的影响。在加入 5%(质量分数)的碳纳米管后,薄膜仍显示透光性(图 7-9)。

图 7-9　碳纳米管/PBO 复合薄膜照片

(a) PBO;(b) 1%(质量分数)碳纳米管/PBO;

(c) 5%(质量分数)碳纳米管/PBO;(d) ABPBO;

(e) 1%(质量分数)碳纳米管/ABPBO;

(f) 5%(质量分数)碳纳米管/ABPBO 薄膜[11]。

7.1.3　碳纳米管 PBO 纤维的原位共聚改性

虽然利用共混方法制备碳纳米管/PBO 复合纤维已取得了很大进展,但将碳纳米管作为增强体添加到 PBO 纤维中不可避免存在着易于团聚、难以有效取向等结构控制问题,这也导致了碳纳米管增效的复杂性。随着碳纳米管的修饰手段逐渐丰富,原位聚合法已经被应用于碳纳米管/PBO 共聚纤维的制备。对碳纳米管进行适当修饰使其与 PBO 形成共价连接的共聚物,这将大大提高碳纳米管在 PBO 基体中的分散性及复合材料的界面剪切强度。在此基础上,利用 PBO 刚性棒状分子液晶取向的特点及碳纳米管对纤维取向的模板效应,制备新型碳纳米管/PBO 超高强纤维。

1. 稀溶液条件下碳纳米管与 PBO 反应性的验证

PBO 的溶液聚合体系黏度极高,在此高黏度反应环境下,分子碰撞概率及反应活性大大降低,因此刚性碳纳米管是否能与 PBO 发生化学反应,是制备碳纳米管/PBO 共聚纤维首先应明确的问题。为了创造碳纳米管与 PBO 聚合物理想的反应环境,学者们在稀溶液条件下,通过控制相关反应条件,验证碳纳米管与 PBO 反应性。

由于 PBO 聚合物的末端仍残留有氨基、羟基等功能基团,故可利用碳纳米管上羧基功能基团与其发生酯化或酰胺化反应制备碳纳米管/PBO 共聚物[15]。为营造理想反应环境,将 PBO 聚合物先溶解于甲磺酸中,控制溶液黏度。在低黏度反应条件下,分子碰撞概率大大增加。同时,利用多聚磷酸为强脱水剂,促使反应顺利进行(图 7 − 10)。FT − IR,XPS,拉曼的检测结果均显示,碳纳米管的羧基可与 PBO 上氨基或羟基发生反应,进而使碳纳米管与 PBO 共价相连。为了进一步确定碳纳米管的长度及功能化程度对其反应性的影响,此研究通过选择合适的氧化反应条件,制备了三种尺度及功能化程度不同的碳纳米管。与预计的结果相吻合,较长尺度的碳纳米管产生了较大的空间位阻,使得羧基的反应活性降低,较短的碳纳米管反应活性较高。

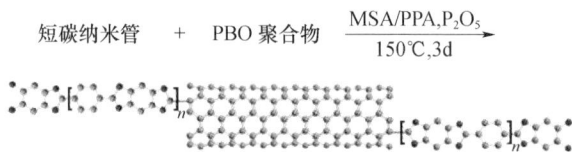

短碳纳米管　＋　PBO 聚合物　$\xrightarrow[150℃,3d]{MSA/PPA,P_2O_5}$

图 7 − 10　稀溶液环境下 SWNT/PBO 共聚物制备示意图[15]

进一步,莱斯大学的 Kobashi 等对稀溶液条件下对碳纳米管与 PBO 的可反应性进行了系统深入的研究[16]。此研究工作虽未能得到碳纳米管/PBO 共聚纤维,但从理论上证实了共聚纤维制备的可能性。为了模拟理想反应环境,做了如下的操作:① 采用强氧化反应条件,制备超短碳纳米管,纳米管的长度为 60 nm 左右。切短的碳纳米管反应活性提高,有利于其与 PBO 的共价结合。② 以甲磺酸/多聚磷酸为溶液体系,降低反应体系黏度,促使反应发生。为了系统地研究碳纳米管与 PBO 的可反应性,该工作设计合成了多种模型化合物,渐进性地增加与碳纳米管反应的难度。PBO 聚合物单体之一 4 ,6 − 二氨基 −1,3 间苯二酚盐酸盐具有典型的邻氨基苯酚结构单元,因此 Kobashi 等首先合成了系列邻氨基苯酚的衍生物,并与羧基化碳纳米管发生反应(见图 7 − 11)。邻氨基苯酚及其衍生物为小分子化合物,类似于 PBO 聚合单体。如碳纳米管能与其发生反应,则证明在聚合开始阶段碳纳米管可看成第三单体加入至共缩聚反应中。进一步,Kobashi 等合成了 2 − (4 − 氨基苯基) − 苯并噁唑模型化合物。2 − (4 − 氨基苯基) − 苯并噁唑与 PBO 聚合物的重复结构单元结构类似,若碳纳米管能与其发生反应,则证明在聚合初期碳纳米管上的羧基基团具备共价接入高分子链的可能(图 7－12)。最后,Kobashi 等合成了 PBO 的低聚物,并验证了羧基化碳纳米管与其的可反应性(见图 7－13),为碳纳米管/PBO 共聚物的制备提供了坚实的理论基础。

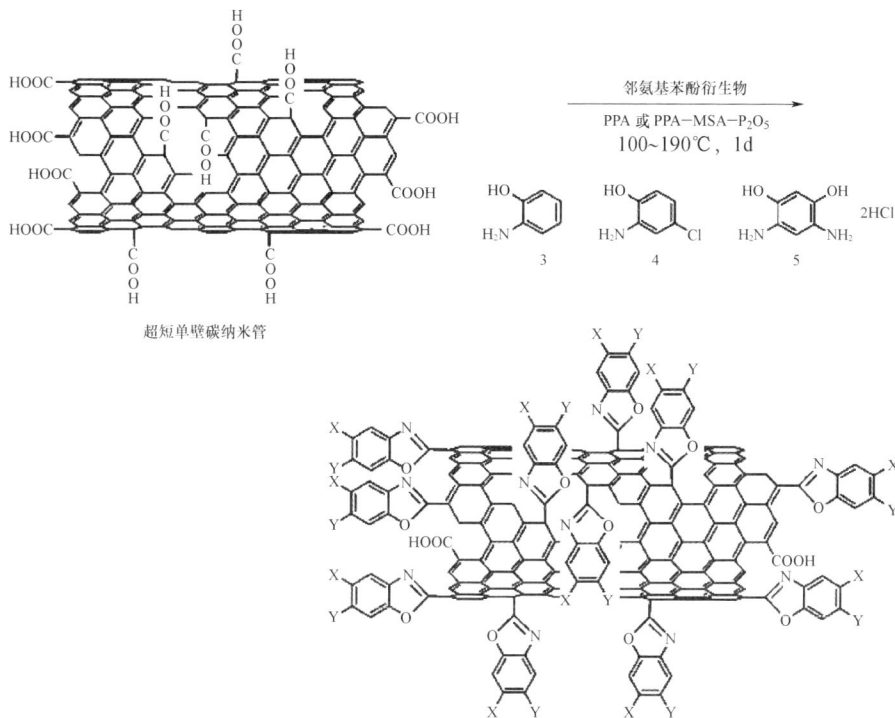

图 7－11　碳纳米管和 PBO 共聚反应模型:超短碳纳米管
与邻氨基苯酚及其衍生物的反应[16]

2. 碳纳米管 PBO 共聚纤维的制备

虽然碳纳米管与 PBO 的可反应性已被证实,碳纳米管 PBO 共聚纤维的制备仍存在难度。PBO 是典型的溶致性液晶聚合物,在溶液中达到临界浓度之上时能形成有序的液晶态,分子链的有序排列最终赋予纤维优异的性能。要使 PBO 聚合物在溶液中达到临界浓度之上,溶液体系的高黏度不可避免。同时,PBO 纤维干喷湿纺工艺也要求纺丝溶液必须具备较高的黏度。因此,提高碳纳米管的可反应性是制备碳纳米管 PBO 共聚纤维的首选方案。羧基化碳纳米管从一定程度上解决了碳纳米管在聚合物中分散性差等问题。然而,羧基化碳纳米管的—COOH 基团直接与刚性管相连,存在巨大的空间位阻效应,反应性偏低。在此背景下,学者们通过对羧基化碳纳米管进行二次衍生化等手段,使引入的可反应功能基团远离管壁,提高反应活性。

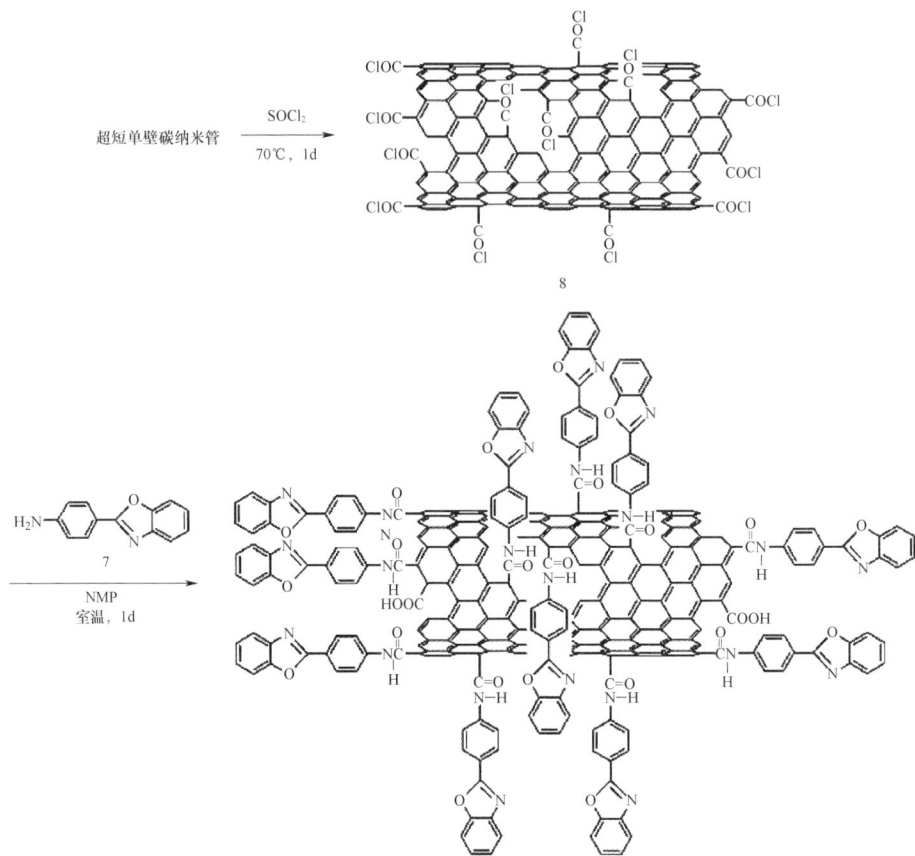

图 7 - 12　碳纳米管和 PBO 共聚反应模型:超短碳纳米管
与 2 -(4 - 氨基苯基) - 苯并噁唑的反应[16]

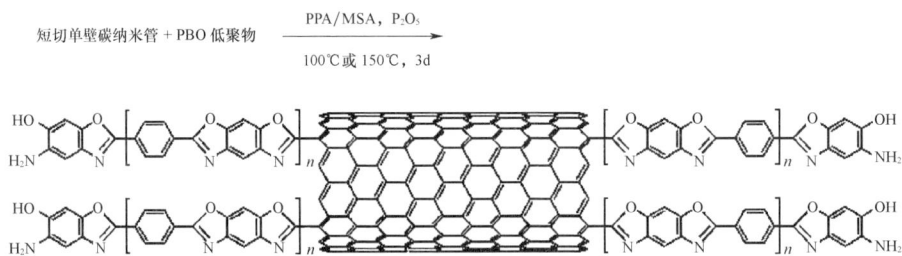

图 7 - 13　碳纳米管和 PBO 共聚反应模型:超短碳纳米管
与 PBO 低聚物的反应[16]

　　2013 年,哈尔滨工业大学黄玉东课题组提出了新的单壁碳纳米管(SWC-NT)/PBO 共聚纤维有效的制备方法[17]。利用两种酸处理方法为 SWCNT 引进羧酸基团,从分子设计角度出发,通过功能化接枝处理分别在 SWCNT 表面引进柔性－天门冬氨酸(Ⅰ)、L－谷氨酸(Ⅱ)和刚性 5－氨基间苯二甲酸(Ⅲ),合成路线见图 7－14。通过氨基二元羧酸对碳纳米管的修饰,使得功能基团远离管壁,提高了其反应性。利用上述功能化 SWCNT Ⅰ－Ⅲ,采用脱氯化氢路线与 PBO 原位共聚,制备得到 SWCNT/PBO 共聚物(图 7－15)。经过分析表征,证明采用此方法得到的共聚物以共价键相连。

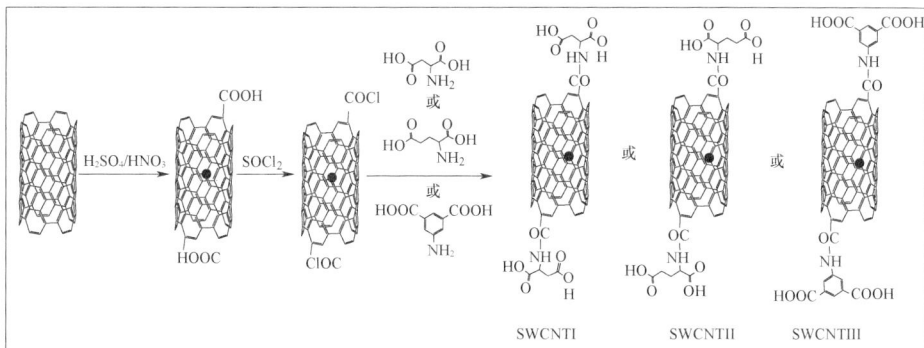

图 7－14　功能化单壁碳纳米管(SWCNT Ⅰ－Ⅲ)的合成路线示意图

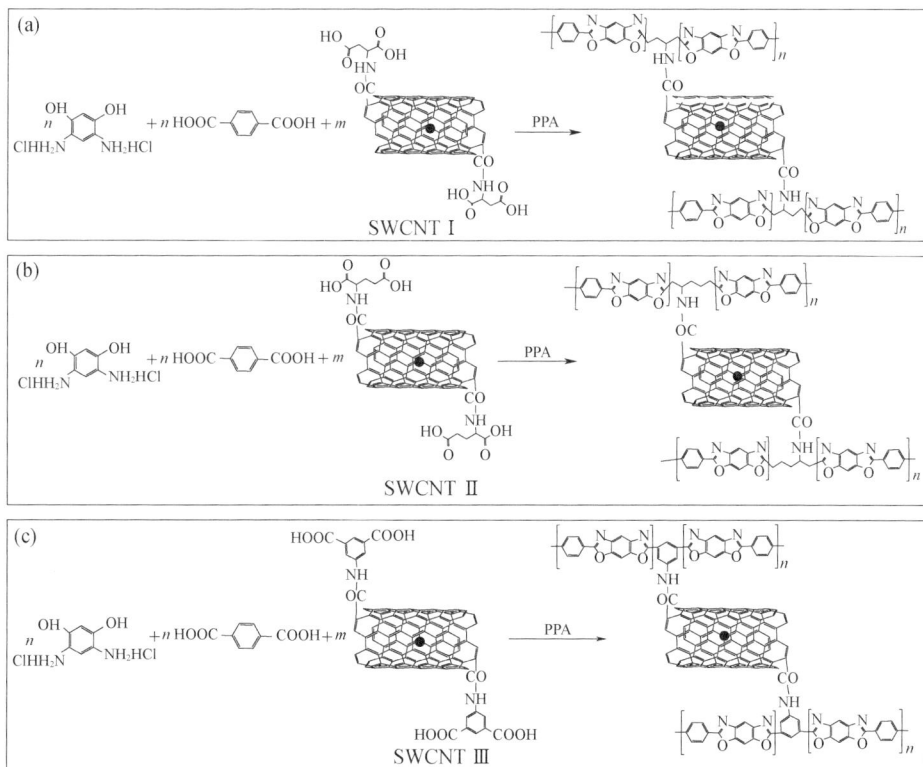

图 7－15　SWCNT Ⅰ－Ⅲ/PBO 共聚物的合成路线

利用微型纺丝设备,参考 PBO 纤维干喷湿纺工艺,制备得到了 SWCNT/PBO 共聚纤维(图 7 - 16)。对比 PBO 纤维,利用三种氨基二元羧酸接枝改性的 SWCNTs 制备 SWCNT Ⅰ - Ⅲ/PBO 共聚纤维有着更高的力学性能和热性能,这应该归因于下面几点,① 利用三种氨基二元酸接枝改性处理 SWCNT,有效地阻止了 SWCNT 的重新团聚,并使其在高黏度的多聚磷酸溶液中获得了很好的分散性,提高了 SWCNT 和 PBO 的相容性。② 在 SWCNT 的端口和表面缺陷点上的二元酸提供了活性基团就像对苯二甲酸一样和 PBO 单体 DAR 发生反应,然后通过原位聚合继续进一步嫁接至 PBO 分子。不同于一元羧酸功能化处理的 SWCNT,这种特殊氨基二元羧酸功能化处理的 SWCNT 不会在聚合过程中对 PBO 小分子链形成封端和阻止 PBO 分子链的增长,相反对于形成高分子量的 PBO 长链是有利的。③ 功能化接枝的氨基二元羧酸通过共价键桥连 SWCNT 和 PBO 分子,在复合纤维内部形成了三维网状结构,增强 SWCNT 和 PBO 分子之间的界面相互作用和限制了 PBO 分子链的滑动。由于 SWCNT 的加入,形成的三维网状结构对 PBO 的微纤起到了加固作用,当有外力作用到纤维上时,这个增强的界面相互作用为 PBO 基体提供了有效的力传递,保护了纤维不受外界环境攻击。图 7 - 17 显示了 SWCNT Ⅰ - Ⅲ增强 PBO 纤维机理示意图。

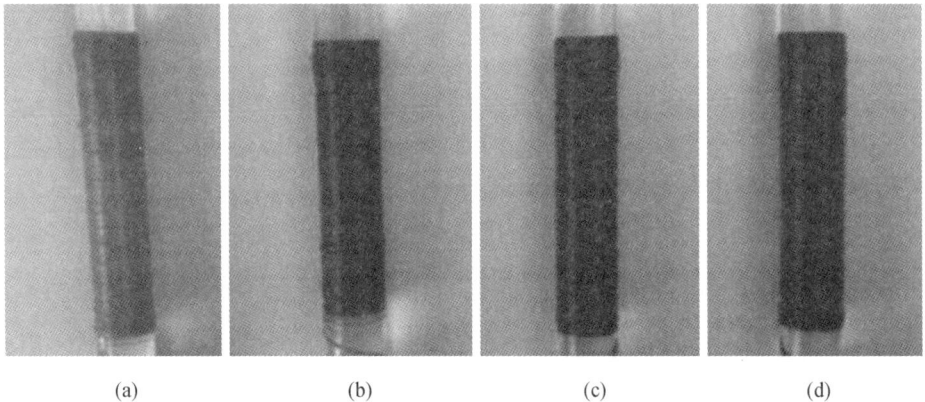

| (a) | (b) | (c) | (d) |

图 7 - 16　SWCNT/PBO 共聚纤维的数码照片

(a) PBO 纤维;(b) SWCNT Ⅰ/PBO 共聚纤维;
(c) SWCNT Ⅱ/PBO 共聚纤维;(d) SWCNT Ⅲ/PBO 共聚纤维。

利用氨基二元羧酸对碳纳米管进行二次衍生化已收到一定的效果,但这其中也存在一些问题,主要在于:引入的氨基二元羧酸柔性偏大,可能会影响 PBO 聚合物的刚性结构,进而使得纤维力学性能降低;氨基二元羧酸的化学结构与 PBO 聚合单体有些许差别,可能会影响功能化碳纳米管在聚合物中的分散性。

基于此,华东理工大学庄启昕等提出利用 PBO 低聚物对碳纳米管进行二次衍生化的方法实现碳纳米管/PBO 共聚纤维的制备[18]。通过控制缩聚单体的投料比,可首先得到聚合度可控的 PBO 低聚物(图 7−18)。在低黏度的溶液体系下,利用 PBO 低聚物 oHA 对酰氯化碳纳米管进行二次衍生化(图 7−19)。oHA 修饰的碳纳米管具有诸多优势。由于功能基团的外移,oHA 修饰的碳纳米管具有更高的反应活性。oHA 与 PBO 聚合物结构完全类似,可保证碳纳米管在体系中均匀分散。同时,oHA 为刚性结构,可保证最后得到的共聚物分子结构中无弱键,确保共聚纤维力学性能不损失。

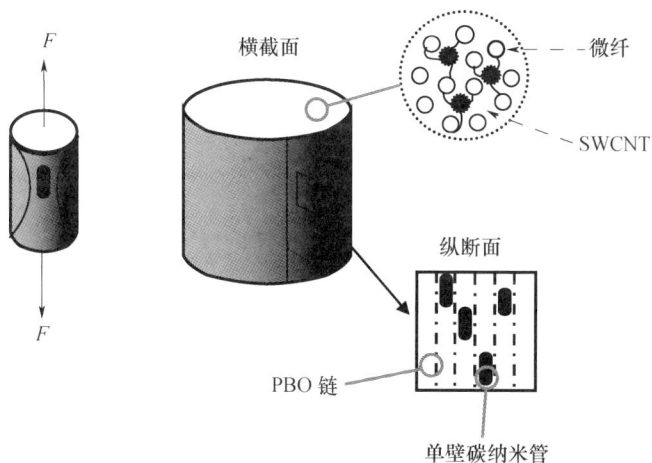

图 7−17　SWCNT Ⅰ−Ⅲ增强 PBO 纤维机理

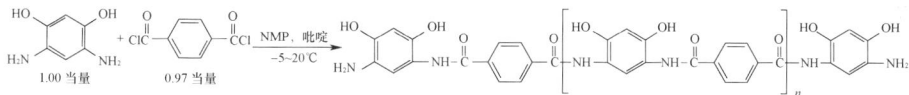

图 7−18　PBO 低聚物 oHA 制备示意图[18]

　　在得到 oHA 修饰的碳纳米管后,采用 PBO 聚合的常规方法,将功能化碳纳米管作为第三单体加入至反应体系中,即可得到碳纳米管/PBO 共聚物。低温反应条件下制得的 oHA 修饰的碳纳米管中还存在未关环的酰胺键,在 PBO 的高温聚合阶段,此部分酰胺键随 PBO 聚合物一道关环,最终得到结构确定的共聚物如图 7−20 所示。采用干喷湿纺工艺,可得到连续长碳纳米管/PBO 共聚物纤维,其数码照片如图 7−21 所示。基于以上的分子设计,碳纳米管在纤维基体中分散均匀,且沿着纤维轴向发生了取向,对纤维力学性能的提高起到了很好的促进作用。oHA 修饰碳纳米管添加量为 0.54%(质量分数)时,其共聚纤维拉伸强度及模量分别提升了 23.8% 及 11%。对照其他研究结果,若通过共混方式掺入碳纳米管,需加入 5%(质量分数)时才能使拉伸强度提升 23.1%。除力学性能外,oHA 修饰碳纳米管使共聚纤维的耐热性、导电性等均得到明显提升,展现了优秀的增强改性作用。

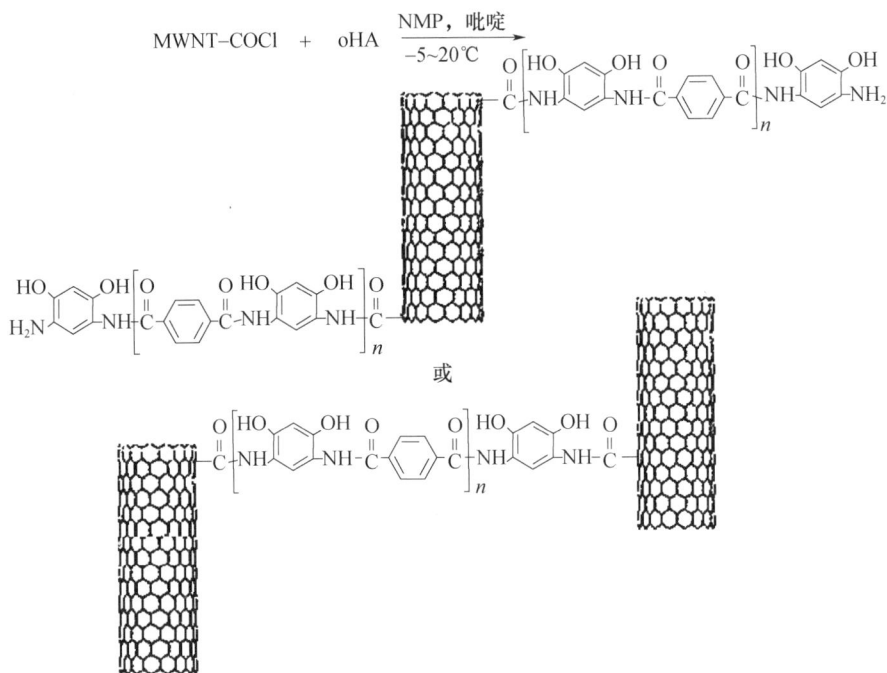

图 7-19　利用 PBO 低聚物 oHA 修饰碳纳米管反应示意图[18]

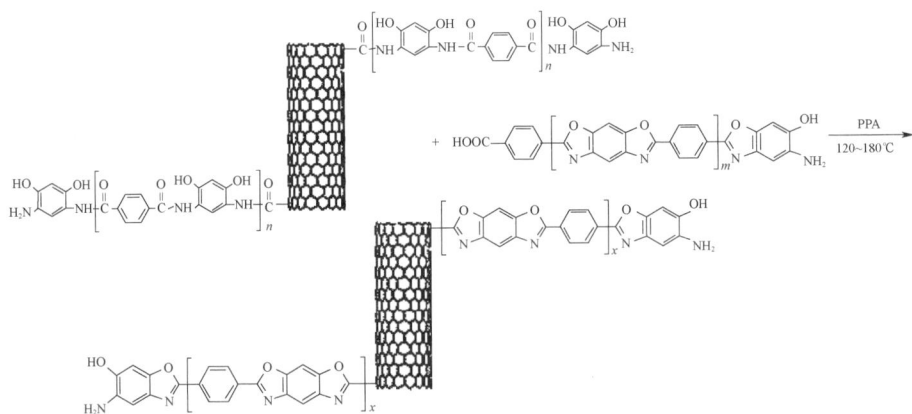

图 7-20　PBO 低聚物 oHA 修饰碳纳米管与 PBO 共聚反应示意图[18]

（a）　　　　　（b）　　　　　（c）　　　　　（d）

图 7 - 21　oHA 修饰碳纳米管/PBO 共聚纤维照片

（a）0（质量分数）；（b）0.18%（质量分数）；（c）0.36%（质量分数）；（d）0.54%（质量分数）[18]。

利用 oHA 修饰的碳纳米管作为第三单体已成功制备碳纳米管/PBO 共聚纤维，但在制备过程中，需要反复对功能化碳纳米管进行分离、提纯、干燥等操作，仍显得不够简便。在此背景下，哈尔滨工业大学胡桢等采用"一锅法"制备了 CNTs/PBO 共聚纤维，即在同一反应容器内，不对功能化碳纳米管进行分离等操作[19]。此方法大大简化了共聚纤维的制备路径，具有潜在的工业化应用前景。由于 PBO 纤维的聚合以多聚磷酸为溶剂体系，多聚磷酸具有强烈的吸水作用，因此可作为酯化反应、酰胺化反应等的催化剂。在得到羧基化 CNTs 后，将其分散至配制好的多聚磷酸中，加入 PBO 单体 DAR。由于 DAR 上含有氨基功能基团，在多聚磷酸的脱水作用下，其可与 CNTs 上的羧基发生酰胺化反应，得到 DAR 修饰的 CNTs。值得注意的是，此时反应体系中仅存在 DAR、CNTs、多聚磷酸，体系黏度较低，因此可保证 DAR 与 CNTs 的共价结合。待此步反应进行完全后，加入等当量的对苯二甲酸开始聚合反应。此时，对苯二甲酸将于 DAR 及 DAR 封端的 CNTs 共聚合，最终得到 CNTs - f1/PBO 共聚物（图 7 - 22）。可以看到，利用这一路径，只需要在反应开始时将羧基化碳纳米管加入至反应体系，通过调整单体加入时间点及加入方式，即可依次实现碳纳米管的 DAR 修饰、碳纳米管与 PBO 的共聚反应。

在此路线的启发下，可进一步改进合成路线制备 CNTs - f2/PBO 共聚物（图 7 - 23）。在配制好多聚磷酸后，将两份 DAR 及一份对苯二甲酸加入其中进行缩合反应。根据缩合聚合反应原理，此时应生成 DAR - TA - DAR 三聚体。

加入 CNTs 并充分反应,可得到 DAR - TA - DAR 三聚体修饰的 CNTs。进一步,加入另一份对苯二甲酸,即可制得 CNTs - f2/PBO 共聚物。与前面的路线相似,在此过程中不需要将 CNTs 进行分离提纯处理。更为重要的是,功能化碳纳米管的二次衍生化基团为 DAR 或 DAR - TA - DAR,其反应活性高且与 PBO 聚合物结构类似,可保证碳纳米管在体系中均匀分散及最后得到的共聚物分子的刚性结构。为验证 PBO 聚合物与 CNTs 的共价连接,采用甲磺酸对共聚物进行了长时间的抽提处理。若 PBO 聚合物对 CNTs 为物理包覆,抽提可将包覆聚合物溶解除去。图 7 - 24 显示了 CNTs/PBO 共聚物的 TEM 图片。从图片上可看出,在经过抽提操作后,CNTs 的管壁上仍有约 10 nm 的聚合物包裹,结合其他测试手段可确定 CNTs 与 PBO 聚合物的共价连接。

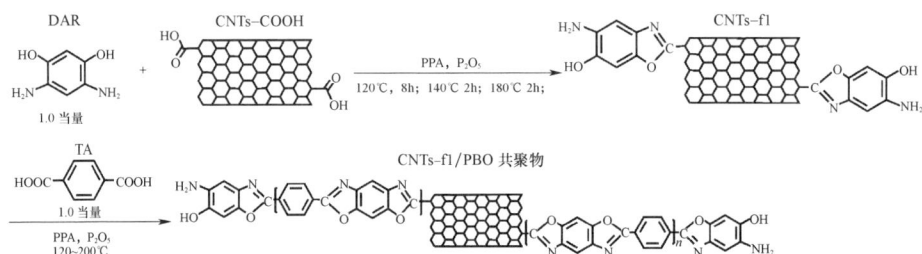

图 7 - 22 "一锅法"制备 CNTs - f1/PBO 共聚物示意图

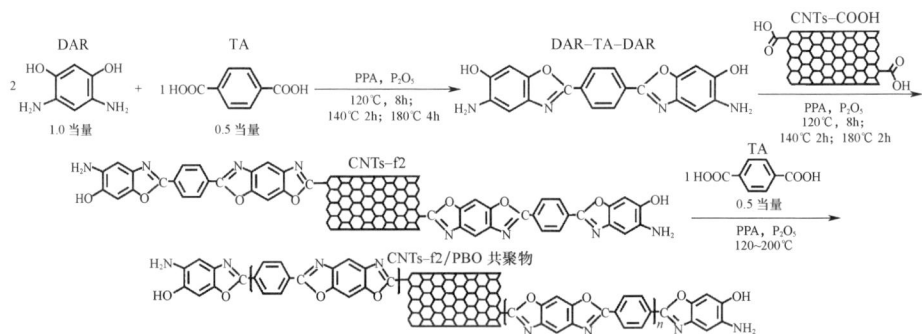

图 7 - 23 "一锅法"制备 CNTs - f2/PBO 共聚物示意图

利用微型纺丝设备,参考 PBO 纤维干喷湿纺工艺,该制备工艺也得到了连续长 CNTs/PBO 共聚纤维(图 7 - 25)。碳纳米管添加量为 0.5%(质量分数)时,其共聚纤维拉伸强度、模量、断裂伸长率分别提升了 27.9%,5.6% 及 18.2%,效果显著。目前,碳纳米管增强改性聚合物仍是前沿的学术热点领域,仍需要许多创新性的工作与成果。

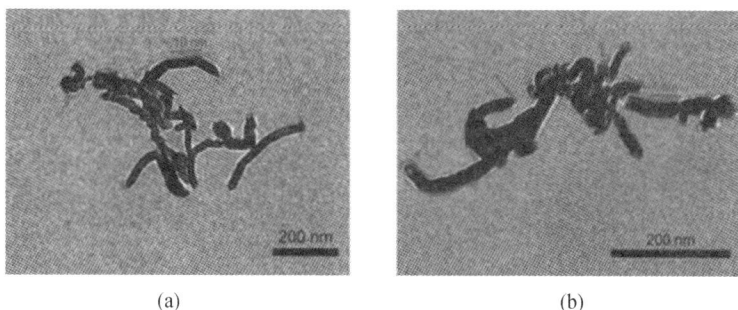

图 7 - 24　CNTs - f1/PBO 和 CNTs - f2/PBO 的 TEM 图片

（a）CNTs - f1/PBO；（b）CNTs - f2/PBO。

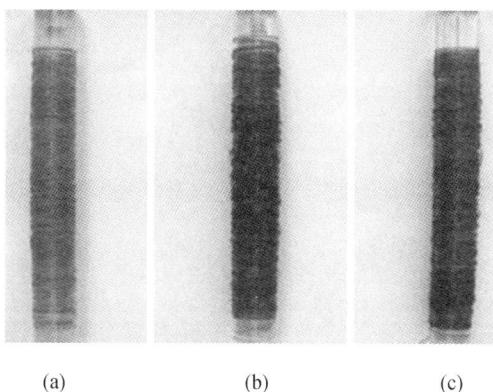

图 7 - 25　PBO,CNTs - f1/PBO 和 CNTs - f2/PBO 共聚纤维的数码照片

（a）PBO；（b）CNTs - f1/PBO；（c）CNTs - f2/PBO。

7.2　石墨烯对 PBO 聚合物的增强改性

7.2.1　石墨烯及其功能化处理

1. 石墨烯及其制备方法简介

石墨烯是一种具有原子级别厚度,由 sp2 杂化碳原子有序排列而成,类似蜂窝结构的二维片状碳纳米材料。单层石墨烯是有史以来所测得的最强的材料,它具有 1TPa 的弹性模量、130GPa 的极限强度、热导率是 5000W/（m·K）、高导电率达 6000S/cm。此外,单层石墨烯还具有非常高的比面积（理论值:2630m^2/g）和气密性。这些都使得石墨烯在提高聚合物的机械强度、电、热和气体阻隔性等方面具有巨大潜力。

自从人们认识到石墨烯可以单独存在以后,科研工作者就开始大量探索制备石墨烯的方法。制备石墨烯的方法大体可以分为两种,"自下而上(Bottom - Up)"和"自上而下(Top - Down)"合成法。在"自下而上"的合成石墨烯方法中,有各种各样方法,如化学气相沉积法(CVD)、弧光放电法、SiC 上外延生长法、化学转化法、CO 还原法、碳纳米管展开法、表面活性剂自组装法。CVD 和外延生长法常会制备很少的大尺寸,无缺陷的石墨烯片。这种方法比机械剥落法更吸引人,制得的石墨烯片可以用来作为基础研究或电子应用。但是这种方法不适合制备聚合物复合纳米材料,因为在这个制备复合纳米材料过程中,需要大量的石墨烯进行表面结构改性研究。

在"自上而下"的合成石墨烯方法中,石墨烯或者改性的石墨烯片是从石墨或者石墨衍生物(如氧化石墨和氟化石墨)分离或剥落得到的。一般来说,这种方法适合满足聚合物复合材料的应用而对石墨烯大规模生产的需要。微机械剥离石墨能制备大尺寸,高纯度的石墨烯,但是产量有限,这限制了其在各个领域的应用。通过在聚乙烯吡咯烷酮[20]或 N - 甲基吡咯烷酮[21]存在的条件下超声法、电化学功能化石墨辅助离子液体[22]或分散在超酸中[23]等方法直接把石墨剥离成单层或者多层石墨烯。这种直接超声的方法具有大规模生产单层和多层石墨烯的潜力,满足复合材料应用的需要。然而,超声后大量的石墨和剥离得到的石墨烯两者如何分离开可能是一个重要的挑战。

目前制备大量石墨烯最有前景的方法是剥离和还原氧化石墨。1859 年,Brodie[24]等首次制备了氧化石墨。随后,Staudenmaier[25]及 Hummers[26]等对此方法进行了一些改进。通过上述方法制备的氧化石墨,需进一步剥离以得到石墨烯。利用如水、乙醇或者其他质子溶剂,超声或者长时间搅拌条件可以获得稳定的氧化石墨烯胶体溶液。氧化法制备得到的氧化石墨烯或有机化处理得到的石墨烯,可以利用肼、二甲肼、硼氢化钠、对苯二酚等还原剂还原,最终得到石墨烯材料。

2. 石墨烯的功能化处理

石墨烯具有多种优异的性能,但在通往应用的道路上,还面临着诸多问题。结构完整的石墨烯是由不含任何不稳定键的苯六元环组合而成的二维晶体,化学稳定性高,其表面呈惰性状态,与其他介质(如溶剂等)的相互作用较弱,并且石墨烯片与片之间有较强的范德瓦尔斯力,容易产生聚集,使其难溶于水及常用的有机溶剂,这给石墨烯的进一步研究和应用造成了极大的困难。为了充分发挥其优良性质,并改善其成型加工性(如提高溶解性、在基体中的分散性等),必须对石墨烯进行有效的功能化。功能化是实现石墨烯分散、溶解和成型加工的最重要手段。通过引入特定的官能团,还可以赋予石墨烯新的性质,进一步拓展其应用领域。氧化石墨法是目前石墨烯采用最为广泛的功能化方法。尽管石墨烯的主体部分由稳定的六元环构成,但其边沿及缺陷部位具有一定的反应活性,可以通过氧化反应引入如羧基、羟基、环氧基等功能基团。进一步,可通过含氧功能基团的二次衍生化,引入多种多样的功能基团。除此之外,利用高活性的中间体对石墨烯进行多种多样的修饰,已越来越得到人们的广泛关注。事实上,目前已经利用亲核加成反应、碳卡宾、氮卡宾的环加成反应、[2+2]环加成反应、1,3-偶极环加成反应、Diels-Alder 环加成反应、芳基重氮盐的自由基加成反应、自由基加成反应、伯格曼环化反应、傅氏酰基化反应、亲电取代反应等实现了石墨烯的功能化修饰[27]。具体反应历程如表 7-1 所列。多种功能化方法能可控引入功能基团,为石墨烯 PBO 复合纤维的制备提供了无限可能。

表 7-1　石墨烯功能化处理的主要方法与途径[27]

方法	反应历程
(1)亲核加成反应	
(2)碳烯环加成	
(3)氮烯环加成	

（续）

（4）[2+2]环加成	
（5）1,3-偶极 环加成	
（6）Diels-Alder 环加成	
（7）芳基重氮盐的 自由基加成	
（8）自由基加成	

（续）

(9)伯格曼环 化反应	
(10)科尔伯反应	R—COOH + OH⁻ ⟶ R—COO⁻ ⟶ R· + CO₂
(11)傅氏酰基 化反应	AlCl₃ + Ar—COCl ⟶ ArCO⁺ + AlCl₄⁻
(12)氢锂交换诱导 的亲电取代反应	

7.2.2　石墨烯 PBO 共混或共聚纤维的制备

石墨烯，纳米碳材料家族的一位特殊成员，由 sp2 杂化碳原子组成的二维片层结构。自从 2004 年被发现以来，石墨烯因其超高的强度和模量以及其他优异的性能受到广泛关注。因石墨烯和碳纳米管的修饰方法趋同，所以石墨烯 PBO 共混或共聚纤维的制备方法及途径与碳纳米管复合纤维十分相似。

氧化石墨烯(GO)是石墨烯的一种衍生物，具有许多反应活性基团，这些反应活性使其可以通过简单的化学反应进一步功能化。近年来，氧化石墨烯作为潜在的多功能性增强材料,已经被证实可以提高聚合物基复合材料的力学和耐热性能等。可以预见,用 GO 增强 PBO 纤维制备石墨烯/PBO 复合纤维,可提高 PBO 纤维的力学性能、耐热性能和复合材料界面性能。由于氧化石墨烯和 PBO 分子化学结构不同,相容性较差,加之聚合体系的黏度高,要想实现氧化石墨烯良好均匀地分散在 PBO 基体中,获得高性能的复合材料难度重重。因此,如何优化 GO 在 PBO 聚合物基体中的分散性,增强 GO 和 PBO 分子之间界面相互作用,有效地实现增强体和基体之间的力传递是制备高性能石墨烯增强 PBO 纤维复合材料的一个关键性挑战。

参考碳纳米管增强 PBO 纤维的设计思路,为了实现氧化石墨烯良好均匀地分散在 PBO 基体中,制备 GO 与单体的络合盐是可取的手段之一。对比传统制备 PBO 复合纤维的聚合方法,在该方法中 GO 已经在络合盐中保持良好的分散性,可实现 GO 在聚合物基体中的良好分散,得到高性能的 PBO 复合材料[28]。络合盐的制备过程是先把氧化石墨烯和对苯二甲酸(TPA)都制成羧酸钠,然后羧酸钠和 PBO 单体盐酸盐 DADHB 反应,脱下氯化钠,得到 DADHB – is –(GO/TPA)络合盐(见图 7 – 26)。在得到 DADHB – is –(GO/TPA)络合盐后,以其为单体进行聚合反应。反应条件参照 PBO 聚合即可(见图 7 – 27)。

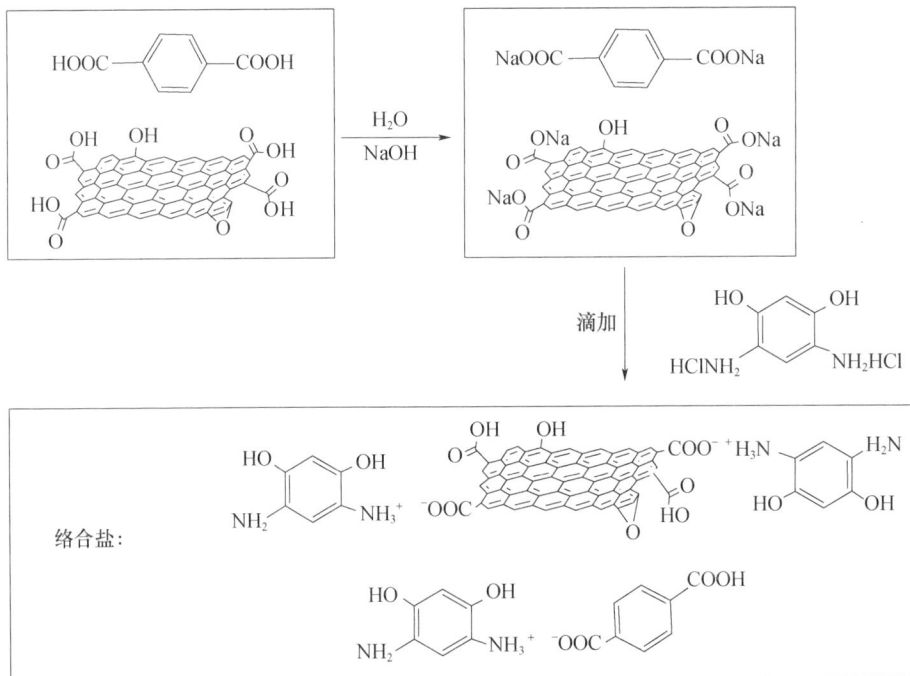

图 7 – 26　DADHB – is –(GO/TPA)络合盐的合成路线示意图[28]

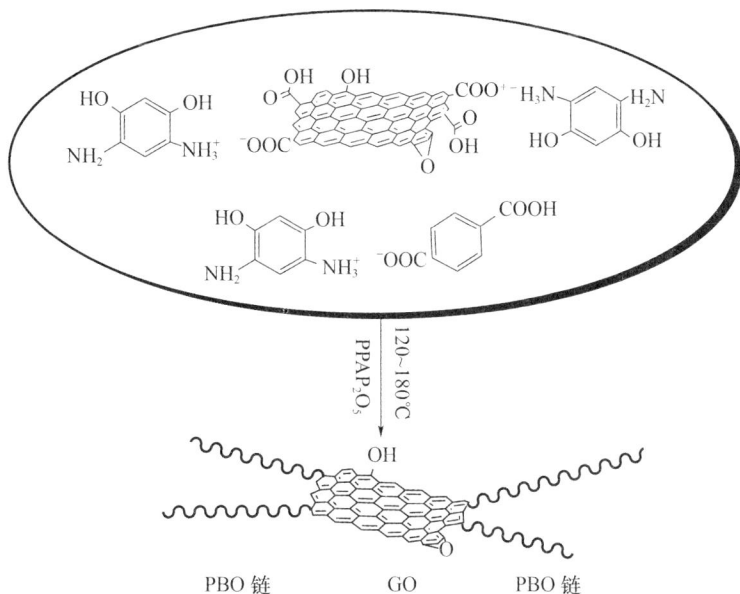

图 7 - 27　石墨烯/PBO 复合物的原位聚合反应过程[28]

通过自制微型纺丝设备采用干喷湿法纺丝技术,纺制出连续长的 GO - co - PBO 复合纤维,最后通过后处理得到了最终的 GO - co - PBO 复合纤维。如图 7 - 28所示,PBO 纤维呈金黄色,而 GO - co - PBO 复合纤维为连续长、及深浅不同的亮黑色的纤维状。

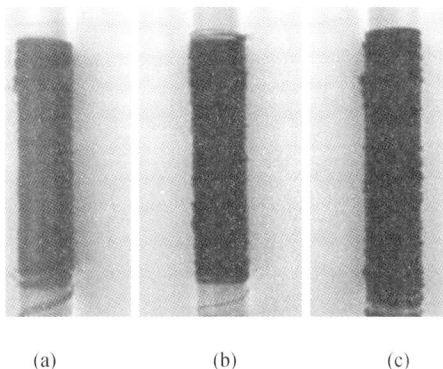

(a)　　　　　　(b)　　　　　　(c)

图 7 - 28　石墨烯/PBO 共聚连续长纤维的数码照片[28]

(a) PBO 纤维;(b) GO - co - PBO(1%)复合纤维;(c) GO - co - PBO(3%)复合纤维。

该研究指出,在 GO - co - PBO 共聚物中,由于 GO 和 PBO 聚合物分子链之间的吸附及模板作用,纤维内部微纤被连接在一起。因此,当有外力作用在复合纤维上时,纤维不容易断裂成微纤束,PBO 纤维的力学性能得以显著增强。添加 GO

后,PBO 纤维的拉伸强度和模量上有显著的提高。当 GO 添加量为 1% 时,PBO 纤维拉伸强度和模量分别增加了 12% 和 29%。当 GO 添加量增加到 3% 时,PBO 纤维的拉伸强度和模量分别增加了 21% 和 41%。因此,可以看出 GO 添加到 PBO 基体中,对于增强 PBO 纤维的拉伸强度和模量效果非常明显。与此同时,PBO 纤维,GO – co – PBO(1%) 和 GO – co – PBO(3%) 复合纤维均展现了优异的耐热性能,起始分解温度($T_{5\%}$)分别为 460.1℃,557.5℃ 和 562.5℃,这说明了 GO – co – PBO 比 PBO 纤维拥有更好的耐热性能。碳纳米材料 GO 作为增强材料加入 PBO 基体中,对 PBO 纤维的热稳定性和阻燃性也有很好的促进作用。

几乎在同一时期,Jeong 等尝试使用纯石墨烯对 PBO 进行原位共混处理,也收到了较好的效果[29]。为了使石墨烯在体系中具有良好分散性,剥离的石墨烯在反应进行初期黏度较低时加入至体系中,加入量控制在 0 ~ 2%(质量分数)。混入石墨烯后,参照 PBO 典型的聚合路径制备得到复合物,合成路径如图 7 – 29 所示。通过干喷湿法纺丝技术,也纺制出连续长的复合纤维(见图 7 – 30)。性能研究的结果显示,在添加 0.2%(质量分数)的石墨烯后,复合纤维的起始分解温度($T_{10\%}$)较 PBO 纤维提升了 13℃;拉伸模量及拉伸强度分别提升约 81% 及约 178%。

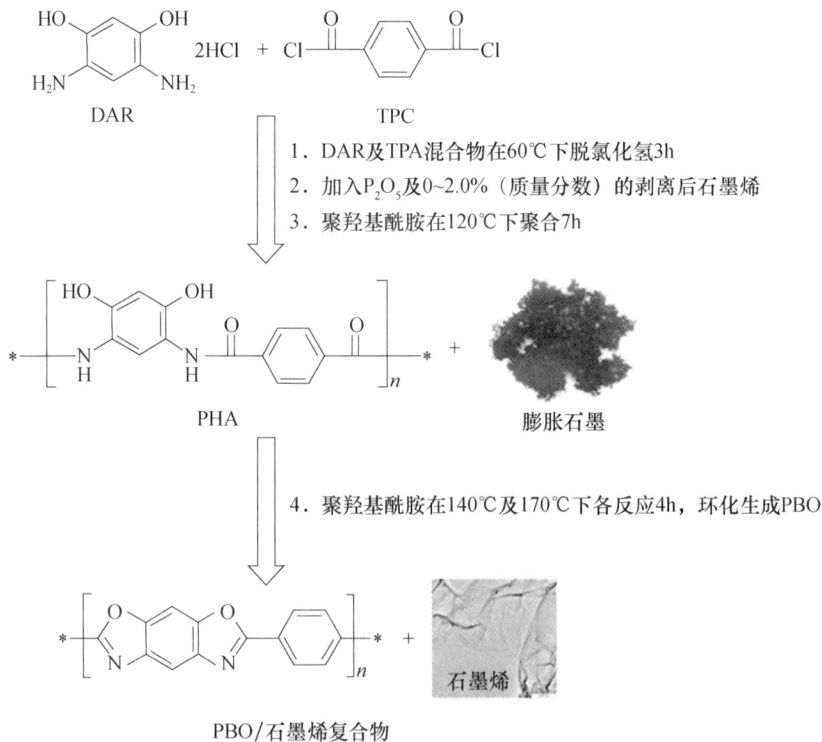

图 7 – 29 石墨烯 PBO 聚合物原位共混示意图[29]

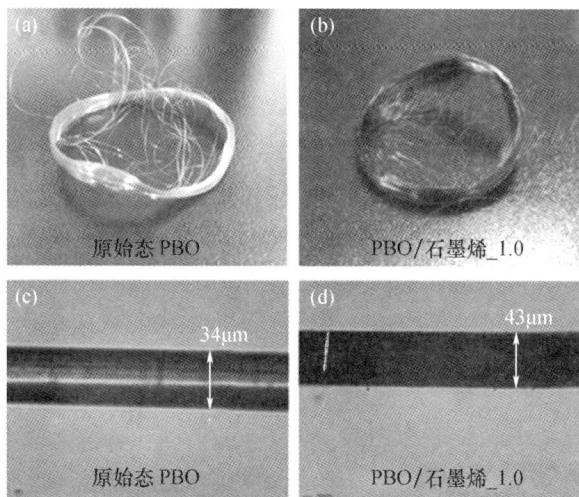

图 7 - 30　石墨烯/PBO 共混纤维的数码照片[29]

7.2.3　石墨烯 PBO 共混或共聚薄膜的制备

与碳纳米管类似,石墨烯具有优异的力学、电学、磁学等性能。从结构上看,碳纳米管是一种一维碳纳米材料,拥有极高的长径比,力学性能和诱导取向的能力非常突出,因此是高性能纤维的理想增强材料。石墨烯是一种 2D 柔性的片状材料,从结构上更适宜增强改性聚合物薄膜。在此背景下,有一些研究工作以石墨烯为增强体并与 PBO 聚合物复合,制备了石墨烯 PBO 共混或共聚薄膜。

三甲基硅烷保护法是制备 PBO 聚合物的方法之一,由 Imai 等于 2000 年提出[30]。华南理工大学的韩哲文采用三甲基硅烷保护法制备了三甲基硅烷保护的 PBO 低聚体[31],合成路线如图 7 - 31 所示。为了提高石墨烯与 PBO 聚合物的亲和性及其在溶剂中的分散性,此工作进一步利用上述合成的三甲基硅烷保护的 PBO 低聚体与酰氯化石墨烯反应,得到 PBO 修饰的石墨烯(见图 7 - 32)。

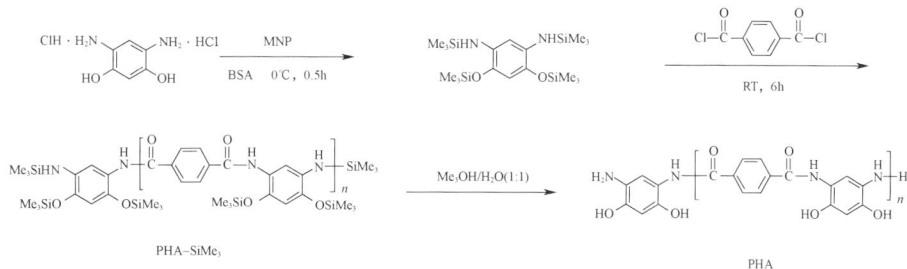

图 7 - 31　PBO 的前躯体 PHA 合成示意图[31]

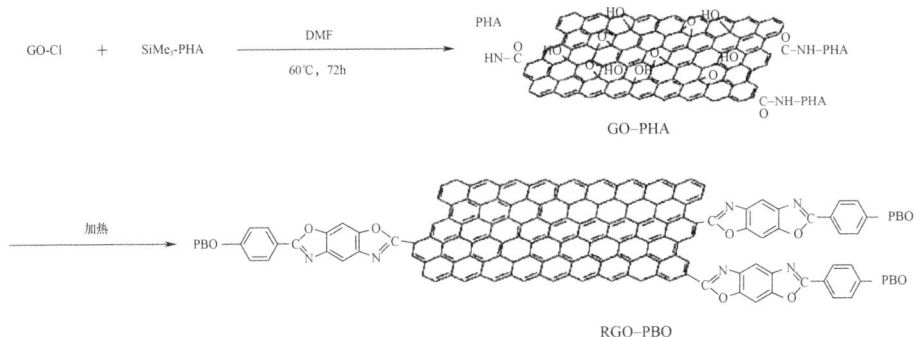

图 7 – 32　PBO 修饰石墨烯的合成示意图[31]

石墨烯的表面接枝上 PBO 聚合物后,其表现出与 PBO 聚合物相类似的溶解性,可较好地分散在 PBO 的良溶剂甲磺酸中。分别将 PBO 聚合物及石墨烯溶解于甲磺酸中,搅拌及超声辅助使其充分分散。将两种溶液混合,得到的高黏度混合溶液压延成膜。水洗除掉甲磺酸,在高温下环化脱三甲基硅烷,与此同时氧化石墨烯发生相应的脱羧反应,最终制得如图 7 – 33 所示的复合薄膜。与碳纳米管增强 PBO 聚合物的规律相似,石墨烯的共混改性对 PBO 聚合物薄膜的力学性能、耐热性能、导电性能等都有很好的增强及促进作用。

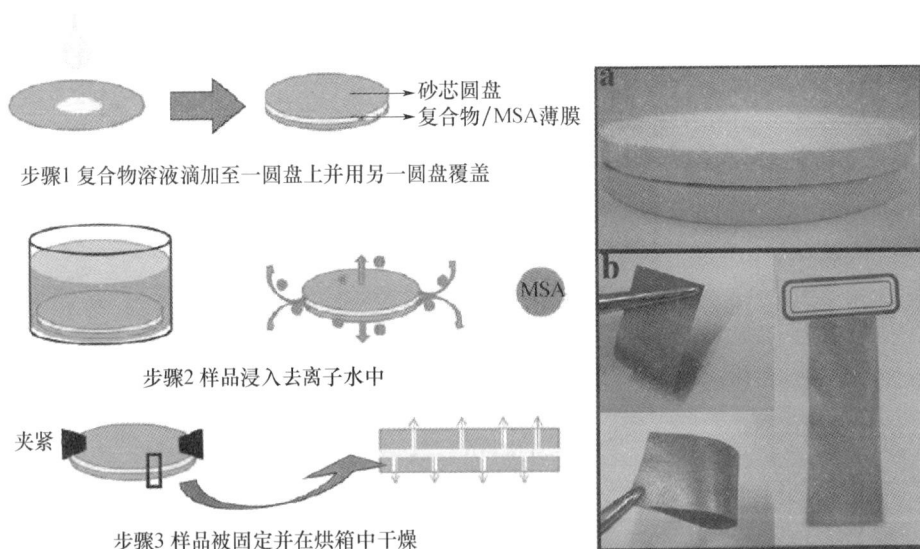

图 7 – 33　石墨烯 PBO 复合薄膜的制备途径及其光学照片[31]

从"一锅法"制备碳纳米管/PBO 共聚物方法中得到启发,哈尔滨工业大学胡桢等原位制备了石墨烯 PBO 共聚物。在一定温度下,将石墨烯 PBO 共聚物转移到平整的聚四氟乙烯板上,经由热压成型制备共聚物薄膜。将得到的薄膜浸入水中,除去多聚磷酸,得到薄膜材料[32]。制备过程如图 7-34 所示。性能研究显示,当加入 1.5% (质量分数)的石墨烯时,石墨烯 PBO 共聚薄膜的强度、模量及耐热性分别提高 39.6%,72.2% 及 7.8%。除 PBO 外,也有关于石墨烯聚苯撑苯并双噻唑复合薄膜制备的报道[33],因篇幅有限,不做详细介绍。

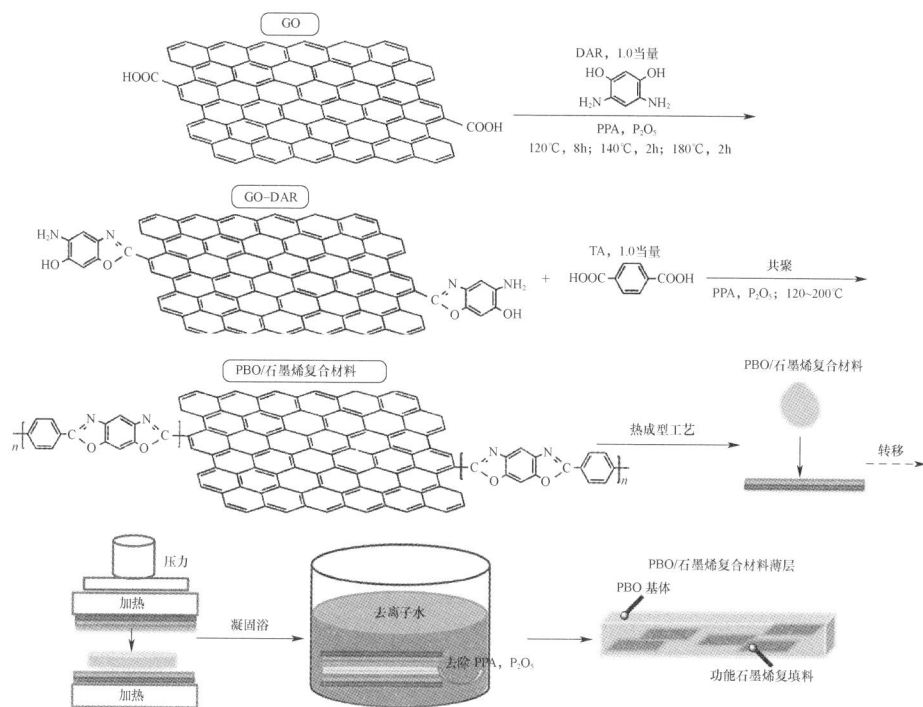

图 7-34　"一锅法"原位制备石墨烯 PBO 共聚薄膜示意图[32]

7.3 PBO 纤维第三单体共聚改性技术

目前,绝大部分的研究工作集中在采用纳米粒子如碳纳米管,石墨烯等增强改性 PBO 纤维。同时,由于 PBO 纤维横向拉伸性能和压缩强度欠佳,也有部分研究工作通过加入第三单体在 PBO 聚合物分子链上引入特殊结构,由此改善PBO 纤维的多种性能,本小节将就 PBO 纤维第三单体共聚改性技术进行相关介绍。

美国陶氏化学公司的研究人员 So 等在 PBO 聚合物的制备过程中,加入含有苯并环丁烯基团的特定第三单体(图 7-35),在 PBO 聚合物主链两端成功引入苯并环丁烯功能基团[34]。利用支链上的碳碳双键作为交联点在热处理条件下产生交联,将刚性的 PBO 棒状分子束缚为一个整体,研究结果表明其压缩性能提高 20%。同时,这种共聚改性使 PBO 纤维表面含有部分环丁烯基团,使纤维表面活性增加,改善 PBO 纤维与环氧树脂间的浸润性。界面剪切强度测试显示所制备的 PBO 纤维与环氧树脂间的界面结合强度大大增加。

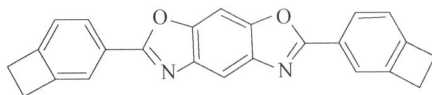

图 7-35　含苯并环丁烯的结构单元示意图[34]

So 等还尝试在 PBO 聚合物结构中引入苯硫基、聚苯硫基(见图 7-36),以期在纤维热处理过程使侧基断裂产生自由基,再由自由基耦合产生分子间交联的方法来改善 PBO 的压缩性能[35]。研究显示,加热后的 PBO 纤维溶解性发生了改变,使其在甲磺酸中不再溶解。但此法并未使 PBO 的压缩强度产生明显的改善,反而使拉伸强度降低。原因归结为两种可能:一是侧基并未完全产生自由基;二是在热处理的过程中分子链发生断裂。

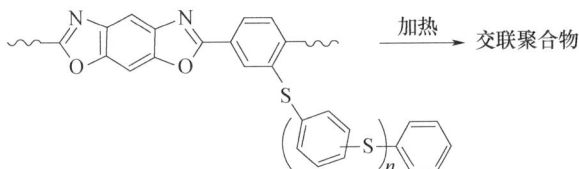

图 7-36　含聚苯硫基 PBO 聚合物结构示意图[35]

为了提高 PBO 纤维的表面性能,东华大学的学者们将微量的 5-磺酸基间苯二甲酸单钠盐和 2-磺酸基对苯二甲酸单钾盐引入 PBO 聚合反应,制备分子链嵌有磺酸基离子基团的改性 PBO(SPBO)[36,37]。制备的反应示意图如图 7-37 所示。离子官能团的引入有效改善了纤维表面的浸润性,SPBO 纤维表面与水和乙醇的接触角变小,浸润过程更快;SPBO 纤维的表面自由能增加到 $38.9mJ \cdot m^{-2}$,比 PBO 纤维提高 9.6%。随着纤维中离子基团的增加,纤维和树脂之间的界面剪切强度(IFSS)增加,PBO/树脂间的 IFSS 为 8.2 MPa,而 SPBO/树脂间的 IFSS 为 10.1 MPa,断裂模型从纤维/树脂界面黏结断裂变为局部黏结断裂。但同时也会对拉伸强度带来负面影响。

同样东华大学的学者们,使用 2,5-二羟基对苯二甲酸(DHTA)部分取代对苯二甲酸,将其以不同摩尔含量引入到 PBO 分子链上,纺制了 DHPBO 纤维[38,39],合成反应示意图如图 7-38 所示。测试结果显示,由于羟基官能团的引入,纤维表面极性得到很大改善,与去离子水的接触角由 71.4° 下降到 50.7°,与乙醇的接触角由 37.2° 下降到 27.4°,与此同时,浸润时间大幅缩短。当

DHTA 的摩尔含量为 10% 时,界面剪切强度为 18.87MPa,与 PBO 纤维相比提高了 92.55%[38]。同时,由于羟基的引入,使得 DHPBO 纤维能形成丰富的分子内或分子间氢键(图 7 – 38),因此得到的 PBO 纤维具有更高的结晶度,并且在紫外线下处理之后比原 PBO 纤维有着更高的拉伸性能保持率(图 7 – 39)[39]。

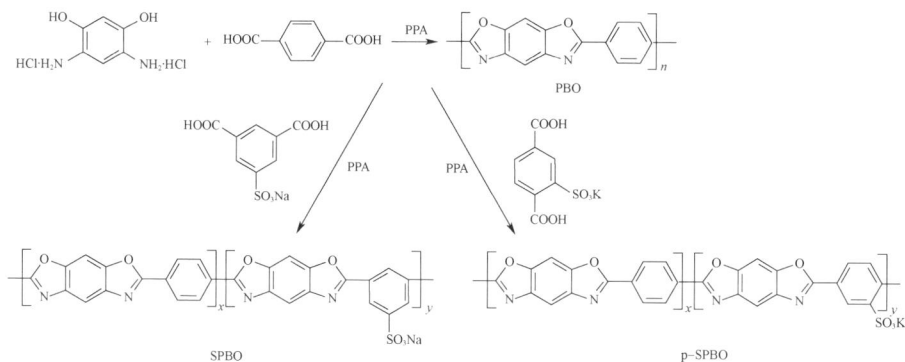

图 7 – 37　以 5 – 磺酸基间苯二甲酸或 2 – 磺酸基对苯二甲酸为
第三单体制备 PBO 聚合物的反应示意图[37]

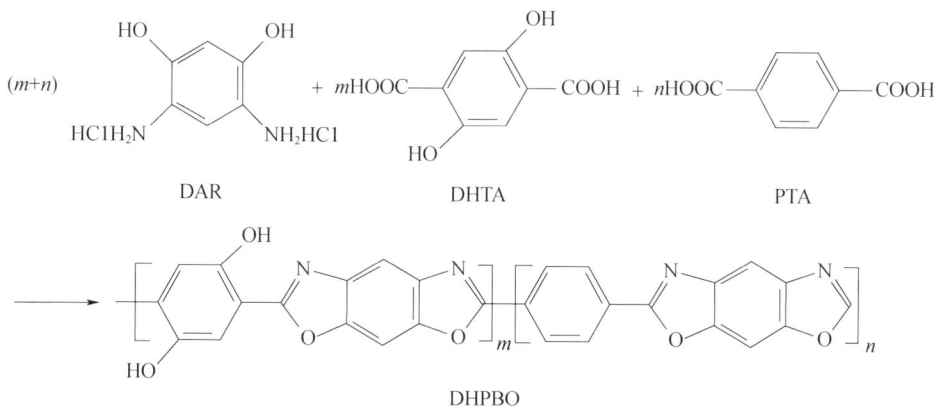

图 7 – 38　以 2,5 – 二羟基对苯二甲酸为第三单体
制备 PBO 聚合物的反应示意图[38]

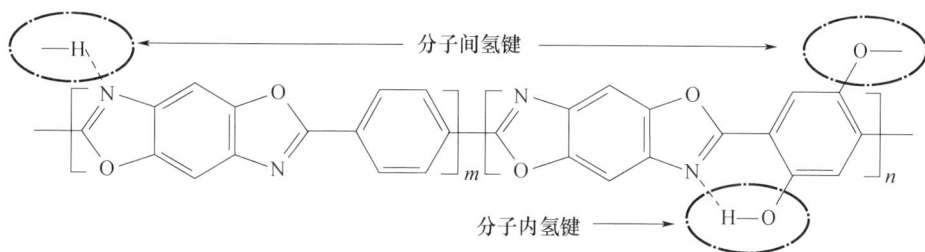

图 7 – 39　DHPBO 纤维分子内及分子间氢键示意图[39]

　　本章结合作者多年的科研经验及对相关研究工作的总结,重点介绍了利用纳米碳材料及合理结构的第三单体对 PBO 纤维进行增强改性的进展。为制备更强的纤维材料,此方向的研究工作仍在继续,期待在将来能有更多更好的思路与方法出现,为 PBO 纤维的全方位应用提供有力保证。

参 考 文 献

[1] Chae H G,Kumar S. Materials science – making strong fibers[J]. Science,2008,319(5865):908 – 909.

[2] Banerjee S,Hemraj – Benny T,Wong S S. Covalent surface chemistry of single – walled carbon nanotubes [J]. Advanced Materials,2005,17(1):17 – 29.

[3] Hirsch A. Functionalization of single – walled carbon nanotubes[J]. Angewandte Chemie International Edition,2002,41(11):1853 – 1859.

[4] Andrews R,Jacques D,Qian D,et al. Multiwall carbon nanotubes:synthesisand application[J]. Accounts of Chemical Research,2002,35(12):1008 – 1017.

[5] Liu J,Bibari O,Mailley P,et al. Stable non – covalent functionalisation of multi – walled carbon nanotubes by pyrene – polyethylene glycol through π – πstacking[J]. New Journal of Chemistry,2009,33(5):1017 – 1024.

[6] Kumar S,Dang T D,Arnold F E,et al. Synthesis,structure and properties of PBO/SWNT composites [J]. Macromolecules,2002,35:9039.

[7] Li X,Huang Y D,Liu L et al.,Preparation of multiwall carbon nanotubes/poly(p – phenylene benzobisoxazole) nanocomposites and analysis of their physical properties[J]. J. Appl. Polym. Sci.,2006,102:2500.

[8] Li J H,Chen X,Li X,et al. Synthesis,structure and properties of carbon nanotube/poly(p – phenylene benzobisoxazole) composite fibres[J]. Polym. Int.,2006,55:456.

[9] 周承俊,庄启昕,韩哲文. 多壁碳纳米管/聚亚基苯并二噁唑复合材料的微结构与性能[J]. 复合材料学报,2007,24:28 – 31.

[10] 朱慧君,金俊弘,李光,等. MWNTs/PBO 共混纤维的制备及性能[J]. 复合材料学报,2008,25:40 – 44.

[11] 胡娜. PBO/SWNT 复合纤维的制备及结构与性能研究[D]. 哈尔滨:哈尔滨工业大学,2008.

[12] 李霞. MWNTsPBO 复合纤维的合成及 PBO 聚合机制研究[D]. 哈尔滨:哈尔滨工业大学,2006.

[13] Chengjun Zhou,Shanfeng Wang,Qixin Zhuang,et al. Enhanced conductivity in polybenzoxazoles doped withcarboxylated multi – walled carbon nanotubes[J]. Carbon,2008,46:1232 – 1240.

[14] Huang J W,Bai S J,Light emitting diodes of fully conjugated heterocyclic aromatic rigid – rod polymer doped with multi – wall carbon nanotubes[J]. Nanotechnology,2005,16:1406.

[15] Hu Z,Huang Y,Wang F,et al. Synthesis of novel single – walled carbon nanotubes/poly(p – phenylene benzobisoxazole)nanocomposite[J]. Polym bull 2011,67:1731 – 1739.

[16] Kobashi K,Chen Z,Lomeda J,et al. Copolymer of single – walled carbon nanotubes and poly(p – phenylene benzobisoxazole)Chem. Mater.,2007,19:291.

[17] 李艳伟. 碳纳米管和石墨烯增强 PBO 复合纤维的制备及结构与性能研究[D]. 哈尔滨:哈尔滨工业大学,2013.

[18] Zhou C,Wang S,Zhang Y,et al. In situ preparation and continuous fiber spinning of poly(p – phenylene benzobisoxazole) composites with oligo – hydroxyamide – functionalized multi – walled carbon nanotubes [J]. Polymer,2008,49:2520.

[19] Hu Z,Li J,Tang P,et al. One – pot preparation and continuous spinning of carbon nanotube/poly(p – phen-

ylene benzobisoxazole) copolymer fibers[J]. Journal of Materials Chemistry,2012,22:19863.

[20] Bourlinos A B,Georgakilas V,Zboril R,et al. Liquid – phase exfoliation of graphite towards solubilized graphenes[J]. Small,2009,5(16):1841 – 1845.

[21] Hernandez Y,Nicolosi V,Lotya M,et al. High – yield production of graphene by liquid – phase exfoliation of graphite[J]. Nature Nanotechnology,2008,3(9):563 – 568.

[22] Liu N,Luo F,Wu H,et al. One – step ionic – liquid – assisted electrochemical synthesis of ionic – liquid – functionalized graphene sheets directly from graphite[J]. Advanced Functional Materials,2008,18(10): 1518 – 1525.

[23] Behabtu N,Lomeda J R,Green M J,et al. Spontaneous high – concentration dispersions and liquid crystals of graphene[J]. Nature nanotechnology,2010,5(6):406 – 411.

[24] Brodie B C. On the atomic weight of graphite[J]. Philosophical Transactions of the Royal Society of London,1859,149:249 – 259.

[25] Staudenmaier L. Method for the preparation of graphitic acid[J]. Ber Dtsch Chem Ges,1898,31:1481 – 1487.

[26] Hummers Jr W S,Offeman R E. Preparation of graphitic oxide[J]. Journal of the American Chemical Society,1958,80(6):1339 – 1339.

[27] Chua C K,Pumera M. Covalent chemistry on graphene[J]. Chem Soc Rev,2013,42:3222 – 3233.

[28] Li Y,Li J,Song Y,et al. In situpolymerization and characterization of graphene oxide – co – poly(phenylene benzobisoxazole) copolymer fibers derived from composite inner salts. J Polym Sci,Part A:Polym Chem 2013,51:1831 – 1842.

[29] Jeong Y G,Baik D H,Jang J W,et al. Preparation,structure and properties of poly(p – phenylene benzobisoxazole) composite fibers reinforced with graphene[J]. Macromol Res, 2014, 22:279 – 286.

[30] Imai Y,Itoya K,Kakimoto M. Synthesis of aromatic polybenzoxazoles bysilylation method and their thermal and mechanical properties[J]. Macromolecular Chemistry and Physics,2000,201(17):2251 – 2256.

[31] Chen Y,Zhuang Q,Liu X,et al. Preparation of thermostable PBO/graphene nanocomposites with high dielectric constant. Nanotechnology,2013,24:245702.

[32] Hu Z,Li N,Li J,et al. Facile preparation of poly(p – phenylene benzobisoxazole)/graphenecomposite films via one – pot in situ polymerization[J]. Polymer 2015,71:8 – 14.

[33] Choudhury A. Preparation and characterization of nanocomposites of poly – p – phenylene benzobisthiazole with graphene nanosheets[J]. RSC ADV,2014,4:8856.

[34] So Y H. Rigid – rod polymers with enhanced lateral interactions[J]. Progress inPolymer Science,2000,25 (1):137 – 157.

[35] Ying – Hung So,Bruce Bell,Jerry P Heeschen,et al. Murlick Poly(p – Phenylenebenzobisoxazole) fiber with polyphenylene sulfide pendent groups[J]. Journal of Polymer Science:Part A Polymer Chemistry. 1995,33:159 – 164.

[36] Luo K,Jin J,Yang S,et al. Improvement of Surface Wetting Properties ofPoly(p – phenylene benzoxazole) by Incorporation of Ionic Groups[J]. Materials Science and Engineering:B – Solid State materials for AdvancedTechnology,2006,132:59 – 63.

[37] Jiang J M,Zhu H J,Li G,et al. Poly(p – phenylene benzoxazole) fiberchemically modified by the incorporation of sulfonate groups[J]. Journal ofApplied Polymer Science,2008,109(5):3133 – 3139.

[38] Zhang T,Hu D Y,Jin J H,et al. Improvement of surface wettability andinterfacial adhesion ability of poly (p – phenylene benzobisoxazole) (PBO) fiberby incorporation of 2,5 – dihydroxyterephthalic acid (DHTA)[J]. EuropeanPolymer Journal,2009,45(1):302 – 307.

[39] Zhang T,Jin Y,Yang S,et al. UV accelerated aging and aging resistance ofdihydroxy poly (p – phenylene benzobisoxazole) fibers[J]. Polymers forAdvanced Technologies,2011,22(5):743 – 757.

第8章

PBO 纤维表面处理技术

由于 PBO 纤维表面光滑,缺乏官能团,呈现极强的化学惰性,不易与树脂浸润,导致其与树脂基体的黏结性差,严重制约了在先进复合材料领域的应用。因此,如何增强纤维增强体与树脂基体之间的界面结合,已成为各国研究人员普遍关注的热点问题。近年来,采用各种方法对纤维表面进行改性,以期望达到上述目的,增强纤维与树脂基体之间的界面黏结强度。PBO 纤维表面改性的目的主要有以下几点:改变表面化学成分和结构,提高极性基团和活性反应基团的数量;改变表面形貌,提高粗糙度和比表面积;增大纤维表面自由能,改善表面浸润性。以上所有改性效果都必须尽可能减小对纤维的本体性能带来负面影响。目前,PBO 纤维表面处理的方法主要有化学刻蚀法、偶联剂处理、化学接枝处理、等离子体处理、辐照处理、超临界流体处理、酶处理、化学涂层法等,本章将对其中的部分方法做相应的介绍,以期得到对 PBO 纤维表面处理技术较为全面的认识。

8.1 化学刻蚀法

化学刻蚀主要是利用氧化性气体、酸、碱等化学物质对 PBO 纤维表面进行氧化刻蚀。纤维表面与反应介质接触后,在一定的条件下发生化学反应,使表面的化学组成或微观结构发生相应的变化。

据欧洲专利报道[1],采用 SO_3 作为磺化剂,分别在气体氛围或 SO_3 的卤代烷溶液中对 PBO 纤维表面进行磺化改性。通过在纤维表面引入磺酸基团以增加纤维表面极性,有效改善纤维的润湿性能,使得 PBO 复合材料的界面剪切强度提高了74%。该方法通过控制反应温度以降低 SO_3 反应活性,使纤维适度磺化,在损伤纤维本体强度较少的情况下获得了较好的表面处理效果。

强质子酸如甲基磺酸(MSA)、多聚磷酸(PPA)等能使 PBO 分子链中的杂原子质子化,降低分子间的相互吸引力,减少分子间的相互作用能,通过对 PBO 纤维表面的氧化刻蚀作用,可除去纤维的弱边界层,甚至使其暴露出微纤结构。氧化处理可提高纤维表面的含氧量和粗糙程度,从而达到改善纤维与树脂之间界面结合的目的。有研究工作者分别采用 MSA 和硝酸对 PBO 纤维进行表面处理,并将两者的处理效果进行了对比[2-4]。测试结果发现,经 MSA 处理过的 PBO 纤维表面 O/C 和 N/C 比显著增加,表面出现了大量颗粒状凸起物,表面自由能增加了 34%,与环氧树脂的界面剪切强度提高了 22%,而纤维的拉伸强度只下降了 1%~5%;经硝酸处理后,纤维表面化学变化与经 MSA 处理后的类似,但表面形貌变化不太明显,表面自由能只上升了 14%,这说明硝酸与 PBO 分子间相互作用较弱。图 8-1 是酸处理前后 PBO 纤维的表面形貌对比图。

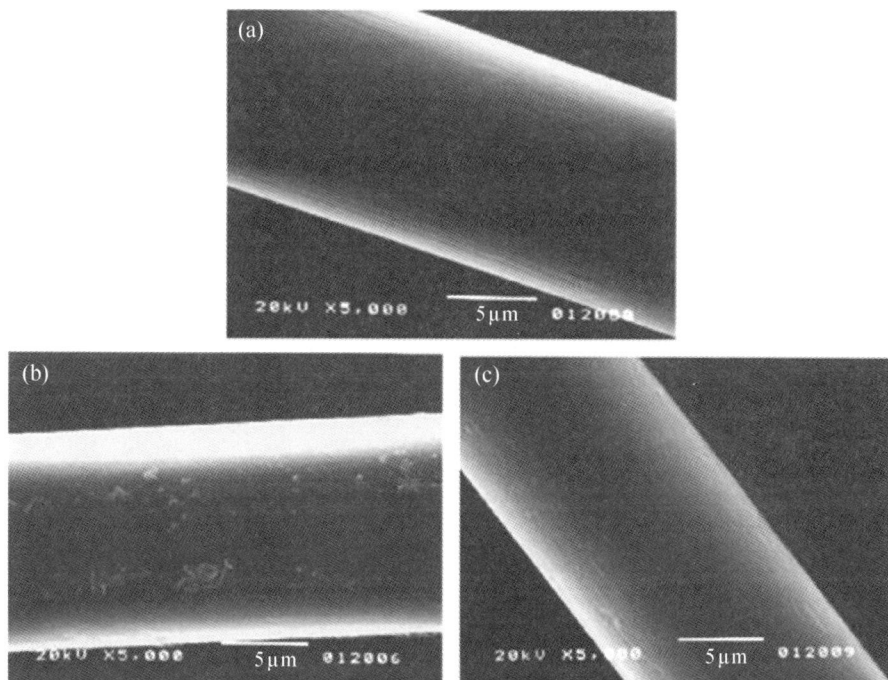

图 8-1　酸处理前后 PBO 纤维的表面形貌

(a)未处理 PBO 纤维;(b)经甲基磺酸处理的 PBO 纤维;(c)经硝酸处理的 PBO 纤维。

采用 MSA 溶液对 PBO 纤维进行表面处理的过程中,MSA 浓度、处理时间和处理温度等工艺参数对纤维的界面剪切强度均具有较大影响[5]。MSA 是强质子酸,其质子化效应随着 MSA 质量分数的增加而剧烈增加,高纯的 MSA 对 PBO 纤维具有极强的溶解能力,所以在表面处理时只能选择质量分数较低的 MSA 溶液。随着 MSA 质量分数的增加,处理后 PBO 纤维复合材料的界面剪切强度逐渐增大,当 MSA 质量分数为 60% 时达到最大值。随着 MSA 质量分数进一步提高,复合材料的界面剪切强度却迅速减小。由此看来,MSA 氧化处理对 PBO 纤维的性能的促进存在双面性,处理条件选择得当,可显著提高纤维界面性质;处理过于激烈,则会导致纤维性能发生全面下降。处理时间和处理温度等工艺参数对纤维的性能的影响均显示出上述规律。

在处理时间较短时,PBO 纤维表面被轻度刻蚀,随着时间延长,表面不断变得粗糙。当处理时间为 12h 时,纤维表面已出现明显孔洞和较深的沟槽;处理时间继续增加到 24h 时纤维被严重破坏,并伴有微纤脱落;当处理时间达到 36h 时,纤维表面的皮层已部分脱落(图 8 - 2)。通过测试不同处理时间下 PBO 纤维复合材料的界面剪切强度发现,随着处理时间的增加,界面剪切强度呈现先急剧增加,再缓慢减小的趋势,当处理时间为 6h 时达到最大值。根据 Kitagawa 等[6] 提出的 PBO 纤维的皮芯结构模型,PBO 纤维由微纤和 0.2μm 厚的皮层区域构成,其皮层结构有序程度更大,对纤维的拉伸强度影响较大。MSA 溶液的蚀刻作用主要发生在 PBO 纤维表面的皮层结构,当氧化程度过大时,PBO 纤维表面的皮层遭到严重破坏,因而导致拉伸强度急剧降低。此外,当 PBO 纤维从树脂基体中拔脱时,PBO 纤维已被严重破坏的皮芯结构也同时随着环氧树脂基体的剥离而与微纤部分分离,这可能导致界面剪切强度降低。处理温度对 PBO 纤维复合材料界面剪切强度的影响规律跟温度趋同,其整体的趋势是,随着处理温度的上升,界面剪切强度逐渐增大,到 60℃ 达到最大值,随后又逐渐减小。

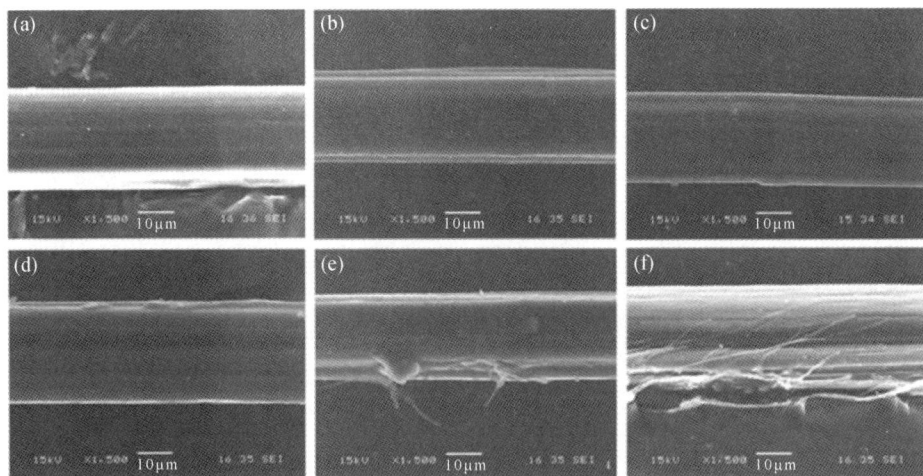

图 8 -2　不同 MSA 处理时间下 PBO 纤维表面形貌的 SEM 照片,
(a)~(f)处理时间依次增大

　与 MSA 类似,PPA 同样是 PBO 聚合物合成过程中的良溶剂,对 PBO 纤维进行表面处理会带来氧化刻蚀作用。PPA 氧化处理能够提高 PBO 纤维表面的润湿性,并且对其结晶结构的破坏较小,但对拉伸强度的负面影响较大[7]。为了减小对 PBO 纤维性质的损伤,此时对纤维的作用较为缓和,溶胀作用仅限制在纤维表面层。处理后的 PBO 纤维表面皮层溶胀溶解,芯层出现少量原纤化现象,纤维表面粗糙度增加,浸润性能改善,PBO 纤维与环氧树脂之间的界面粘结强度得到提高[8]。

硫酸作为强氧化处理剂也常被用来处理纤维材料。经质量分数 25% 的硫酸表面处理后,PBO 纤维表层变得粗糙不平,发生了溶胀、开裂现象,环氧树脂可以很好地扩散嵌入纤维表面的凹坑和微孔中,增大了纤维与树脂基体之间的机械锁合力[9]。当酸处理时间为 240h 时,PBO 纤维/环氧复合材料的界面剪切强度从 7.7MPa 上升到 11.3MPa,提高了 46.8%。尽管硫酸溶液处理对改善界面性能有较显著的效果,但同时也对纤维拉伸强度造成较大损伤,随浸泡时间的延长,PBO 纤维拉伸强度下降很快,当处理时间为 240h 时,PBO 纤维的拉伸强度从 5478MPa 下降到 4109MPa,保持率仅为 75%。

综上所述,强质子酸作为氧化剂对 PBO 纤维具有较强的氧化刻蚀作用,能够使其表面粗糙度增大,表面自由能提高,使 PBO 纤维与树脂基体的浸润性得到明显改善。但由于纤维皮层结构受到破坏,使纤维的拉伸强度损失较大,因此,在利用强酸或强碱来提高 PBO 纤维与树脂基体之间界面粘结强度的同时,还应该考虑纤维本身力学性能下降的问题。此外,该方法还存在处理工艺复杂、处理程度不易控制以及废液的回收后处理等一些问题。

8.2　偶联剂处理

偶联剂处理是利用偶联剂本身的双官能团结构,一端与纤维表面的官能团反应,另一端与树脂成分中的相应官能团反应,在复合材料中形成"桥梁"连接,从而改善纤维与树脂基体之间的界面结合强度[10]。因此偶联剂被称为分子桥,用以改善纤维与基体树脂之间的界面作用,从而大大提高复合材料的性能,如物理性能、电性能、热性能、光性能等。偶联剂的种类繁多,按偶联剂的化学结构及组成分为有机铬络合物、硅烷类、钛酸酯类和铝酸化合物四大类。其中,硅烷偶联剂常被用作纤维的表面处理剂,作为分子桥在纤维与基体之间形成共价键,能够显著改善纤维与树脂基体之间的界面黏结强度。硅烷偶联剂的通式为 R_nSiX_{4-n},R 为能与树脂基体结合的有机基团,如氨基、巯基、乙烯基、环氧基、氰基及甲基丙烯酰氧基等官能团;X 为可水解基团,如甲氧基、乙氧基等。

目前,已有一些利用硅烷偶联剂对 PBO 纤维进行表面改性的例子。王斌等[11] 使用五种烷基链的端基(分别为氨基、环氧基、甲基丙烯酸基、巯基和苄胺甲基)的硅烷偶联剂对 PBO 纤维进行表面处理,研究了偶联剂种类和使用量对

PBO 纤维/环氧树脂复合材料界面性能的影响。五种偶联剂处理后的 PBO 纤维与树脂基体形成的界面黏结强度均高于未处理纤维,这主要是由于未处理的 PBO 纤维的表面浸润性能和化学键合能力差引起的。研究发现,不同种类的偶联剂对 PBO 纤维表面黏结性能的影响依赖于偶联剂端基 R 的极性和反应活性,界面黏结强度的提高是由于化学键合作用和物理浸润作用的共同结果,前者的贡献更大一些。端基带有环氧基的硅烷偶联剂,根据"相似相容性",它更容易与树脂中的功能基团亲和并参与反应,因而对 PBO 纤维复合材料界面性能的改善效果最好。

Gu 等[12,13]分别使用 γ-氨丙基三乙氧基硅烷(KH550)和 γ-缩水甘油醚氧丙基三甲氧基硅烷(KH560)对 PBO 纤维进行改性处理。KH560,PBO 纤维及环氧树脂间可能发生的反应如图 8-3、图 8-4 所示。测试结果显示,经处理后纤维表面变得更加粗糙,浸润性得到提高,复合材料的界面剪切强度得到一定提高。与此同时,纤维的拉伸强度并未出现明显下降。

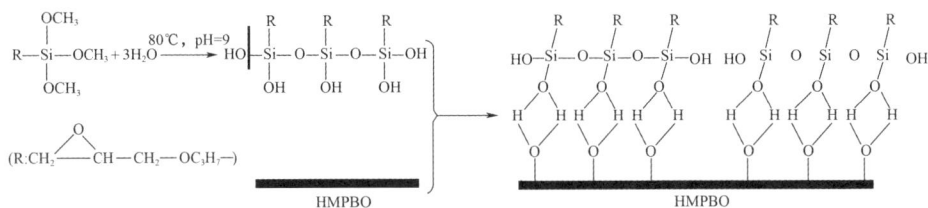

图 8-3 KH560 与 PBO 纤维可能发生的反应[12]

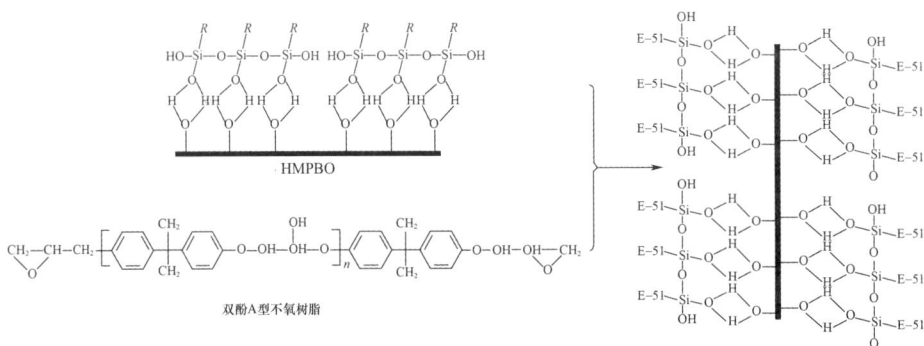

图 8-4 KH560、PBO 纤维及环氧树脂间可能发生的反应[12]

除了单独采用硅烷偶联剂对 PBO 纤维进行表面处理外,还可以与其他方法结合使用。例如,有研究人员将硅烷偶联剂处理分别与酸处理、等离子体处理或超声振荡等方法一起应用于 PBO 纤维的改性,均取得了较为理想的效果。

使用偶联剂改性 PBO 纤维和树脂基体间界面黏结强度的方法具有操作方便、效果较好以及不损伤纤维本身力学性能等优点,但由于 PBO 纤维常应用于高温领域,对偶联剂的耐热性能提出了更高的要求。与此同时,目前使用的偶联剂主要是针对改善玻璃纤维粘结性的偶联剂,研制 PBO 纤维偶联剂对 PBO 纤维界面黏结性的改善有重要意义。

8.3 纳米粒子的化学接枝或包覆

化学接枝技术是指通过化学方法在纤维表面接枝小分子、聚合物层、纳米粒子等的处理方法。化学接枝处理可以在纤维表面选择性地接枝各种物质,引入具有某种功能性质的官能团,使纤维表面产生新的化学结构和元素组成,从而获得有利于纤维复合材料的界面结构。采用该处理方法可以有效提高复合材料的界面黏结强度、抗弯强度及抗冲击强度等力学性能。由于纳米科技的兴起,纳米粒子被越来越多地应用在表面处理领域。将纳米粒子接枝到纤维表面,可将特定功能基团同时引入。更为重要的是,纳米粒子的引入会赋予表面微纳结合的微观形貌,使得纤维及其复合材料的多种性质得到巨大改善。本节重点介绍采用纳米粒子的化学接枝对 PBO 纤维进行表面处理的相关进展。

8.3.1　纳米 TiO_2 表面接枝或包覆

纳米 TiO_2 是白色疏松粉末,屏蔽紫外线作用强,有良好的分散性和耐候性。因此有一些研究工作在 PBO 的表面引入 TiO_2,用以提高纤维的界面性能及防止紫外线对纤维的侵害。实验室中,纳米 TiO_2 通常采用溶胶凝胶法制备,华南理工大学的学者们利用涂覆法将 TiO_2 引入到 PBO 纤维表面,以提高 PBO 纤维与环氧树脂之间的界面剪切强度(IFSS)[14,15]。在此过程中,TiO_2 纳米粒子起到了类似楔子的作用,是树脂与纤维表面相嵌合的作用点。当纤维从树脂中拔出时,楔子受力,提高了纤维与环氧树脂基体 IFSS。楔子的存在使树脂与纤维表面更好地相嵌合,纤维从复合材料中拔出时,已不仅是纤维从树脂基体的拔离,而且涉及到纳米粒子与树脂基体新的结合层的破坏,这大大提高了 PBO 纤维/树脂基体的 IFSS。

层层自组装技术常用来制备具有特殊功能的超薄表面涂层(厚度小于1mm),该方法利用交替吸附带相反电荷的物质构建超薄涂层,每一对正电荷 - 负电荷吸附称为一个双层(LB)。层层自组装技术是一种简单,低成本,对环境无污染的方法,可以对涂层厚度精确控制在纳米尺度范围内。哈尔滨工业大学的研究人员采用层层自组装技术在 PBO 纤维表面制备了(POSS/TiO_2)多层涂层以增强 PBO 纤维的耐紫外线抵抗力[16]。图 8 – 5 为经表面包覆后 PBO 纤维的典型 SEM 图片。利用 POSS 分子结构的大比表面积和多功能基团,可改进 TiO_2

纳米粒子在 PBO 纤维表面的分布,得到更为规则致密的包覆。与原始的未处理 PBO 纤维相比,改性后的 PBO 纤维的表面自由能增加,其色散分量降低,极性分量增加,这可能是由于增加的表面粗糙度和表面功能基团共同作用的结果。同时,对 PBO 纤维与环氧树脂基体间的 IFSS 比较发现:经处理的 PBO 纤维表面的粗糙度和极性功能基团含量增大,纤维的 IFSS 均得到不同程度的提高。当纤维表面包覆(POSS/TiO$_2$)涂层后,纤维的耐紫外线性能显著提高,并且随着(POSS/TiO$_2$)涂层厚度的增加,耐紫外线老化性能提高愈加显著。

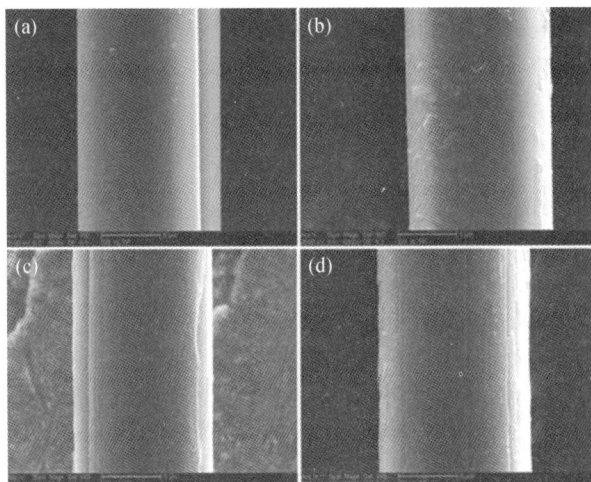

图 8 - 5　经表面包覆后 PBO 纤维的典型 SEM 图片
(a) 未处理 PBO 纤维;(b) TiO$_2$ 包覆 PBO 纤维;(c) POSS 接枝 PBO 纤维;
(d) (POSS/TiO$_2$)层层组装包覆 PBO 纤维的 SEM 照片[16]。

8.3.2　纳米 ZnO 表面涂覆或原位生长

纳米 ZnO 与纳米 TiO$_2$ 性质较为相似,具有屏蔽紫外线作用,因此有一些研究工作采用相应的办法将 ZnO 引入至 PBO 纤维表面。如哈尔滨工业大学的张春华等将含有纳米 ZnO 的环氧树脂浆料涂敷至 PBO 纤维表面,使得纤维的抗紫外线侵蚀性能大大提高[17]。为了使 ZnO 在环氧浆料中分散均匀,首先采用硅烷偶联剂 KH560 对其进行表面处理,处理后 ZnO 含有大量环氧功能基团(图 8 -6)。含有环氧基团的 ZnO 在与环氧树脂混合时,能参与到开环及交联反应中,形成环氧树脂杂化接枝纳米 ZnO。由于纳米 ZnO 的表面化学组成与树脂基体相似,因此具有优秀的分散性。经含 2%(质量分数)纳米 ZnO 环氧树脂浆料涂敷后,PBO 纤维在紫外线照射 30h 后,其拉伸强度仍有 4.8GPa,比未处理 PBO 纤维高出 109%,展现出优异的紫外线屏蔽性能。

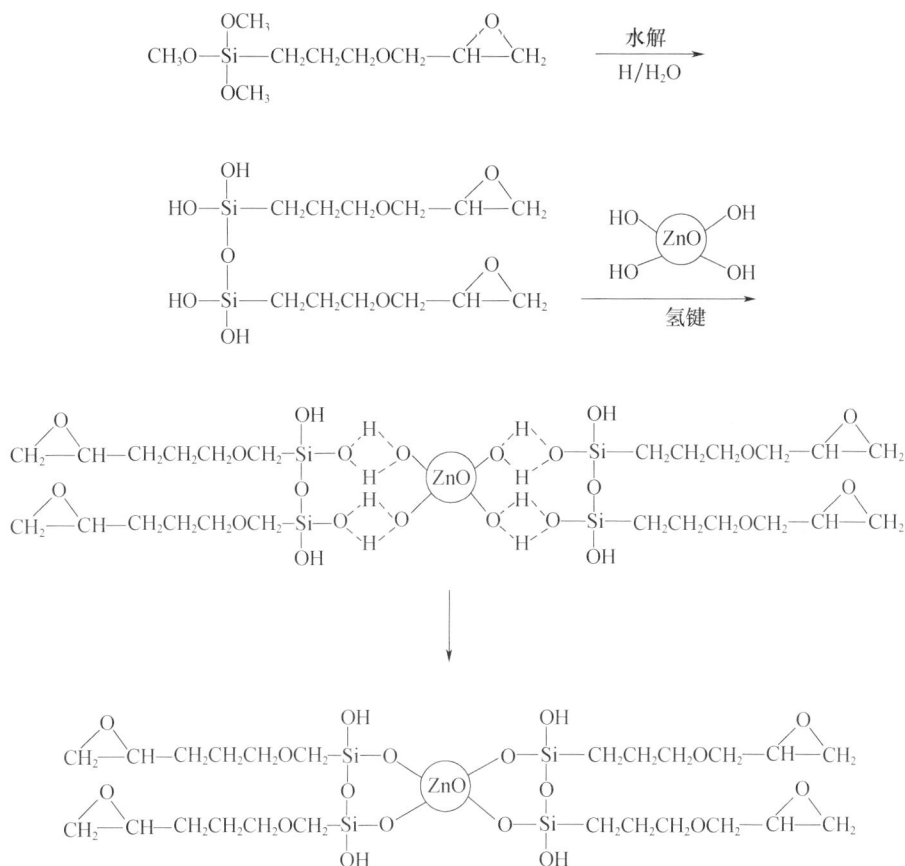

图 8-6　硅烷偶联剂 KH560 对纳米 ZnO 的表面修饰示意图[17]

哈尔滨工业大学黄玉东课题组还采用低温水热法首次在 PBO 纤维表面温和地实现 ZnO 纳米线(ZnO NWs)的原位生长[18]。ZnO NWs 不仅能够提高复合材料的界面结合强度,而且 ZnO 具备的键能较大,将对底层的纤维提供防护从而免遭紫外线、原子氧等的侵蚀。由于未处理的 PBO 纤维表面光滑、呈化学惰性,活性官能团含量极少,无法保证 ZnO NWs 在其表面牢固的生长。为了提高 ZnO NWs 与 PBO 纤维之间的结合强度,充分发挥其界面增强作用,在生长 ZnO NWs 之前需对 PBO 纤维进行预处理。锌离子为正二价,若使 PBO 纤维表面带负电,则可使二者产生静电相互作用。使用硫酸在室温下对 PBO 纤维进行氧化处理,目的是在纤维表面通过氧化作用引入一定数量的羧基官能团,为 ZnO NWs 的生长提供活性反应点。

在 PBO-ZnO NWs 杂化纤维与树脂基体复合的过程中,纤维表面具有较大长径比和比表面积的铆钉状 ZnO NWs 能够刺入到树脂基体中,有效地限制界面区域环氧分子的自由运动,形成牢固的锚定作用,有利于改善 PBO 纤维与树脂基体之间的界面结合强度。从图 8 - 7 可看出,ZnO NWs 沿 PBO 纤维表面垂直生长。纤维表面的 ZnO NWs 充分地刺入树脂基体中,在它们之间形成过渡界面相,使原本疏水的 PBO 纤维与树脂基体成为一个完全相容且无缺陷的整体,展现出良好的浸润性。这可能是由于 ZnO NWs 表面含有大量的羟基官能团,能够与树脂基体分子链上的环氧官能团形成氢键,从而明显促进了界面化学作用。

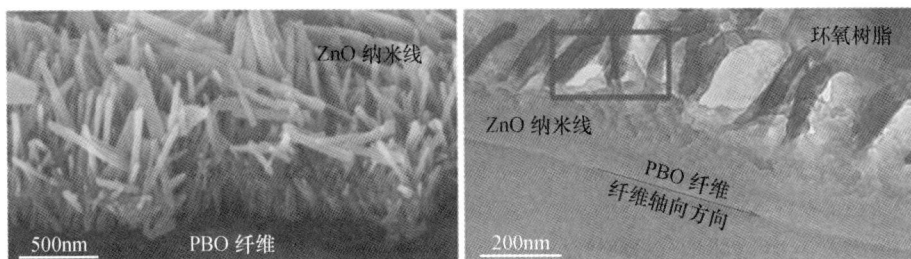

图 8 - 7　PBO - ZnO NWs 杂化纤维的截面形貌图[18]

　　通过观察 PBO 纤维单丝拔脱后的形貌,可以进一步分析 ZnO NWs 界面相改善复合材料界面性能的原因。可以把 PBO 纤维从树脂基体脱粘的过程想象成拔一棵种在土壤中的树,如果这棵树的树根上没有根须或根须较少,便能够相对轻松地将树从土壤中拔出;倘若树根上有大量根须,则需要花费更大的力量才能够将树从土壤中拔出。从图 8 - 8(a)中可以看到,未处理 PBO 纤维表面较为光滑且干净,仅有少量的树脂残余,这说明由于纤维增强体与树脂基体之间的界面结合强度较差,外载荷在作用的过程中并没有遇到过多的阻碍,微裂纹在薄弱的界面区域迅速扩展,从而导致纤维在较小的外载荷作用下便与树脂基体脱粘。从图 8 - 8(b)中可以看到,PBO - ZnO NWs 杂化纤维表面更加粗糙,残留有大量的树脂碎片残余,纤维本体甚至出现了许多裂纹。此外,还能够清楚地观察到,杂化纤维表面和树脂基体中分别有许多粘附有树脂碎片的 ZnO NWs(矩形框标注),这是由于纤维表面坚硬的 ZnO NWs 能够刺入树脂基体中,增加与树脂基体之间的接触面积,形成强大的机械锁合作用,有效地阻止复合材料界面沿外载荷方向的开裂,并使界面区域微裂纹的传播历程复杂化。测试结果说明,与未处理 PBO 纤维相比,PBO - ZnO NWs 杂化纤维与树脂基体脱粘的过程中需要消耗更多的外载荷能量,界面失效机制亦由简单的拔脱转变为界面和基体的共同破坏,杂化纤维与树脂基体之间的界面结合强度得到明显提高。毫无疑问,ZnO NWs 界面相的引入会形成两个界面:一个是其与 PBO 纤维之间的界面,另一个是其与树脂基体之间的界面。单丝拔出实验的测试结果表明,相较于未处理 PBO 纤维与树脂基体之间的界面,PBO - ZnO NWs 杂化纤维的两个界面均得到增强,两者的单丝拔出示意图如图 8 - 8(c)所示。从 PBO - ZnO NWs 杂化纤维拔脱后的形貌可知,复合材料的界面失效主要源自于 ZnO NWs 从纤维表面的剥离。值得注意的是,与传统 CVD 法相比,原位生长法在有效改善复合材料界面性能的同时,不会造成纤维本体强度的大幅下降。

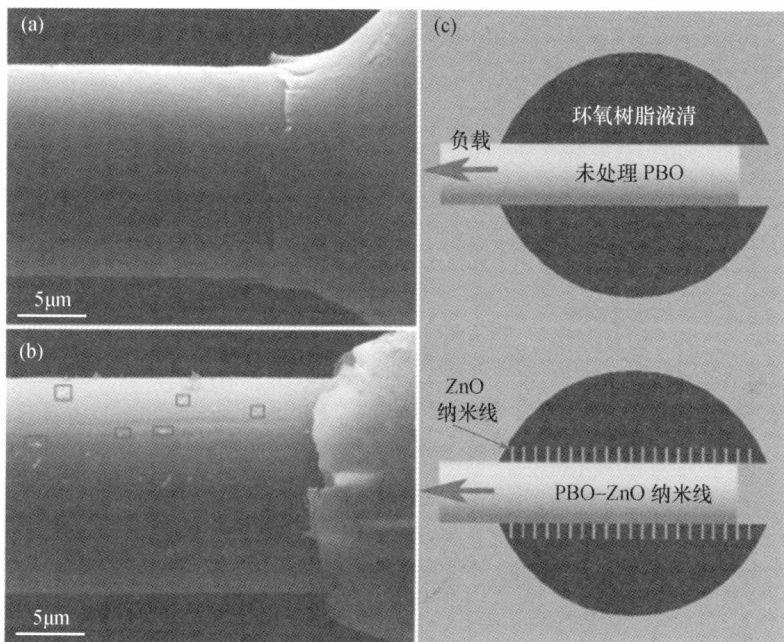

图 8 - 8　PBO 纤维脱粘后的断口形貌[18]

(a) 未处理 PBO 纤维;(b) PBO - ZnO NWs 杂化纤维;

(c) PBO 纤维复合材料的界面剪切机理示意图。

8.3.3　POSS 的表面接枝改性

多面体低聚倍半硅氧烷(POSS)是一类纳米尺度笼状结构的低聚硅氧烷,是典型的有机/无机杂化材料。极小的尺寸、规整的结构、优良的可设计性使得 POSS 在聚合物改性领域具有较大的潜力。因此有部分工作采用表面接枝改性手段,将 POSS 成功引入至 PBO 纤维表面,以期全面提升纤维的界面性能、耐热性、力学性能等。

西北工业大学的学者采用 MSA 对 PBO 纤维进行氧化处理,使纤维表面带有含氧功能基团。利用硅烷偶联剂 KH550 在酸性条件下与 PBO 纤维表面功能团发生缩合反应,引入大量氨基功能团。利用含环氧基 POSS 与 PBO 纤维上氨基的开环反应,最终实现 POSS 在 PBO 表面的接枝反应[19]。反应历程如图 8 - 9 所示。由于 POSS 介导的功能团引入及表面粗糙化,处理后 PBO 纤维的界面结合性能获得提升。

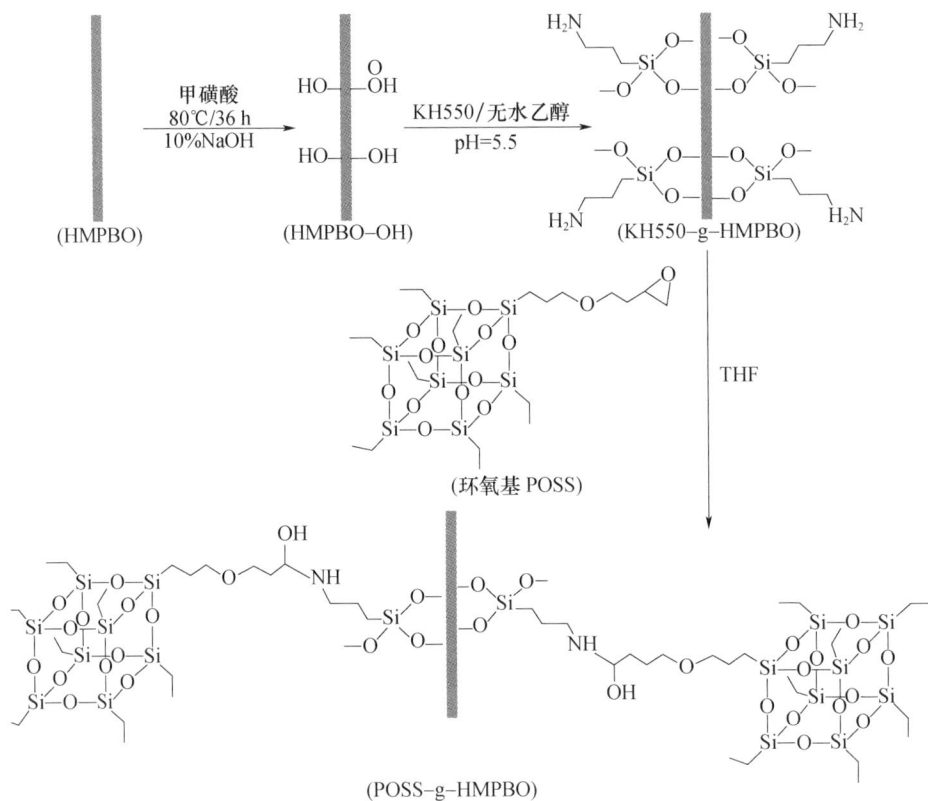

图 8-9 POSS 表面接枝 PBO 纤维反应示意图[19]

除上述方法外,哈尔滨工业大学黄玉东课题组将氧气等离子处理后的 PBO 纤维浸入侧基为环氧官能团的 POSS 溶液中,将 POSS 接枝到 PBO 纤维表面[20]。接枝后纤维表面的氧元素含量明显增加,浸润性得到改善,复合材料的界面剪切强度从 36.6MPa 提高到 54.9MPa。此外,测试结果还显示该化学接枝工艺并未对 PBO 纤维的拉伸强度带来明显的负面影响。无独有偶,Li 等用几乎同样的方法得到了相似的结果[21]。

8.3.4 氧化石墨烯的表面接枝改性

随着近年来石墨烯的发现,鉴于其更加优异的力学性能和更大的比表面积,已经在复合材料领域掀起了新一轮的研究热潮。经氧化后获得的石墨烯表面具有一定的结构缺陷,这些结构缺陷的存在可增强其与基体材料之间的界面相互作用,从而实现载荷的有效传递,因此,极小的加入量便可以显著提高复合材料的力学性能。

　　氧化石墨烯对 PBO 纤维的表面接枝改性可采用以下途径实现。哈尔滨工业大学黄玉东课题组采用一种成本较低、反应条件温和的二元接枝方法,分别将氨丙基三甲氧基硅烷(APTMS)和氧化石墨烯通过牢固的化学键连接在 PBO 纤维表面,从而在复合材料中引入有机硅 - 氧化石墨烯二元界面相,接枝反应流程如图 8 - 10 所示[22]。一方面,希望通过氧化石墨烯表面的褶皱结构和极性官能团增强界面相中的物理、化学作用;另一方面,利用 APTMS 本身的硅氧键结构能够对原子氧、紫外线等起到抵御作用。

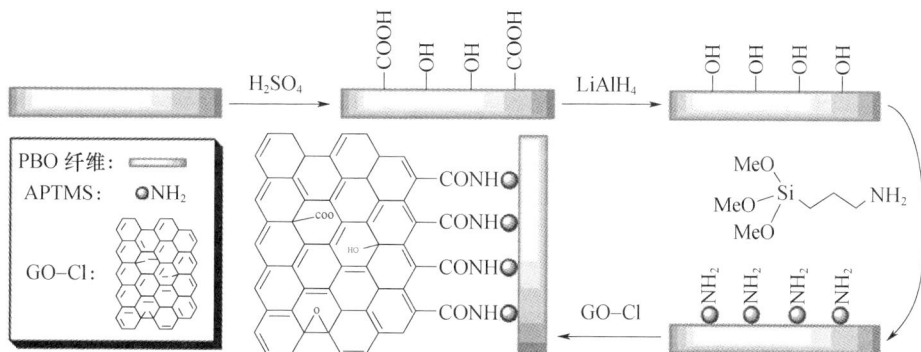

图 8 - 10　氨丙基三甲氧基硅烷和氧化石墨烯二元接枝改性 PBO 纤维示意图[22]

　　二元接枝后 PBO 纤维的表面形貌如图 8 - 11 所示。图中 PBO 纤维表面覆盖的层致密、粗糙的层状物,即是接枝在 PBO 纤维表面的 APTMS。在此需要指出的是,采用硅烷偶联剂对玻璃纤维进行表面处理的技术已在工业规模的生产中得到应用,但与玻璃纤维表面丰富的羟基官能团相比,即使经过氧化处理后,PBO 纤维表面的羟基官能团数目仍然较少,难以在其表面与偶联剂形成足够的化学键连接,这会导致不能为下一步的氧化石墨烯接枝提供充足数量的活性反应点,另外,不够致密的偶联剂层也无法抵御原子氧对底层纤维的侵蚀。因此,需使用还原剂有选择性地将氧化 PBO 纤维表面的羧基官能团还原为羟基官能团,使纤维表面的官能团实现均一化处理十分必要。

图 8 - 11　氨丙基三甲氧基硅烷和氧化石墨烯二元接枝改性 PBO 纤维 TEM 截面图[22]

经过二元接枝处理后,复合材料的 IFSS 继续得到显著提高,达到 65.3MPa,与未处理 PBO 纤维相比,PBO – APTMS – GO 二元接枝纤维复合材料的 IFSS 提高了 61.6%。二元接枝纤维复合材料界面性能的明显改善主要基于以下两点原因:①氧化石墨烯表面独特的褶皱结构能够显著提高纤维表面的粗糙度,亦能够极大地增加纤维与树脂基体之间的接触面积,从而形成强大的机械锁合作用,有利于界面相更好地传递载荷和吸收破坏能;②在二元接枝纤维与树脂基体复合过程中,氧化石墨烯表面的环氧官能团可与胺类固化剂反应,羧基官能团可与环氧树脂分子链中的环氧官能团反应,在界面区域形成牢固的化学连接。另外,氧化石墨烯表面的羟基官能团可与环氧树脂分子链中的环氧官能团形成氢键作用,同样有助于改善纤维与树脂基体之间的相容性。综上所述,这两种物理、化学作用在复合材料中发挥协同效应,使 PBO – APTMS – GO 二元接枝纤维复合材料的 IFSS 得以大幅提升。化学键理论是由 Witt 在 1947 年最早提出的一种著名理论,因完美地解释了硅烷偶联剂处理玻璃纤维能够显著改善玻璃钢的界面性能这一事实,所以被人们广泛接受。该理论认为纤维增强体与树脂基体之间的结合主要依靠化学键,具有两相结构的偶联剂通过化学反应将两者紧密地连接起来,从而形成牢固的界面相。对于 PBO 纤维复合材料而言,除了物理作用的范德华力和机械锁合力,化学作用的键合力同样是影响界面结合强度的关键性因素,化学键能够阻碍界面相分子的运动,有效改善复合材料的界面性能。图 8 – 12 是二元接枝纤维与树脂基体之间可能发生的界面化学反应示意图。从图中可以看到,PBO – APTMS – GO 二元接枝纤维可以通过表面的羧基官能团和环氧官能团分别与树脂分子的环氧官能团和固化剂分子的氨基官能团发生化学反应。有机硅 – 氧化石墨烯界面相在复合材料中充分发挥了偶联剂的桥联作用,使纤维增强体与树脂基体通过化学键牢固地结合在一起,达到改善复合材料界面性能的目的。与另一种常用的增强体碳纳米管相比,氧化石墨烯不仅具有更加优异的力学性能,其表面丰富的活性官能团提供了更多参与树脂基体交联固化的机会,为制备纤维多尺度增强体材料开辟了新的思路。

类似地,哈尔滨工业大学陈磊等利用溶胶凝胶法在酸化处理后的 PBO 纤维上原位生长纳米 SiO_2,进一步利用硅羟基和酰氯化石墨烯的酯化反应,实现纳米 SiO_2 及氧化石墨烯的二元接枝(图 8 – 13)[23]。同样是来自哈尔滨工业大学的李艳伟等[24]将经过氧化处理的 PBO 纤维和 GO 置于装有乙二胺桥联剂和 N, N – 二甲基甲酰胺溶剂的反应釜中,在超临界条件下,分散在溶液中的反应物变得比较活泼,纤维和 GO 表面的羧基官能团分别与乙二胺反应,从而通过化学作用连接将 GO 引入到 PBO 纤维表面(图 8 – 14)。测试结果表明,化学接枝处理后 PBO 纤维的表面能由 39.7MJ/m^2 上升到 64.5MJ/m^2,界面剪切强度提高了 68%。

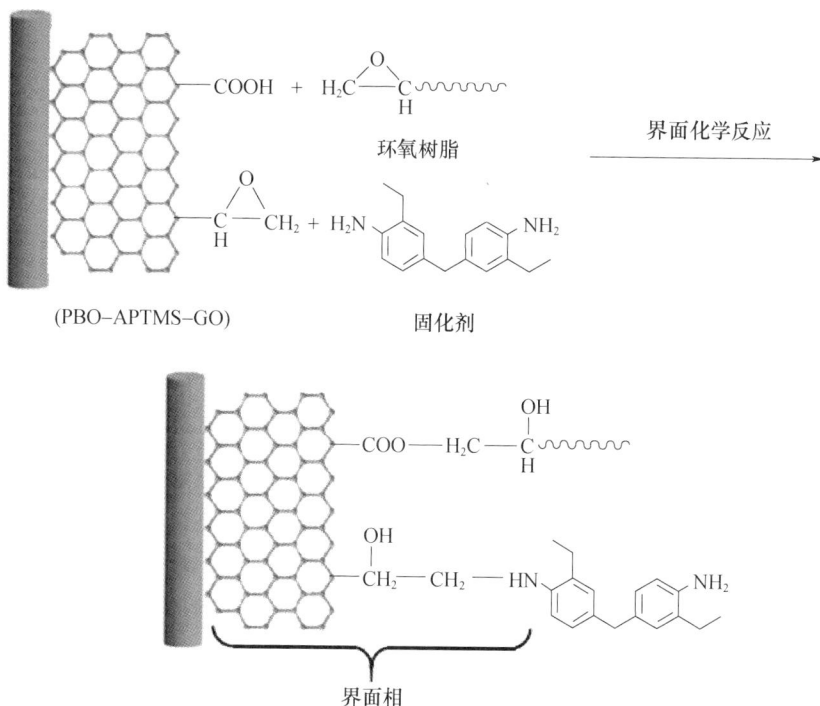

图 8-12　氨丙基三甲氧基硅烷和氧化石墨烯二元接枝
纤维表面与树脂基体间的界面化学反应示意图[22]

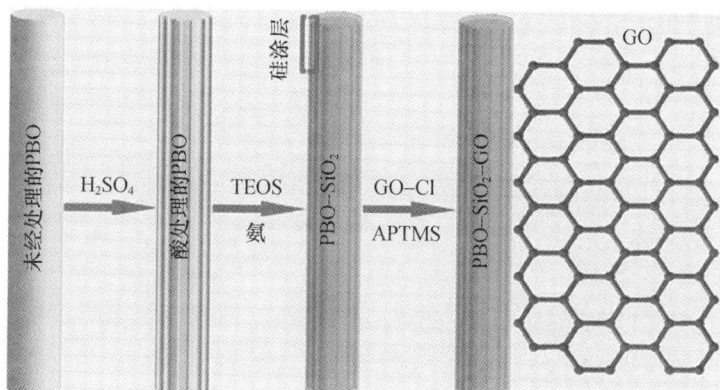

图 8-13　纳米 SiO₂ 及氧化石墨烯二元接枝 PBO 纤维示意图[23]

　　纳米粒子的化学接枝与包覆因能接枝特定纳米颗粒、无需长时间高温加热、成本较低且效果显著等特点,从而得到了广泛关注。但是值得注意的是,PBO纤维表面呈化学惰性,活性基团较少,需要采用预氧化处理的方法使其表面上形成羧基等官能团才能与含有活性官能团的聚合物发生接枝反应。由于 PBO 纤维表面的活性反应点分布不均匀,在其表面引发均匀的接枝反应也相对困难,因此,在纤维表面实现有序可控接枝,使接枝官能团或纳米粒子均匀、有规则地分散是今后研究的重点。另外,由于纤维需要一系列连续的化学改性才能最终达到接枝效果,工艺比较复杂,所以这种处理方法难以实现工业化。

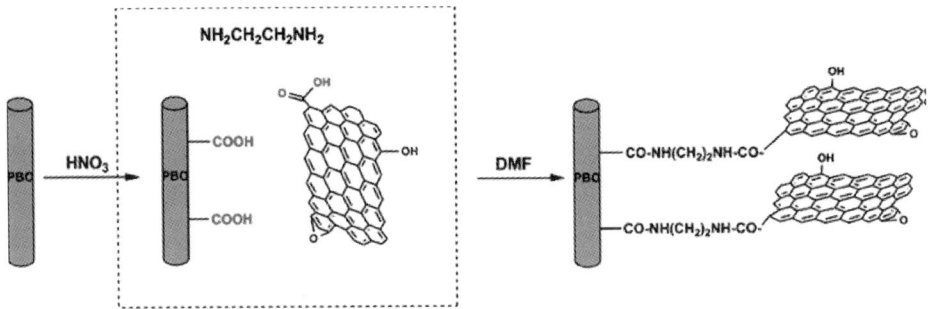

图 8-14　氧化石墨烯接枝改性 PBO 纤维示意图[24]

8.4 等离子体处理

　　等离子体是在特定条件下使气体部分电离而产生的非凝聚体系,是除固态、液态和气态之外的另一物质聚集态,被称为物质的第四态。它由中性的原子或分子、激发态的原子或分子、自由基、电子或负离子、正离子以及辐射光子等粒子组成,体系内正负电荷数量相等,是宏观上呈准中性的混合气体[18]。

　　等离子体法是对材料进行表面处理的常规方法。对纤维表面进行处理通常采用高频电磁振荡致低温等离子体,将纤维置于处理室内,然后在负压的状态下,依靠电离稀薄气体对纤维表面进行处理。处理气体可以是惰性气体如 He、Ar、N_2 等,也可以是活性气体如 O_2、NH_3、SO_2、CO 等,还可以将不同气体混合或分多步使用,具体实施工艺灵活多变,可操作性强。

　　由于等离子体表面改性具有许多突出的优点,如作用深度仅位于材料表层不会对材料本体产生破坏,可通过调节处理气氛实现反应多样化,节能节水和环境友好,因此被广泛地应用于纤维表面改性及复合材料界面改性等领域。利用等离子体对材料进行表面改性时,等离子体中的活性粒子能够与材料表面发生各种相互作用并引入特定官能团。同时,由于等离子体的溅射侵蚀及化学侵蚀,将在材料表面生成微细的凹凸结构,增大材料表面粗糙度及比表面积。我国在利用等离子体法对 PBO 纤维进行表面改性的研究领域位于世界前列,其中大连理工大学、哈尔滨工业大学、东华大学、华南理工大学等在此领域做了大量工作并取得了一定进展。

8.4.1　等离子体法对 PBO 纤维表面的直接改性

等离子体与材料表面的作用机制较为复杂,一般的机制包括表面刻蚀、自由基的生成和极性官能团的引入等,这些作用通常不是单一的,往往是以某种作用为主、几种作用并存的形式发挥协同效应。然而,不同性质的气体对聚合物表面的作用机理并不完全相同。

(1)使用活性气体时,以氧气为例,氧气被电离后产生电子、离子、自由基和激发态分子等多种粒子,进而产生大量自由基。由于自由基很活泼,容易与等离子体中的活性物种之间发生化学反应,在材料表面生成含氧官能团;如果自由基的浓度很大,彼此之间也会发生交联反应,在材料表面形成交联层。与此同时,强烈的溅射刻蚀作用也会使聚合物表面形貌发生变化,增加其表面的粗糙度。

(2)使用惰性气体时,以氩气为例,电离后产生的高能粒子撞击到材料表面会带来溅射刻蚀的效果,材料表面由于受到侵蚀作用,会形成大量不规则的凹陷或凸起,增加了材料表面的粗糙度。此外,高能粒子的撞击还会带来能量转移的效果,激发或破坏聚合物分子链中的化学键。当化学键断裂后,会生成大量自由基。自由基的稳定化主要通过三种途径来实现:一是电子、原子或基团迁移,会造成分子结构重排;二是自由基彼此之间结合形成共价键,在聚合物表面生成交联层;三是与等离子体气氛中残余的氧、氮原子结合,或是暴露在空气中时与氧气、水蒸气作用生成含氧官能团。因此,非反应性气体等离子体处理也会带来较为显著的表面功能团引入效果。

(3)使用混合气体等离子体时,一般是将两种气体同时通入处理室内,等离子体气氛以一种气体为主,而另一种气体的含量很低。空气是由氮气、氧气、二氧化碳以及水蒸气共同组成的混合气体,因此,使用空气等离子体也可看作是混合气体等离子体方法。

由此可见,气氛的选择对纤维表面的处理效果至关重要。Wu 等采用多种不同气氛等离子体(O_2、N_2、Ar、NH_3)对 PBO 纤维表面处理,并对改性效果做出了对比[25]。结果显示,所有气氛等离子体处理后,PBO 纤维表面变得粗糙且自由能都有所提高,具体改性效果为 $O_2 > N_2 > Ar > NH_3$ 等离子体。与此同时,纤维拉伸强度在处理后都略有下降,其中对纤维性能损伤最低的是 NH_3 等离子体。

在使用活性气体时,等离子体毫无疑问将在纤维表面引入功能基团。然而使用惰性气体等离子体时,情况又是如何呢? 相关的研究工作为我们给出了答案。刘丹丹等[26]采用了惰性气体(氩气)等离子体对 PBO 纤维表面进行改性,增加了纤维的粗糙度,使 PBO/环氧树脂的 IFSS 提高了 42%。XPS 测试表明,PBO 纤维表面的 O/C 有少量提高,结合 FT-IR 的谱图结果显示纤维表面引入了羟基。无独有偶,岳森等[27]采用氩气常压等离子体接枝硅烷偶联剂进行 PBO

纤维表面改性。结果发现,经过氩气等离子体处理后,PBO 纤维表面产生了大量的极性基团,表面有明显的刻蚀痕迹,PBO 纤维/环氧树脂复合材料的界面黏结性能提高了 50%。因此,惰性气体等离子体虽不能直接引入功能基团,但经由其产生的活性中心,历经复杂的化学重排反应,也能在纤维表面产生极性基团。

另一个问题,是否使用活性气体等离子体的表面改性效果就一定比惰性气体或混合气体好呢?刘东等的工作为我们解开了疑惑。他们[28-31]分别采用了氧气和氩气两种类型不同的等离子体对 PBO 纤维表面进行处理,用以提高 PBO/双马来酰亚胺树脂(BMI)复合材料的界面黏结强度。结果表明,两种气氛等离子体均能有效地提高 PBO/BMI 复合材料的界面性能,且惰性氩气等离子体改性效果明显好于活性氧气等离子体。经过对 PBO 纤维表面性质的测试发现,氧气等离子体能在 PBO 纤维表面引入大量的 O 原子和少量的 N 原子,并形成酯基、羟基、酰胺等极性基团,纤维表面粗糙度增大。而氩气等离子体仅在 PBO 纤维表面引入较少的 O、N 原子,产生的极性基团较少,但粗糙度较大,有助于改善 PBO/BMI 复合材料的界面性能。另外,他们还将两种气氛按不同比例混合对 PBO 纤维表面进行处理[32]。结果发现,混合气氛等离子体处理过程中产生了协同效应,使 PBO 纤维表面引入的 O 原子数和含氧基团含量都远大于纯气体的改性效果。同时,纤维表面粗糙度也明显增大。因此,气氛的活泼性并不是决定处理效果好坏的唯一因素,在很多时候需结合其他因素综合分析考虑。

空气是一种最为常见及经济的混合气氛,研究空气等离子体对 PBO 纤维的处理效果具有重要的意义。哈尔滨工业大学李瑞华等[33]采用空气等离子体对 PBO 纤维进行表面处理,经过 170W 等离子体处理 10min 后,复合材料的 IFSS 提高了 64.7%。王乾等[34,35]采用空气介质阻挡放电(DBD)等离子体对 PBO 纤维表面进行了改性。研究表明,经过空气 DBD 处理后,PBO 纤维表面浸润性得到提高,表面自由能提高了 49.5%。等离子体的刻蚀在其表面产生了大量的沟壑和凸起,其表面粗糙度也大幅度提高。空气 DBD 等离子体还在 PBO 纤维表面引入了大量的含氧活性基团,等离子体使 PBO 纤维表面物理、化学性能都发生了明显变化。与此同时,PBO/PPESK 复合材料的界面黏结性能提高将近 34.5%。因此,空气 DBD 等离子体能有效提高 PBO 表面自由能和化学活性。

目前,等离子体法作为 PBO 纤维表面处理方法的一种,已取得很大的进展。然而,采用等离子法构筑 PBO 纤维优化表面还面临着一些关键的挑战,比如等离子法的表面处理效果不持久,表面功能化程度及反应活性仍较低,表面粗糙尺度通常为微米级等。

8.4.2 等离子体介导的 PBO 纤维表面接枝改性

对纤维进行等离子体处理,利用其表面产生的活性自由基引发具有功能性的单体进行接枝聚合反应,可实现纤维表面的等离子体接枝改性。纤维表面的等离子体接枝方法一般为两步:第一步就是用等离子体对纤维表面进行处理,产生活性中心,比如活性的自由基或过氧化物等;第二步是将处理后的纤维与接枝单体进行接触,引发聚合。等离子体接枝聚合的方法主要包括以下几种:①气相法,首先采用等离子体活化材料表面,然后使材料与气相单体接枝聚合;②脱气液相法,材料表面经等离子体处理后,直接浸入液体单体内进行接枝聚合;③常压液相法,材料表面经等离子体处理后接触大气,形成过氧化物后再放进液体单体内,由过氧化物引发接枝聚合;④一步接枝法,单体吸附于材料表面,再暴露于等离子体中,活化和接枝聚合在材料表面同时进行。等离子体接枝处理的优势在于可人为设计符合需要的接枝聚合物层,更有利于界面结合的控制和优化,还能降低退化效应对改性结果带来的不利影响。

将经过氧等离子体处理的 PBO 纤维和丙烯酸气体进行接枝聚合,可显示出表面接枝改性效应[36]。图 8 - 15 是等离子体气相接枝处理前后 PBO 纤维的 AFM 图。从图中可以看到,采用气相接枝处理后,PBO 纤维表面形成许多凸起和凹槽,表明丙烯酸成功接枝到纤维表面,形成了一定厚度的聚合物层,并且随着处理时间的增加,纤维表面粗糙度逐渐增加,由 172nm 大幅提高到 485nm。此外,气相接枝反应会在纤维表面生成含氧官能团,提高 PBO 纤维表面极性和浸润性,有利于树脂在纤维表面的铺展,减少界面处的孔洞和缝隙等缺陷,当接枝处理时间不大于 10min 时,表面自由能随接枝时间的延长而增大,处理 5min 和 10min 后纤维的表面自由能分别增加到 57.4mJ/m² 和 62.8mJ/m²;当接枝处理时间超过 10min 时,表面自由能随接枝时间的延长而降低,处理 15min 时纤维的表面自由能为 59.7mJ/m²。导致这一现象的原因可能是随着接枝时间的延长,纤维表面粗糙度持续增加,导致纤维表面由亲水性向疏水性转变,降低了 PBO 纤维的表面自由能。

同样是来自哈尔滨工业大学的研究学者,将经过等离子体预处理过的 PBO 纤维浸渍到马来酸酐的丙酮接枝溶液中,随后进行等离子体处理,在纤维表面引发接枝单体的聚合反应。接枝后的 PBO 纤维表面粗糙度明显增加,引入了极性官能团,浸润性得到提高,复合材料的界面性能得到明显改善[37]。随着处理时间的延长,PBO 纤维复合材料的界面剪切强度也呈现出先增加后降低的变化趋势。这是因为随着处理时间的延长,纤维表面粗糙度增加,同时等离子体产生的活性点增多,这有利于单体在纤维表面的接枝聚合反应,使得复合材料的界面剪切强度值提高幅度增大。但当处理时间过长时,等离子体对纤维表面已接枝上的部分官能团有离解作用,对纤维表面的聚合物链也有降解作用,容易产生弱边界层,影响纤维与树脂基体的黏结性,使处理效果下降。类似地,Sugihara H. 等对纤维进行等离子体接枝共聚改性,将丙烯酸和 1,7 - 辛二烯单体接枝到 PBO

纤维表面[38]。对改性后的纤维进行分析后发现,聚合物涂层被引入其表面。结果表明,改性后的 PBO 纤维表面引入了大量的羧酸基团,与环氧树脂的界面剪切强度和层间剪切强度有明显提高,同时纤维的拉伸模量有所增加。

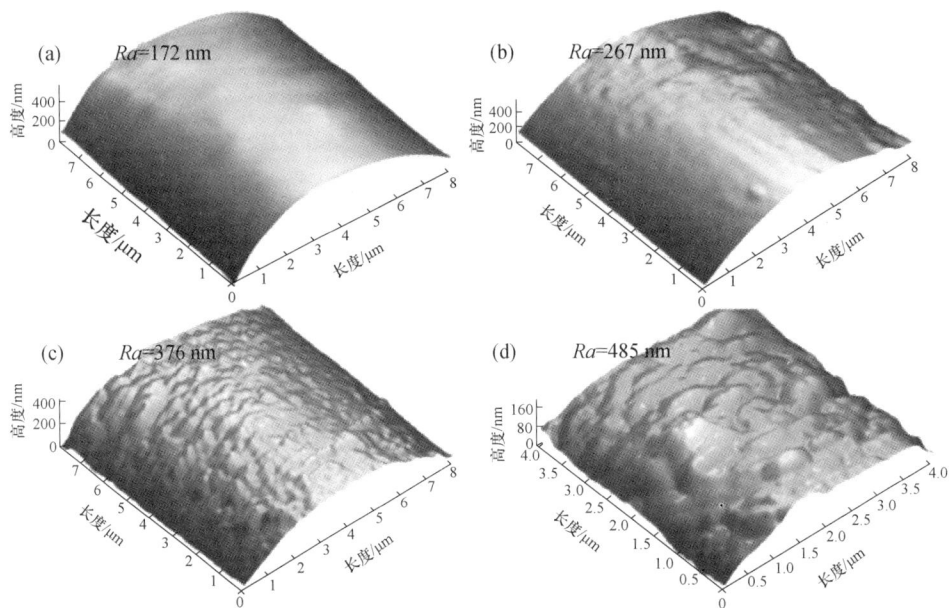

图 8-15　等离子体气相接枝处理前后 PBO 纤维的 AFM 图片[36]

(a)未处理 PBO 纤维;(b)接枝处理 5min 的 PBO 纤维;

(c)接枝处理 10min 的 PBO 纤维;(d)接枝处理 15min 的 PBO 纤维。

8.5　γ 射线辐照处理

8.5.1　辐照改性基本概念

辐照加工技术是利用高能射线作为能源对被加工物质进行辐照,使物质的物理、化学性质发生某些适合于人们需要的变化的工艺技术。辐照加工技术不仅效率高,而且具有节能、无公害、工艺简单以及操作过程容易控制等诸多优点。辐照处理可在室温、无催化剂的情况下引发化学反应,无需考虑待处理材料所处的物理状态,可以实现批量处理,适用于工业化生产,产品性能稳定可靠。该技术在国内外已越来越受到重视,也是绿色化技术的一种发展趋势[39,40]。

目前,聚合物的辐照改性主要是用 ^{60}Co 的 γ 射线和由高能电子束产生的 γ 射线实现的。聚合物的辐照改性主要包括辐照聚合、辐照接枝、辐照交联和辐照降解。辐照聚合不使用引发剂或催化剂,因而聚合产品极纯净;另外,辐照聚合可在低温或固相条件下进行,因而可用于制备聚合物单晶材料等。辐照交联通常仅发生在半结晶聚合物的无定形区,结晶区不发生交联,因此所得产品有记忆功能,并且交联后双键含量明显减少。辐照交联已广泛应用于电线电缆的交联、橡胶的硫化、发泡材料的制备、热收缩材料的加工及涂料的固化等方面。辐照降解已应用于聚合物材料的再生利用、废料处理及分子量调节等方面。辐照接枝的特点是接枝可发生在任何聚合物和单体之间,不使用引发剂,可广泛应用于医用高分子材料的生产、离子交换膜的制备等方面。

近年来,利用 γ 射线辐照改性高聚物的研究不计其数,用来对纤维进行改性的报道也有了一些。有对棉纤维、石英纤维、超高分子量聚乙烯纤维、碳纤维、聚丙烯纤维、尼龙、PBO 纤维、芳纶以及腈纶纤维的辐照改性的文献,其中既有对本体的改性,也有的对表面进行接枝,来改善表面的某种性能。

影响辐照效应的主要因素包括辐照接枝介质、辐照参数和辐照处理方法。

1. 辐照接枝介质

理想的接枝体应具有偶联剂的作用。在辐照接枝反应中,接枝单体可以是气体、液体或溶于溶剂的溶液。液态接枝单体的要求为:①能够较好地湿润纤维表面;②接枝单体分子具有两个或两个以上活性官能团;③接枝单体分子活性官能团反应活性适中,在共辐照条件下能够在纤维表面发生接枝反应,又不易产生自聚反应,接枝链长度最好为单分子链或小分子低聚体,确保接枝链分子的反应活性和分子链的活动性。低分子活性接枝链能够实现纤维在复合材料中与树脂基体发生化学反应,提高纤维的界面性能,同时又能实现纤维分子链横向桥接,改善纤维的微纤化结构,从而提高纤维的横向性能。

2. 辐照参数

辐照接枝技术中除了接枝体系,还有辐照参数需要确定。不同反应基材所需要的能量是不同的。辐照剂量太小,提供的能量过低,不能实现反应;辐照剂量太大,提供了过高的能量,很有可能对反应物造成不可逆转的破坏,也同样达不到反应的目的。

辐照剂量率是单位时间内被辐照物质所吸收的辐照能量,直接关系到纤维结构变化的速率,从而影响到纤维的各项力学性能。在高分子的共辐照接枝中,辐照剂量率会直接影响到自由基生成速率,从而不仅影响到辐照接枝的引发速率,还会影响到接枝链的长度,最终影响接枝率。

相关研究表明,$10^3 \sim 10^6$ Gy 是辐照接枝的有效剂量范围,接枝率随辐照剂量呈线性增长,与剂量率的平方根成正比关系,因此,在研究接枝单体的辐照活性以及对纤维表面活化效果的时候,需要选择相对较大的辐照剂量和剂量率。

3. 辐照处理方法

辐照处理方法分为共辐照接枝法和预辐照接枝法。

共辐照接枝法:该方法是将聚合物 A 与单体 B 置于同一体系中,在保持直接接触的情况下同时进行辐照,从而发生接枝共聚反应。

对交联型聚合物发生如下接枝共聚反应:

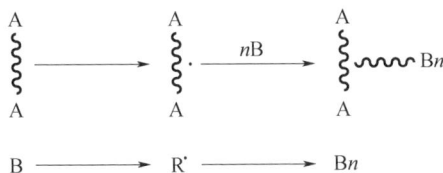

$$
\begin{array}{ccc}
A & A & A \\
\mid & \mid & \mid \\
\sim\!\!\cdot & \xrightarrow{\quad} \sim\!\!\cdot & \xrightarrow{nB} \sim\!\!\sim B_n \\
\mid & \mid & \mid \\
A & A & A
\end{array}
$$

$$
B \longrightarrow R\cdot \longrightarrow B_n
$$

降解型聚合物则发生如下接枝共聚反应:

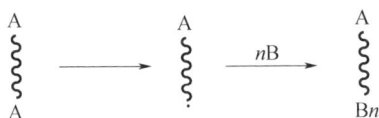

$$
\begin{array}{ccc}
A & A & A \\
\mid & \mid & \mid \\
\sim & \xrightarrow{\quad} \sim & \xrightarrow{nB} \sim \\
\mid & \cdot & \mid \\
A & & B_n
\end{array}
$$

共辐照接枝法的优点包括以下几个方面:①辐射与接枝过程一步完成,操作简便易行;②聚合物辐射生成的自由基,一经生成可立即引发接枝反应,活性点或辐射能利用率高;③在多数接枝体系中,单体 B 可以作聚合物 A 的保护剂,这对辐照稳定性较差的聚合物尤为重要。这一方法的缺点是单体易发生均聚反应,影响接枝效率,可以通过降低接枝单体浓度的方式减少单体均聚反应的发生。

预辐照接枝法:该方法分为两种:一种是陷落自由基引发,即在室温下处于玻璃态或结晶聚合物在高度真空或氮气保护下辐照处理后产生的陷落自由基引发接枝单体聚合;另一种是过氧化法,将聚合物在有氧条件下进行辐照,生成过氧化物,过氧化物在室温下比较稳定,可用加热、紫外光照或加还原剂等方法分解过氧化物,给出含氧自由基,含氧自由基可以有效地引发单体接枝反应,因此接枝反应可在辐射场外进行。这里应该指出的是有氧进行预辐照过程中,虽然有过氧化物生成,但聚合物中同时也生成陷落自由基。在接枝反应温度较低时,是陷落自由基引发接枝反应而不是含氧自由基。这种方法的主要特点是辐照与接枝反应分步进行,单体不直接接受辐射能,最大限度地减少了均聚反应。预辐照接枝方法的缺点是聚合物自由基的利用率低,基材的辐射损伤也比共辐照接枝法严重。

8.5.2 基于 γ 射线辐照的 PBO 纤维接枝改性

γ 射线辐照接枝共聚与传统接枝方法相比具有自己的特点,可以完成化学法难以进行的接枝反应。对固态 PBO 纤维进行接枝改性时,化学引发要在纤维中形成均匀的引发点是困难的,而 γ 射线穿透力很强,可以在整个固态纤维中均匀地形成自由基,便于接枝反应的进行;辐射可被物质非选择性吸收,因此比紫外线引发反应更为广泛;辐照接枝操作简便易行,室温甚至低温下也可完成。同时可以通过调整剂量、剂量率、单体性能和向基材溶胀的深度来控制反应;辐照接枝反应是由射线引发的,不需引发剂,可以得到纯净的 PBO 接枝共聚物[41]。

与此同时,由于 γ 射线能量高,穿透力强,不但可以激活纤维皮层聚合物,同时还激活接枝化合物,产生各种能级的活性中间体,其中部分活性中间体接枝到纤维表面,接枝分子与纤维表面实现化学联接而不是较弱的次键联接。另外,辐照还会对纤维表面进行刻蚀,使光滑的 PBO 纤维表面变得凹凸不平,增加了与树脂之间的接触面积,加上接枝分子链上含有可与如环氧树脂进行交联反应的官能团,这些更有利于树脂的浸润和交联。同时,接枝单体和溶剂的存在对基材的辐照损伤也有一定的保护作用,接枝反应只发生在 PBO 纤维的皮层结构上,小分子接枝体无法进入到纤维的芯结构里,PBO 分子链的取向结构不受影响,纤维的力学性能变化不大。

哈尔滨工业大学黄玉东课题组在利用 γ 射线辐照技术对 PBO 纤维进行表面修饰领域积累了大量的经验,取得了系列进展。如张春华等[42-44]将 PBO 纤维及 PBO 模型化合物浸泡在 30%(质量分数)环氧氯丙烷/丙酮溶液中,采用 γ 射线以共辐照的方式进行辐照。辐照处理后纤维表面元素发生了明显的变化,从表 8-1 中可以看到,氧含量从 15.84% 提高到 19.33%,增加幅度达 22%,与此同时,在辐射处理后的纤维表面出现氯元素,含量为 0.66%。以上测试结果表明,辐照后的纤维表面与环氧氯丙烷发生了化学接枝反应,使环氧氯丙烷分子中的含氯和含氧基团被接枝到 PBO 纤维表面。通过对表 8-1 的纤维表面元素含量测试结果计算可知,改性前 PBO 聚合物结构单元中各元素的个数为 C∶N∶O∶Cl = 14∶2∶2∶0,而改性后为 C∶N∶O∶Cl = 18∶2∶6∶2,即氮含量没有变化,氧和氯含量明显增加。从氧和氯含量的变化情况可以推测,PBO 聚合物中并非所有 C=N 双键都被打开后又都参加了与环氧氯丙烷分子的接枝反应,而是大部分断键所形成的自由基吸收辐照能后重新闭合。这可以从两方面得到证明:①如果 PBO 纤维表面所有 C=N 双键被都打开,并都参加了与环氧氯丙烷分子的接枝反应,那么辐照改性的纤维表面碳、氮、氧、氯含量的理论计算结果应该分别为 0.646、0.063、0.215 和 0.076。而经过 30kGy 辐照处理 PBO 纤维表面四者含量的实测结果分别为 0.735、0.064、0.194 和 0.0066,氧和氯含量远远低于理论值;②如果纤维表面聚合物所有 C=N 双键都被打开后部分没有重新闭合,那么必然明显损伤纤维本体强度。但测试结果显示,辐照改性后 PBO 纤维的拉伸强度未出现明显变化,仅下降了 4%。因此可以断定,只有小部分断键自由基参加了与环氧氯丙烷的接枝反应。图 8-16 是 PBO 纤维与环氧氯丙烷的化学接枝反应示意图。

表 8-1　辐照接枝反应前后 PBO 纤维表面元素组成变化

元素	理论值/%	空白样/%	辐照接枝处理样/%
C	72.38	75.78	73.59
O	13.66	15.84	19.37
N	11.96	8.38	6.38
Cl	0	0	0.66

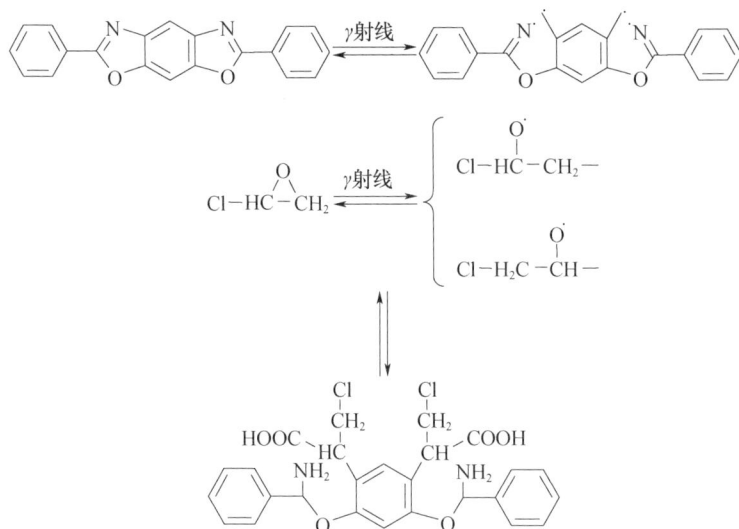

图 8-16　PBO 纤维与环氧氯丙烷的化学接枝反应示意图

碳纳米管(CNTs)具有出色的力学性能和热性能,使其在复合材料领域具有巨大的应用前景,采用 CNTs 辐照接枝,在 PBO 纤维表面改性方面取得了显著的效果[45,46]。哈尔滨工业大学黄玉东课题组利用 CNTs 与环氧氯丙烷之间的无机/有机杂化反应,配制成丙酮杂化接枝液。将 PBO 纤维与 CNTs/环氧氯丙烷杂化接枝液充分浸润及混合,进行共辐照接枝,从而得到 CNTs 接枝的 PBO 纤维,其表面形貌如图 8-17 所示。

CNTs 辐射接枝后,PBO 纤维复合材料界面剪切强度发生了明显的改善(图 8-18)。单独使用丙酮做接枝剂对 PBO 纤维进行辐照时,界面剪切强度数据变化不大,仅稍有提高。丙酮是化学稳定性小分子,不可能与 PBO 纤维表面发生反应,只能起到溶剂的作用,界面剪切强度小幅度提高的原因可能是丙酮中溶有空气中的氧微量接枝使纤维表面产生了很少的化学键。当用环氧氯丙烷做接枝剂对 PBO 纤维进行辐照时,纤维的界面剪切强度明显提高,这是因为:①环氧氯丙烷丙酮溶液黏度小,能够较好地对 PBO 纤维进行浸润和溶胀;②环氧氯丙烷分子量小,化学反应活性高,在辐照能作用下环氧环和氯都容易产生自由基,因而环氧氯丙烷接枝到 PBO 纤维表面的接枝反应效率高;③接枝到 PBO 纤维表面的环氧环和极性氯有利于增加 PBO 纤维表面的化学极性及与树脂基体之间的浸润性。当使用 CNTs/环氧氯丙烷杂化接枝液对 PBO 纤维进行辐照时,纤维的界面剪切强度得到进一步的大幅提高。分析原因可能是:一方面杂化的 CNTs 接枝到 PBO 纤维表面,CNTs 表面的羧基和极性氯被引入到纤维表面,增加了纤维表面的极性官能团,活化的纤维表面在与呈极性的环氧树脂复合时产生了化学键和作用;另一方面 CNTs 的引入极大地增加了纤维表面的粗糙度,刺入树脂基体中的 CNTs 与聚合物形成强大的机械啮合作用,限制了纤维表面树脂分子的自由运动。综合上述两方面原因,使用 CNTs/环氧氯丙烷杂化接枝液辐照 PBO 纤维的界面剪切强度提高幅度是最大的。

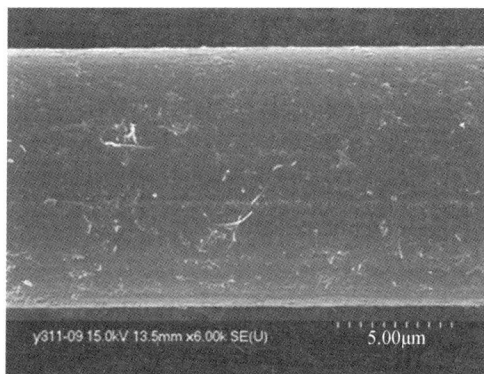

图 8 - 17　CNTs 接枝 PBO 纤维的表面形貌

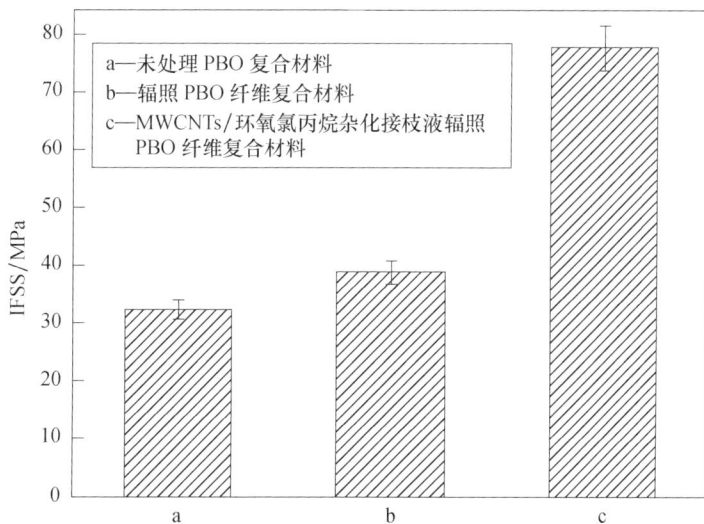

图 8 - 18　辐射接枝对 PBO 纤维复合材料界面剪切强度的影响

8.6 酶催化改性

酶是生物体中活细胞产生的一种具有催化作用的物质,是由氨基酸分子组成的高分子蛋白质,是具有非常复杂立体结构的巨大分子。由于生物酶制剂具有高效、专一以及反应条件温和等特点,且催化反应生成的产物与环境相容性好,工艺节能环保,近年来,生物酶技术在生物医学及材料改性等领域的应用已经十分广泛,但是,目前利用生物酶对纤维材料进行表面改性的研究还不多见。

采用浓度为24%的过氧化物酶作为催化剂,过氧化氢作为氧化剂,1,4-二噁烷作为溶剂,在反应温度30℃和反应时间4h的条件下对PBO纤维进行表面处理[47],生物酶在PBO纤维表面的催化反应机理如图8-19所示。研究发现,改性后PBO纤维表面的氧元素含量从17.59%上升到22.34%,出现了新的酯基官能团,此外,纤维与乙二醇之间的接触角大大降低。图8-20是酶催化改性前后PBO纤维的表面形貌对比,可以观察到未改性PBO纤维表面非常光滑,而改性后纤维表面变得十分粗糙,形成了大量的接枝聚合物,据推测为丙稀酸聚合的产物。界面性能测试结果显示,PBO纤维复合材料的界面剪切强度提高了21.7%。

与传统的PBO纤维表面处理方法相比,生物酶催化改性的优点在于反应条件温和、反应时间较短、不损伤纤维的本体性能,改性效果较为明显且具有持久性。该处理技术前景广阔、意义重大,为PBO纤维表面改性提供了一种新思路,但目前仍只能在实验室应用,要实现大规模工业化尚需时日。

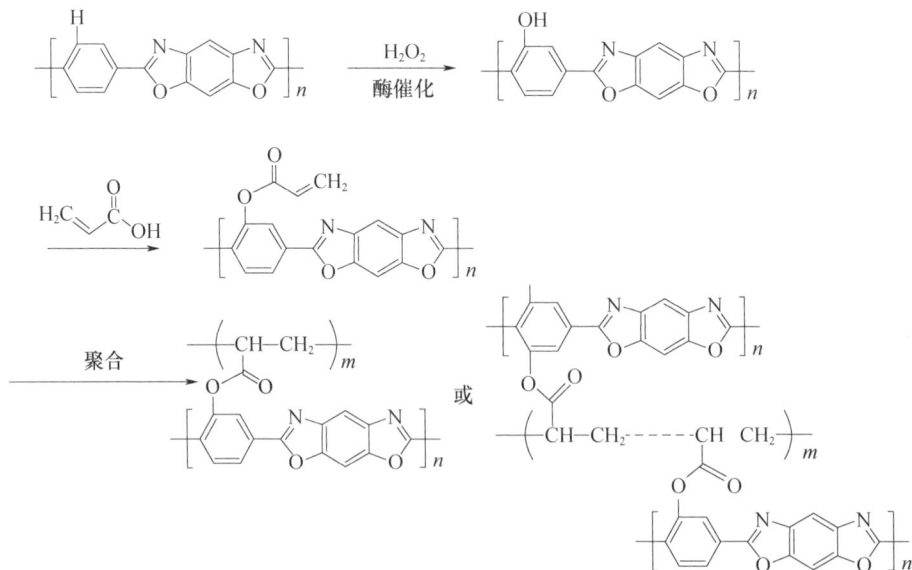

图 8-19　生物酶在 PBO 纤维表面的催化反应机理[47]

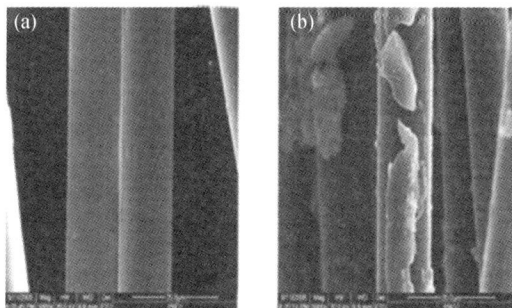

图 8-20　酶催化改性前后 PBO 纤维的表面形貌[47]

(a)未处理 PBO 纤维;(b)酶催化改性 PBO 纤维。

8.7 PBO 纤维的表面处理效果评价

8.7.1　PBO 纤维表面官能团评价

　　化学键理论是非常重要,也是应用比较成功的理论[48-50]。该理论是由 Witt 在 1947 年首次提出的,由于能较好地说明玻璃纤维用偶联剂处理后显著改善层间剪切强度和湿强度这一事实,所以被人们广为接受。化学键理论的主要论点是:界面主要是由两相间通过化学官能团相互发生化学反应实现有效的黏结,结合主要依靠化学键。处理纤维的偶联剂应既含有能与纤维起化学作用的官能团,又含有能与树脂起化学作用的官能团。20 世纪 70 年代中期,有研究者用傅里叶红外光谱(FTIR)和激光拉曼光谱初步证实了偶联剂与玻璃纤维之间存在化学键结合。

　　要使纤维增强体与树脂基体间形成有效的黏结,两相接触的区域均应具有一定数量的能够相互发生化学反应的活性官能团,两相之间通过这些官能团间的反应以化学键的形式结合形成界面,这些化学键具有较高的能量,可以阻碍界面相分子的自由运动,从而有效地提高界面的黏结强度,是决定复合材料界面性能的最主要因素。由于界面的相互作用所产生的信息是很微弱的,并且受到树脂的干扰,给信号检测带来了极大的困难。近年来,随着 FTIR 技术的发展,不仅具有扫描速度快的特点,而且信噪比、分辨率和检测灵敏度都大大提高,因此能够用于能量很低的微弱吸收信号的检测,为分子水平上研究界面作用提供了可靠的信息。应用 FTIR 研究界面的方法很多,如透射法、镜面反射法、衰减内反射法(ATR)漫反射法(DRITF)以及光声光谱法(PA)等,这些方法都各有特色和适用的范围。

拉曼光谱测定的是单色光作用于试样时产生的拉曼散射光与瑞利散射光的频率之差,即拉曼位移,而拉曼位移是与分子的振动有关的,因此可用拉曼光谱确定物质的结构。拉曼光谱的灵敏度高于红外光谱。此外,X 射线光电子能谱(XPS)技术已被公认为研究固态聚合物的结构与性能最好的技术之一。用 XPS来研究界面粘结现象,不但能测定表面原子组成及基团,而且能判定黏结破坏的区域,这为检测表面处理的效果和探讨界面黏结机理提供了必要的情报。

8.7.2　PBO 纤维表面粗糙度评价

PBO 纤维增强聚合物基复合材料中还存在一种较强的界面作用力,即机械啮合力,它以凸凹不平的 PBO 纤维表面为物理基础发挥界面增强作用。机械啮合理论认为:基体与增强体之间仅仅依靠纯粹的粗糙表面相互嵌入(或互锁)作用进行连接,而纤维表面的粗糙程度及与基体的嵌合情况决定了界面的好坏[51]。从微观角度看,增强纤维表面粗糙不平并有许多微裂纹。树脂基体渗透到纤维中的凹坑和微裂纹中,固化以后就像一个个锚钉,将两者牢固地连接一起,提高界面摩擦力,有效地传递应力,使复合材料具有较高的黏结强度。采用各种方法为 PBO 纤维制造一个具有纳米级粗糙度和适宜形状的表面,从而增加纤维比表面积并提供纤维与树脂分子的啮合中心,限制界面区域聚合物分子的自由运动,能够有效地提高复合材料的界面性能。

原子力显微镜(AFM)作为一种先进的测试手段,具有分辨率高、可观察到样品表面三维图像以及材料局部纳米尺度结构等优点,测试结果不受样品表面性质影响,不需对样品进行任何特殊预处理。扫描电子显微镜(SEM)照片只能显示样品表面的二维形貌,不能定量反映接枝前后纤维表面相对高度和粗糙度的变化,而 AFM 图像则同时记录了样品二维和三维的形貌信息,经过后期数据处理,可以获得样品表面粗糙度和黏弹性等关于纤维表面形貌的定量信息。

R_{max} 为最大粗糙度,由标准 ISO 4287/1 定义,用来表征分析区域内表面高度坐标的最大值与最小值之差,可由下式计算得

$$R_{max} = z_{max} - z_{min} \tag{8-1}$$

R_a 为算术平均粗糙度,由标准 DIN4768 定义,用来表征分析区域内表面粗糙度的平均值,可由以下两式计算得

$$R_a = \frac{1}{N_x N_y} \sum_{i=1}^{N_x} \sum_{j=1}^{N_y} |z(i,j) - z_{mean}| \tag{8-2}$$

$$z_{mean} = \frac{1}{N_x N_y} \sum_{i=1}^{N_x} \sum_{j=1}^{N_y} z_{ij} \tag{8-3}$$

R_{sk} 由标准 ISO 4287/1 定义,表征分析区域内样品表面的不对称度。$R_{sk} < 0$,说明纤维表面存在凹陷或孔洞;$R_{sk} > 0$,说明纤维表面存在凸起;$R_{sk} = 0$,说明

纤维表面平滑且对称。R_{sk} 的绝对值越大,则说明纤维表面凹陷或尖峰的相对高度越大,且纤维表面的对称性越差,可由以下两式计算得

$$R_{sk} = \frac{1}{N_x N_y R_q^3} \sum_{i=1}^{N_x} \sum_{j=1}^{N_y} (z(i,j) - z_{mean})^3 \qquad (8-4)$$

$$R_q = \sqrt{\frac{1}{N_x N_y} \sum_{i=1}^{N_x} \sum_{j=1}^{N_y} (z(i,j) - z_{mean})^2} \qquad (8-5)$$

8.7.3　PBO 纤维表面浸润性评价

浸润理论又称物理吸附理论,是由 Zisman 在 1963 年首次提出的[52]。该理论认为纤维增强体被树脂基体良好的润湿是界面黏结的基础。若浸润不良,会在界面处产生空隙,容易使界面应力集中而导致复合材料开裂。如能获得完全浸润,则纤维与树脂之间的黏结强度将大大超过树脂的内聚强度。但是在所有实际系统中,树脂必须与水及其他可能的弱表面层竞争,所以,简单的物理吸附并不能保持充分的黏结。应当指出的是,纤维与树脂之间的界面黏结,可以是通过树脂扩散和嵌入到纤维表面的凹坑、槽穴及微孔中,而使纤维牢牢"锚固"于树脂之中,或是通学纤维表面官能团与树脂的官能团之间的化学反应形成化学键而使界面牢牢联结起来。然而,无论哪种界面黏结方式,其先决条件是纤维与树脂之间必须有充分接触的机会,即要求纤维表面与树脂的接触角(θ)应尽可能小。因此,表面浸润理论所研究的纤维对树脂的浸润问题是表面形态效应和官能团效应能否发生作用的前提。

浸润作用是复合材料界面形成的基本条件之一,良好的表面浸润可使纤维与树脂之间紧密接触。纤维表面对树脂浸润时,纤维表面能、表面粗糙度和槽穴大小及表面官能团等的协同作用都会影响浸润时的接触角和界面黏结状态特征。对于纤维增强聚合物基复合材料,大量研究表明,只有纤维表面能与聚合物的表面张力相匹配才能形成良好的界面结合,所以,提高纤维表面能是纤维表面改性的一个重要任务。

如图 8-21 所示,当液滴在固体表面达到平衡时,从固、气、液三相的接触点沿气液界面做切线,将切线与固液界面的夹角定义为接触角 θ。固体表面与液体的浸润性通常采用 θ 来表征,通过 θ 的大小,可以定量地描述液体对固体表面的浸润程度。对于表面化学性质均一和无限平坦的理想表面,θ 可由 Young's 方程确定[53]:

$$\cos\theta = \frac{\gamma_s - \gamma_{sl}}{\gamma_l} \qquad (8-6)$$

Young's 方程是所有浸润现象研究的基础,其中 γ_s,γ_l 和 γ_{sl} 分别为固体的表面张力、液体的表面张力和固液界面的界面张力。

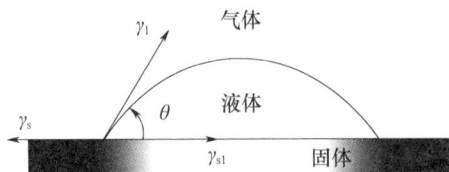

图 8 – 21   液滴在固体表面的浸润示意图

PBO 纤维的接触角测量常采用插入法,使用动态接触角分析仪测试改性前后 PBO 纤维表面的动态接触角和表面能的变化情况。通常选取极性较强的去离子水和非极性的二碘甲烷(或乙二醇)作为测试液体。PBO 纤维的前进接触角由单丝样品插入每种测试液体过程中质量的变化确定,可由下式计算得

$$\cos\theta = \frac{mg}{\pi d\gamma} \tag{8-7}$$

式中 θ——PBO 纤维在测试液体中的前进接触角(°);

d——PBO 纤维单丝直径(μm);

g——重力加速度;

γ——测试液体的表面能(mJ/m^2)。

PBO 纤维的表面能及其极性分量和色散分量由纤维样品在两种不同测试液中的前进接触角可由式(8 – 8)和式(8 – 9)计算得

$$\gamma_1(1 + \cos\theta) = 2(\gamma_1^p\gamma_f^p)^{1/2} + 2(\gamma_1^d\gamma_f^d)^{1/2} \tag{8-8}$$

$$\gamma_f = \gamma_f^p + \gamma_f^d \tag{8-9}$$

式中 γ_1——测试液的表面张力;

γ_1^p——测试液表面张力的极性分量;

γ_1^d——测试液表面张力的色散分量;

γ_f——PBO 纤维的表面能;

γ_f^p——PBO 纤维表面能的极性分量;

γ_f^d——PBO 纤维表面能的色散分量。

8.7.4 PBO 纤维复合材料界面性能评价

纤维增强树脂基复合材料界面研究的力学测试方法较多,包括微滴脱粘法、单纤维复合材料断裂法、单根纤维拔出法、单纤维顶出法等微观实验方法,以及短梁三点弯曲和拉伸剪切等宏观实验方法。通过测试整体复合材料的动态力学、层间剪切强度以及微量冲击等性能,可以对纤维增强体与树脂基体之间的界面结合和性质给出一定的估量。下面主要介绍两种复合材料的界面性能测试方法。

1. 微滴脱粘法

微滴脱粘法是表征树脂基复合材料界面剪切强度微观力学常用的方法之一,是纤维拔出实验的改进实验。该方法由 M. K. Tse[54] 1985 年首次提出,并报道了微滴脱粘法测定玻璃纤维增强复合材料界面剪切强度(IFSS)。微滴脱粘法是将纤维垂直埋入一个呈对称状的树脂微滴中,固定纤维的两端,树脂微滴在刮刀的作用下产生脱落的现象。试样及其测试过程如图 8 – 22 所示,IFSS 可由下式计算得

$$IFSS = \frac{F}{\pi dl} \tag{8-10}$$

式中　F——峰值载荷(N);

　　　d——PBO 纤维单丝直径(m);

　　　l——树脂微滴包埋长度(m)。

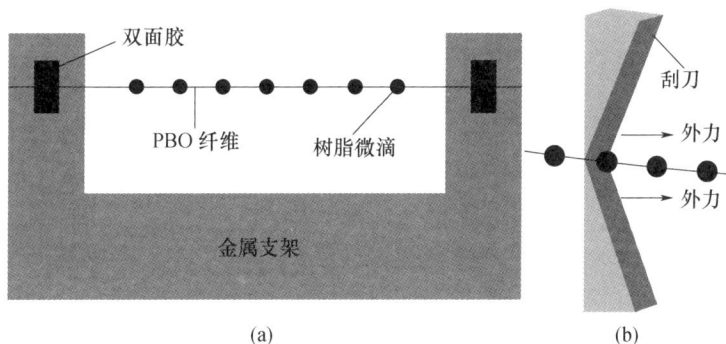

图 8 – 22　微复合材料测试说明

(a) 微滴脱粘实验模型;(b) 微滴脱粘实验示意图。

微滴脱粘法的优点在于可以测量出脱粘瞬间力的大小,而且适用于任何纤维与基体之间的界面研究,能够对纤维表面处理的效果进行定量评价。不足之处表现在:①小尺寸的微滴使脱粘过程很难直接观察;②树脂在纤维表面形成的弯月面使纤维埋入长度的测量变得不精确,并且刮刀相对于树脂微滴的位置很难准确控制,从而导致测试结果的离散性较大[55]。

2. 短梁三点弯曲法

根据标准 ASTM D2344,将单向 PBO 纤维复合材料延纤维方向按照25mm × 6mm × 2mm 的尺寸剪裁成标准的短梁剪切试样,在万能材料试验机上进行层间剪切强度(ILSS)测试。测试跨厚比为 5∶1,压头半径为 2mm,载荷加载速度为2mm/min。每一个试样每组至少测试 5 次,然后取平均值。ILSS 可由下式计算得

$$ILSS = \frac{3F}{4bh} \qquad\qquad (8-11)$$

式中 F——试样破坏时的最大载荷(N);

  b——试样宽度(mm);

  h——试样厚度(mm)。

短梁剪切试验方法是在简单的平面应力假设下测试单向纤维增强复合材料的 ILSS,影响因素复杂,不仅仅与纤维和树脂基体之间的结合状态有关,而且还与许多成型工艺参数(如孔隙率含量等)密切相关,但是 ILSS 主要仍取决于界面的黏结强度,仍能直接反映界面性能的好坏。所以,ILSS 常被广泛用作评价界面黏结性能好坏的工程数据,具有实际的工程应用价值。

本章针对 PBO 纤维的表面处理技术做了较为全面的介绍,基本涵盖了目前 PBO 纤维表面改性的主要方法。复合材料的性能主要取决于各部分组元的性能,但各组分之间的界面黏结强度,对复合材料的性能有不容忽视的影响,界面黏结强度直接影响到复合材料的强度、韧性和破坏模式等宏观力学行为。因此,在复合材料中,各组分之间的偶联及其界面粘接层微观结构的研究不仅对界面科学、材料科学、表面科学等有重大意义。为了实现 PBO 纤维的全方位的应用,对其表面处理的研究仍在不断深入,期待在此领域能有更多创新成果出现。

参 考 文 献

[1] Nowak R M, Wales W E. Process to improve adhesion of PBO and PBT fibers in a matrix resin[J]. Eur Dat Appl, EP, 0500046, 1992.

[2] Wu G M, Shyng Y T. Surface modification and interfacial adhesion of rigid rod PBO fibre by methanesulfonic acid treatment[J]. Composites Part A, 2004, 35(11):1291 - 1300.

[3] Wu G M, Hung C H, You J H, et al. Surface modification of reinforcement fibers for composites by Acid Treatments. Journal of Polymer Research, 2004, 11(1):31 - 36.

[4] Wu G M, Shyng Y T. Effects of basic chemical surface treatment on PBO and PBO fiber reinforced epoxy composites[J]. Journal of Polymer Research, 2005, 12(2):93 - 102.

[5] 邱汉亮,钱军,樊黎虹,等. 甲基磺酸对 PBO 纤维的表面改性[J]. 功能高分子学报, 2009, 22(2):165 - 172.

[6] Kitagawa T, Murase H, Yabuki K. Morphological study on poly - p - phenylenebenzobisoxazole (PBO) fiber [J]. Journal of Polymer Science Part B, 1998, 36(1):39 - 48.

[7] 罗果,王宜,胡健,等. 多聚磷酸改性 PBO 纤维的研究[J]. 合成纤维工业, 27(6):28 - 30.

[8] 周雪松,刘丹丹,罗果,等. 提高 PBO 纤维/环氧树脂复合材料界面结合的研究[J]. 化学研究与应用, 2005, 18(5):607 - 610.

[9] 乔咏梅,陈立新,吴大云,等. PBO 纤维表面改性方法的研究[J]. 玻璃钢/复合材料, 2006, 6:20 - 24.

[10] Xie Y J, Hill C A S, Xiao Z F, et al. Silane coupling agents used for natural fiber/polymer composites: a

review[J]. Composites Part A,2010,41(7):806-819.

[11] 王斌,金志浩,丘哲明,等. 偶联剂对 PBO 纤维/树脂界面粘结性能的影响[J]. 西安交通大学学报,2002,36(9):975-978.

[12] Gu J W,Dang J,Geng W C,et al. Surface modification of HMPBO fibers by silane coupling agent of KH-560 treatment assisted by ultrasonic vibration[J]. Fibers and Polymers,2012,13(8):979-984.

[13] Tang Y S,Gu J W,Bai T,et al. Enhanced surface property of HMPBO fibers by using γ-aminopropyl triethoxy silane[J]. Fibers and Polymers,2012,13(10):1249-1253.

[14] 樊黎虹,钱军,刘小云,等. 纳米 TiO_2 涂覆法改善 PBO 纤维/环氧树脂界面剪切强度[J]. 固体火箭技术,2010,33,472-476.

[15] Qian J,Wu J,Liu X,et al. Improvement of interfacial shear strengths of polybenzobisoxazole fiber/epoxy resin composite by n-TiO_2 coating[J]. J Appl Polym Sci,2013,127:2990-2995.

[16] Song B,Meng L,Huang Y. Preparation and characterization of (POSS/TiO_2) n multi-coatings based on PBO fiber surface for improvement of UV resistance[J]. fiber polym,2013,14:375-381.

[17] Zhang C H,Huang Y D,Yuan W J,et al. UV aging resistance properties of PBO fiber coated with nano-ZnO hybrid sizing[J]. J Appl Polym Sci,2011,120:2468-2476.

[18] Chen L,Liu L,Du Y,et al. Processing and characterization of ZnO nanowire-grown PBO fibers with simultaneously enhanced interfacial and atomic oxygen resistance properties[J]. RSC Adv,2014,4:59869-45876.

[19] Gu J,Bai T,Dang J,et al. Surface functionalization of HMPBO fibers with MSA/KH550/GlycidylEthyl POSS and improved interfacial adhesion[J]. Polym Composite 2014,35:611-616.

[20] Song B,Meng L H,Huang Y D. Improvement of interfacial property between PBO fibers and epoxy resin by surface grafting of polyhedral oligomeric silsesquioxanes (POSS)[J]. Appl Surf Sci 2012,258:10154-10159.

[21] Li H,Tang Y,Gu J,et al. Structures and properties of HMPBO fibers treated by oxygen plasma/polyhedral oligomeric silsesquioxane[J]. Polym Composite,2013,34:2026-2030.

[22] Chen L,Hu Z,Liu L,et al. A facile method to prepare multifunctional PBO fibers:simultaneously enhanced interfacial properties and UV resistance. RSC Advances,2013,3:24664.

[23] Chen L,Wei F,Liu L,et al. Grafting of silane and graphene oxide onto PBO fibers:Multifunctional interphase for fiber/polymer matrix composites with simultaneously improved interfacial and atomic oxygen resistant properties[J]. compos sci technol,2015,106:32-38.

[24] Li Y W,Zhao F,Song Y J,et al. Interfacial microstructure and properties of poly (phenylene benzobisoxazole) fiber grafted with graphene oxide via solvothermal method[J]. Appl Surf Sci,2013,266:306-312.

[25] Wu G M,Chang C H. Modifications of rigid rod poly(1,4-phenylene-cis-benzobisoxazole) fibers bygas plasma treatments[J]. Vacuum,2007,1:1-5.

[26] 周雪松,刘丹丹,王宜,等. 氩气低温等离子体对 PBO 纤维的表面改性[J]. 高分子材料科学与工程,2005,21(2):185-188.

[27] 岳淼,张晨,杜中杰. 低温等离子体对 PBO 纤维表面的改性[J]. 合成纤维工业,2008,31(6):41-42.

[28] Liu D,Chen P,Mu J J,et al. Improvement and mechanism of interfacial adhesion in PBO fiber/bismaleimide composite by oxygen plasma treatment[J]. Applied Surface Science,2011,257:6935-6940.

[29] Liu D,Chen P,Chen M X,et al. Effects of argon plasma treatment on the interfacial adhesion ofPBO fiber/bismaleimide composite and aging behaviors[J]. Applied Surface Science,2011,257:10239-10245.

[30] Liu D,Chen P,Chen M X,et al. Improved interfacial adhesion in PBO flber/bismaleimidecomposite with

oxygen plasma plus aging and humid resistance properties[J]. Materials Science andEngineering A,2012,532:78 – 83.

[31] 刘东. 射频电感耦合等离子体表面处理对 PBO/BMI 复合材料界面性能的影响[D]. 大连:大连理工大学,2012.

[32] Chen M X,Liu D,Chen P,et al. The interfacial adhesion of PBO/bismaleimide composite improvedby oxygen/argon plasma treatment and surface aging effects[J]. Surface and Coatings Technology,2012,207(1):221 – 226.

[33] 李瑞华,黄玉东,龙军,等. PBO 纤维表面空气冷等离子体改性[J]. 复合材料学报,2003,20(3):102 – 107.

[34] Wang Q,Chen P,Jia C X,et al. Effects of air dielectric barrier discharge plasma treatment time onsurface properties of PBO fiber[J]. Applied Surface Science,2011,258:513 – 520.

[35] Wang Q,Chen P,Jia C X,et al. Improvement of PBO fiber surface and PBO/PPESK compositeinterface properties with air DBD plasma treatment[J]. Surface and Interface Analysis,2012,44:548 – 553.

[36] Song B,Meng L H,Huang Y D. Influence of plasma treatment time on plasma induced vapor phasegrafting modification of PBO fiber surface[J]. Applied Surface Science,2012,258:5505 – 5510.

[37] 李瑞华,曹海琳,黄玉东,等. PBO 纤维表面等离子体接枝改性研究[J]. 材料科学与工艺,2003,11:396 – 398.

[38] Sugihara H,Jones F R. Promoting the adhesion of high – performance polymer fibers usingfunctional plasma polymer coatings[J]. Polymer Composites,2009,30:318 – 327.

[39] Berejka A J. Irradiation Processing in the '90's:Energy Savings and Environmental Benefits[J]. Radiation Physics and Chemistry,1995,46(4 – 6):429 – 437.

[40] Clough R L. High energy radiation and polymers:a review of commercial processes and emerging applications[J]. Nuclear Instruments and Methods in Physics Research B. 2001,185(1 – 4):8 – 23.

[41] Zhang L,Zhang H,Liu D. Influence of interface on radiation effects of crystalline polymer – radiation effects on polyamide – 1010 containing BMI[J]. Radiation Physics and Chemistry. 1999,56(3):323 – 331.

[42] 张春华,栾世林,王世威,等. 辐照改性 PBO 纤维/环氧树脂界面性能[J]. 纤维复合材料,2003,(4):3 – 5.

[43] Zhang C H,Huang Y D,Zhao Y D. Surface analysis of γ – ray irradiation modified PBO fiber[J]. Materials Chemistry and Physics,2005,92(1):245 – 250.

[44] 张春华,黄玉东,王世威,等. γ – 射线辐照 PBO 纤维表面改性机理研究[J]. 材料科学与工艺,2007,15(3):305 – 308.

[45] Zhang C H,Yuan W J,Wang S R,et al. Effect of MWCNTs irradiation grafting treatment on the surface properties of PBO fiber[J]. Journal of Applied Polymer Science,2011,121(6):3455 – 3459.

[46] Zhang C H,Xu H F,Jiang Z X,et al. Carbon nanotubes grafting PBO fiber:a study on the interfacial properties of epoxy composites [J]. Polymer Composites,2012,33(6):927 – 932.

[47] Allen K W. Some reflections on contemporary views of theories of adhesion. Journal of Adhesion and Adhesives,1993,13:67 – 72.

[48] 胡福增,郑安呐. 聚合物及其复合材料表面界面[M]. 北京:中国轻工业出版社,2001.

[49] Wang J L,Liang G Z,Zhao W,et al. Enzymatic surface modification of PBO fibres[J]. Surface & Coatings Technology,2007,201(8):4800 – 4804.

[50] Baier R E,Shafrin E G,Zisman W A. Adhesion:mechanisms that assist or impede It[J]. Science,1968,162:1360 – 1368.

[51] Packham D E. The Mechanical Theory of adhesion – changing perceptions 1925 – 1991 [J]. The Journal of Adhesion,1992,39:137 – 144.

[52] Rothon R. Particulate – filled polymer composites[M]. 北京:世界图书出版公司,1995.

[53] Young T. Experiments and culations relative to physical optics[J]. Philosophical Transactions of the Royal Society of London,1804,94:1 – 16.

[54] Tse M K. Effect of interfacial strength on composite properties[J]. SAMPE Journal,1985,7(8):11 – 15.

[55] Rao V,Herrera – Franco P,Ozzello A D,et al. A direct comparison of the fragmentation test and the micro – bond pull – out test for determining the interfacial shear strength[J]. Journal of Adhesion,1991,34:65 – 77.

第 9 章

PBO 纤维应用

PBO 纤维因具有高的比强度、比模量、优异的耐热性和良好的耐环境稳定性能等而被广泛地应用于航空航天、武器装备和民用防护等领域。

9.1 高性能 PBO 复合材料

PBO 纤维复合材料具有比其他有机纤维复合材料更为优异的力学性能和耐热性能,同时还具有较好的吸波隐身功能,可作为飞机、火箭、卫星及导弹等的外层结构材料和内部承力材料,在航空航天等领域具有广阔的发展应用前景。

9.1.1 耐压容器

据国外资料报道,PBO 纤维复合材料压力容器性能系数比最高性能的石墨纤维复合材料压力容器高 30% ,PBO 纤维复合材料压力容器见图 9 - 1。

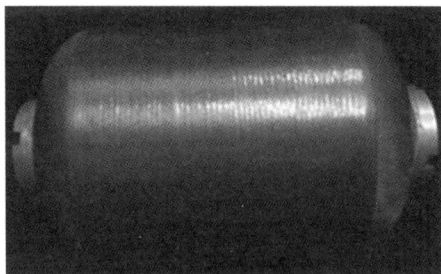

图 9 - 1 PBO 纤维复合材料压力容器

PBO 纤维壳体采用经过表面处理的纤维,通过浸胶后缠绕到芯模上。依据燃烧室壳体的技术指标要求,开展芯模制造、绝热包覆、缠绕张力、缠绕张力递减、缠绕铺层、补强、固化等多项工艺技术研究,通过 $\phi 200$ 壳体缠绕及性能试验,确定工艺方法及相应工艺参数。

9.1.1.1　缠绕线性设计

缠绕线性设计是指纤维在芯模表面上排列形式的设计,通过排列形式使纱片均匀、稳定和连续布满在芯模表面上,并满足芯模与吐丝嘴间的运动关系规律。线性设计的具体要求是:纤维纱片在芯模表面上不重叠,不离缝,不打滑,松紧均匀,位置稳定,并均匀布满芯模表面。固体发动机壳体由筒段和前后封头组成,在筒段既有环向缠绕又有纵向缠绕,在封头上只有纵向而没有环向层缠绕,其中纵向缠绕又分为螺旋与平面缠绕两种方式,见表 9-1,纵向缠绕时,一般是将前后封头和筒段作为一个整体进行连续缠绕[1]。

表 9-1　典型缠绕线性

基本线型	图标	备注
螺旋缠绕		可实现测地线缠绕 缠绕角 ± α
平面缠绕		可在不等极孔封头上缠绕纤维发挥强度低 缠绕角 ± α
环向缠绕		不能再封头上缠绕 缠绕角 ± α

环向层缠绕线型设计简单,下面主要研究纵向层线型设计。

1. 切点数的计算和选取

据纤维均匀布满芯模表面的条件(前后封头切点对称且均布),最后可得吐丝嘴往返一次芯模转动的角度为

$$\theta_n = \left(\frac{k}{n_c} + N \right) \times 360° \pm \frac{1}{n} \Delta\theta \tag{9-1}$$

式中　k——一个完整循环芯模的转数;

n——一个完整循环芯模的切点数;

N——芯模多转的 N 个 360°;

± ——纱片滞后(+)或超前(-),工艺上为了防止滑线通常取" - "值,即纱片超前;

$\Delta\theta$——纵向纱带宽对应的芯模微小转角,即

$$\theta_n = \frac{b_A}{\pi D \cos\alpha_c} \times 360° = 360/纱条数 \tag{9-2}$$

由纱片在芯模上缠绕的几何关系,得出芯模单程转角:

$$\theta_t = \frac{1}{2}\theta_n$$

$$\theta_t = \frac{L_c \tan\alpha_c}{\pi D} \times 360° + 180° + \arcsin\left(\frac{2L_{01}\tan\alpha_{01} - D_{01}}{D}\right) + \arcsin\left(\frac{2L_{02}\tan\alpha_{02} - D_{02}}{D}\right)$$

$$\tag{9-3}$$

式中　D——筒体直径;

　　　D_{01},D_{02}——前、后封头极孔直径;

　　　L_{01},L_{02}——前、后封头高度;

　　　L_c——筒体长度;

　　　α_c——筒体纵向层缠绕角。

$$\alpha_{01} = \arcsin\left(\frac{r_{01}}{R}\right); \quad \alpha_{02} = \arcsin\left(\frac{r_{02}}{R}\right) \tag{9-4}$$

计算得出:$L_{01} - L_{02} = 44.7\text{mm}$;$\theta_t = 224.8814$;$\theta_n = 449.7629$。根据 θ_n 的值,查线型表可得出 θ_n 与 n、k 之间的关系。为避免或减少纤维在极孔处堆积或架空,从而影响纤维受力和金属接头强度,在选定线型时,应该尽量选择切点数较少的线型,这是因为切点数愈多,交叉愈多,因此堆积与纤维间架空现象愈严重,这种架空现象直接使孔隙率偏高,孔隙率是使制品剪切强度降低的主要原因。因此选取切点数 n 为 4。

2. 线性稳定性设计

据微分几何学得知,纤维缠绕在张力作用下,为了使纤维在芯模表面处于最稳定的位置即纤维不打滑,要求纤维在芯模曲面上按测地线轨迹进行缠绕,只有这样才能保证纤维在曲面上任两点的距离最短,测地线轨迹数学表达式亦称短程线方程,即

$$\alpha = \frac{1}{2}\left(\arcsin\frac{r_{01}}{R} + \arcsin\frac{r_{02}}{R}\right) \tag{9-5}$$

式中　R——筒体半径;

　　　r_{01}——壳体前封头极孔半径;

　　　r_{02}——壳体后封头极孔半径;

　　　α——纤维的缠绕角。

取 $R = 200/2 = 100\text{mm}$;$r_{01} = 60/2 = 30\text{mm}$;$r_{02} = 60/2 = 30\text{mm}$。代入式(9-5)计算得 $\alpha = 17.458°$,取17.5°对固体发动机壳体而言,前后极孔为非等极孔,前后封头与筒体为一整体进行缠绕,因此两端赤道处缠绕角不同,不能实现测地线缠绕。验证实验用壳体前后极孔为等极孔,可实现测地线缠绕,不存在

纤维打滑现象。

9.1.1.2　铺层设计

1. 缠绕层数的计算[2]

纵向缠绕层数：

$$n_A = h_{fA} \cdot \frac{b_A}{M} \cdot \frac{\rho_f}{\rho_n} \times 10^4 \qquad (9-6)$$

环向缠绕层数：

$$n_H = h_{fH} \cdot \frac{b_H}{M} \cdot \frac{\rho_f}{\rho_n} \times 10^4 \qquad (9-7)$$

式中　h_{fA}——纵向层厚度（mm）；

　　　　h_{fH}——环向层厚度（mm）；

　　　　b_A——纵向纱片宽（mm）；

　　　　b_H——环向纱片宽（mm）；

　　　　M——缠绕时所需纱团数；

　　　　ρ_f——纤维体密度（g/cm^3）；

　　　　ρ_n——纤维线密度（g/1000m）。

根据缠绕情况，取 $b_A = 3.5\text{mm}$，$b_H = 4.0\text{mm}$，$M = 2$；$\rho_f = 1.51\text{g/cm}^3$ 和 $\rho_n = 169.1\text{g/1000m}^3$。纵向层厚度 $h_{fA} = 0.722\text{mm}$，环向层厚度 $h_{fH} = 0.874\text{mm}$ 代入计算得：纵向层数 $n_A = 8.06$ 层，取 8 层（4 个循环）；环向层数 $n_H = 11.7$ 层，取 12 层。

2. 铺层设计和顺序

耦合刚度系数随着层数的增加而衰减很快，因此在壳体层数设计时应充分利用这一特点。从层数计算式（9-6）和式（9-7）可知：当纤维材料选定后，单位纤维厚度的层数与纱带宽成正比，而与纱团数成反比，因此在进行缠绕层数设计时，尽可能将纱宽加宽和选择较少纱团数，以减少耦合刚度对壳体产生的负面影响。同时选择少纱团数，可消除团与团之间由于张力、摩擦不同而产生纤维束之间受力不均。内压较高的壳体，层数相应较多，纤维强度发挥系数要比层数少的壳体要高。不过采用多层数时，生产效率会低一些。在缠绕层数设计时，首先应考虑壳体总体性能，因此在进行缠绕层数计算中，选取纱团数 M 为 2。对于多层缠绕壳体，各层之间黏结在厚度方向上变形分布是均匀连续的，各层材料由于缠绕角不同，因此弹性系数具有方向性，而且弹性系数沿厚度方向相对不同层次而又不同，这样每层应力大小沿厚度方向的分布就会不均匀且不连续，进而在层与层之间会产生剪切变形和剪切应力。特别是对 PBO 纤维、碳纤维，由于这些纤维表面呈惰性，与树脂基体黏结性较差，在剪切力作用下由于剪切强度低而更容易产生层间分层、散圈现象；同时树脂黏结层开裂，内力与刚度重新分布，这样树脂传递纤维间应力以及树脂固定纤维的作用就要降低,最终会影响结构整体承载水平和破坏过程。为了减小这种不利影响,在厚度不变的条件下,一般采用较多的层数,而且将纵向层和环向层尽可能交错铺放,切忌集中铺放,这样可以使应力与弹性系数沿厚度方向分布比较均匀;这种将纵向层和环向层沿厚度方向、穿插交错的顺序铺放,除上述应力与变形较为均匀外,还可以避免或减缓集中铺放带来的纤维架空现象。实际设计中,环向铺层数一般要比纵向铺层多一些。在壳体铺层设计时,里层采用纵向环向交替铺放,多出的环向铺层铺放在壳体外表面,这样可以约束纵向缠绕的分层倾向,同时最外层的环向缠绕层可以提高壳体的环向稳定性。这里设计的缠绕铺层顺序如图 9-2 所示。

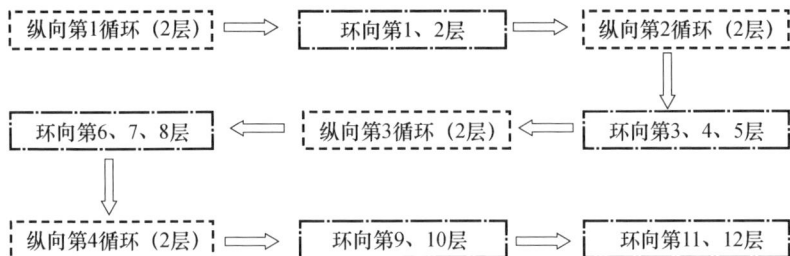

图 9-2　缠绕铺层顺序

9.1.1.3　补强设计

固体发动机复合材料壳体和钢壳体设计比较,一个明显特点是可设计性强,除纤维、粘接树脂系统、各种连接件材料选择具有多样性外,对薄弱部分可进行不同方案的补强。设计者可根据壳体在各种不同载荷下的破坏形式、破坏的部位,实施不同的补强方案,而结构重量又可在不增加太多的情况下,使壳体强度与刚度达到或接近优化状态。固体发动机复合材料壳体由于结构特点,在极孔、封头及与筒段过渡部分造成应力不连续分布。在壳体受内压状态下,封头和筒段过渡区域甚至存在着负应力状态。对于 PBO 纤维复合材料,由于纤维本身的特性,其复合材料承受横向载荷和压缩载荷的能力要比承受拉伸载荷的能力弱很多,因此负应力状态极易造成该局部区域的失稳和破坏。降低壳体的应力平衡系数是解决上述问题的有效方法,可以使封头部分纵向纤维数量增加,从而缓解该处恶劣的应力状态。但是该方法会造成壳体筒段纵向纤维大幅度增加,严重降低壳体综合性能。为确保壳体综合性能,需要对不连续区域进行补强,常用的补强方法,有以下几种方案:

(1)用补强布铺放;

(2)用无纬带铺放,又分为不预浸和预浸两种;

(3)模压封头帽,但工艺复杂且不易贴合;

(4)用纵向层缠绕,再将筒段纤维剪掉,只保留封头纤维的整体补强;

(5)用补强环补强,即将纤维通过专用工装绕制成盘状补强环。

目前,固体发动机复合材料壳体补强设计的机理和理论计算工作开展得非常少,主要还是以试验为基础进行经验设计。因此考虑上述各种补强方案的实施难易程度并结合碳纤维实验壳体的补强方式,本实验壳体采用补强布铺放的方式对极孔、封头及与筒段过渡部分进行局部补强,如图 9 - 3 所示。

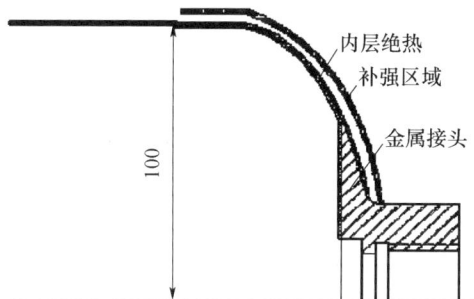

图 9 - 3　补强示意图

9.1.1.4　张力设计及控制

缠绕张力直接影响壳体含胶量、纤维层间致密性与剪切强度;同时还应考虑纤维在张力作用下的磨损[3]。张力设计原则如下:

(1)考虑到绝热层变形以防止纤维内松外紧现象,应按张力递减方案,最优递减幅度应根据试验结果来确定;

(2)考虑到 PBO 表面呈惰性、层间剪切强度较低,在纤维不发毛、不断纱情况下选择较大的缠绕张力是比较合适的;

(3)初张力大小,不能使纤维磨损,也不能使内衬绝热层或金属内衬应力与变形太大产生失稳。在确定初始张力后,最里层纤维所受的环向压应力等于第二层至最外层每层缠绕张力产生压应力之和。

9.1.1.5　PBO 纤维缠绕试验壳体制备工艺

PBO 纤维试验壳体制备工艺流程见图 9 - 4。

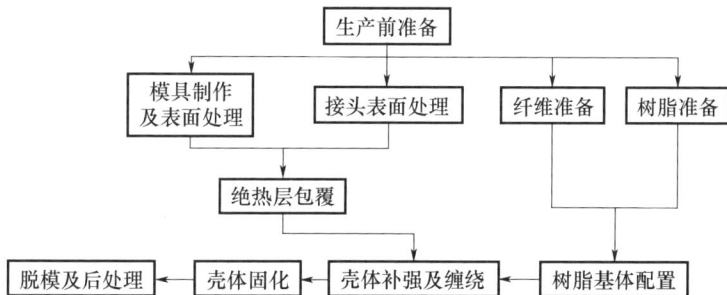

图 9 - 4　PBO 纤维试验壳体制备工艺流程

1. 绝热层包覆

在试验壳体制备过程中需要在处理好的芯模表面进行绝热材料包覆工作，主要包括：

（1）接头粘接。在两接头的表面均匀地刷涂 J－201 胶，晾置后，在接头上粘接 9621 绝热材料。

（2）上接头。分别在芯模封头面刷涂一遍 J－201 胶，晾置后，将前、后接头安装到芯模上。

（3）筒段包覆。在封头和筒段过渡段、筒段手工铺贴 9621 绝热材料，在搭接处刷涂 9621 本体胶，同时剪除多余胶片，并将胶片黏结面压实。包覆完成后的芯模如图 9－5 所示。

图 9－5　包覆后的芯膜

2. 壳体补强及缠绕

壳体缠绕采用两团纱，缠绕过程见图 9－6。壳体补强采用两种方案进行，01 壳体采用 T300 1K 碳纤维织物补强；02 壳体采用 PBO 纤维织物补强。

图 9－6　壳体缠绕过程

3. 壳体固化

壳体固化制度采用：80℃×1h ＋ 120℃×3h ＋ 150℃×8h。

9.1.1.6　PBO 纤维缠绕实验壳体水压破坏试验

试验由操作台、高压泵、水箱等组成加载系统。试验中通过操作台控制高压水泵向密封壳体内注水逐级加载。每隔 6MPa 进行一次应变采集。测试方法采用粘贴应变片法。电阻应变片按要求位置粘贴后，通过测试导线联接到 DM－3816型静态应变仪上进行应变测试。应变测点在壳体上对称分布，每个测点均分轴向（经向）和环向（纬向）两个方向。01 壳体水压试验破坏情况如图 9－7 所示。

试验前　　　　　　　　试验后

图 9 - 7　01 壳体水压试验破坏情况

9.1.2　防弹材料

　　无论是在战争还是在防暴治安等行动中,防弹材料的使用都是不可缺少的。许多国家很早就开始了防弹用材料及防弹衣的研究,各种防弹材料的研制在世界各国都很受重视,发展很快,各种新型的防弹服装不断研究成功。随着武器的破坏力增强以及人们对防弹衣舒适性要求的提高,防弹材料逐渐由坚硬但笨重无舒适性可言的金属材料向纤维复合材料转变,20 世纪 70 年代至 80 年代是防弹材料发展的转折点。1972 年美国杜邦公司推出了对位芳香族聚酰胺纤维商业化产品——凯芙拉(Kevlar);1986 年美国联合信号公司得到荷兰 DSM 公司专利许可后,开始以 Spectra 为商标生产一种强度更高的纤维——超高分子量聚乙烯纤维,这两类纤维都被制备成了防弹性能优良的纤维复合材料。前者标志着防弹材料由硬质向软质的转变,改变了人们对防弹机理的认识,极大地拓展了防弹材料的空间;后者则加速了防弹材料向轻量化、舒适化的方向发展。目前工业化、大规模生产的防护用高性能纤维主要有对位芳香族聚酰胺纤维(芳纶纤维)、超高分子量聚乙烯纤维。

　　目前最为常用的轻质防弹材料是以纤维为增强材料的树脂基复合材料,所用的纤维通常为玻璃纤维、尼龙纤维、陶瓷纤维、碳纤维、石墨纤维、芳纶和聚乙烯纤维等。纤维复合材料有优良的物理力学性能,比轻度、比模量大大超过金属,减振性也比金属材料强很多,而且具有良好的动能吸收性。纤维复合材料是由机织物经过一定的缝制工艺固定在一起的,或是由无纬布多层叠合在一起。其防弹机理与硬质防弹材料不同,后者更多的是利用自身的硬度,改变弹头或破片的形状,降低动能,起到防弹作用。纤维织物则主要是通过纤维的变形吸收投射物的能量从而达到防弹目的。当弹头或破片击中织物时,侵彻的方式有拉伸破坏和剪切破坏两种基本机理。这两种机理的发生主要与弹头或破片的形状、材质、速度有关,头部呈圆锥形的弹头射入织物时,主要以拉伸破坏为主;而对于高速不规则的破片,则以剪切破坏为主。

　　PBO 纤维分子链之间的氢键网络构成了蜂窝状的晶体架构,这种蜂窝结构加固了分子链间的横向作用,使 PBO 纤维具有良好的压缩与剪切特性,压缩和扭曲性能为目前所有聚合物纤维之最。表 9 -2 是几种高性能纤维增强复合材料的力学性能比较,可以看出 PBO 纤维具有突出的高比强度、比模量,拥有良好的力学性能。PBO 纤维具有良好的弹道防护性能。例如,利用 PBO 纤维取代 Kevlar 纤维制备碎片防护装甲系统,在具有相同弹道防护性能的条件下质量可以显著减轻 40% ~60% ,比 Kevlar 纤维防护效果更好,适用于军警用防弹材料及武器装备外壳等[4,5]。

PBO 防弹衣/个体防护用品主要应用包括防弹衣、轻质刚性掩体板材、轻质装甲包层/车辆防护层、防弹背心/身体护板、防弹头盔及座舱/车头掩体,如图 9 - 8 所示。

图 9 - 8　PBO 纤维在防弹复合材料中的应用

美军纳迪克士兵中心(Natick Soldier Center)弹道学研究队伍研究了 PBO 纤维的弹道学性能,当 Magellan 大学通过按比例增加 PBO 纤维的含量测试其靶的力学性能,PBO 靶的力学性能如表 9 - 2 所列[6]。图 9 - 9 展示的是 PBO 纤维的弹道性能测试结果。

表 9 - 2　PBO 靶的力学性能

纱线平均断裂强度/GPa	9.5
纱线抗拉模量/GPa	400 ~450
轴向压缩强度/GPa	1.7

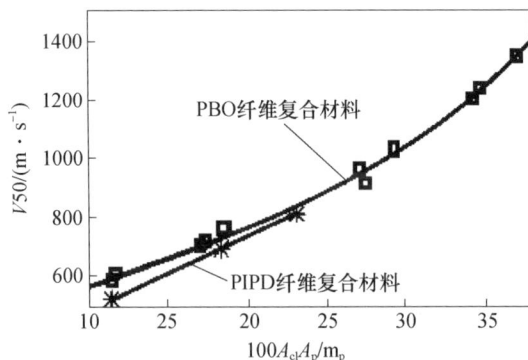

图 9 - 9　PBO 纤维复合材料的弹道性能测试结果

9.1.3　补强材料

PBO 纤维长丝可用于轮胎、胶带(运输带)、胶管等橡胶制品的补强材料,各种塑料和混凝土等的补强材料。近年来,在欧美、日本等发达国家和地区的高层建筑、大型桥梁、海洋工程等建筑领域广泛使用高性能纤维复合增强材料,将纤维布或芳浸渍环氧树脂粘贴于混凝土表面,可以大幅度提高原结构的承载能力和抗地震能力。

轮胎是代表性的橡胶制品。更确切点说,应称为以轮胎帘线补强的橡胶/帘线复合制品。对轮胎有四大性能要求,但轮胎帘线直接或间接地影响这些性能。①负载性能;②牵引、制动性能;③舒适性;④驾驶性能、稳定性能。其中,就负载性能来讲,轮胎帘线承担着支撑其全部负荷的责任,对支配轮胎的耐久性有重要的作用。对轮胎帘线的有如下特性要求:①高的强度和韧性;②弹性模量;③耐热性;④与橡胶的黏着性;⑤尺寸稳定性;⑥优良的耐疲劳性。

从环境保护角度考虑,轮胎帘线采用有机纤维代替钢丝。此外,用有机纤维代替钢丝时旧轮胎的切断就变得容易了,所以有利于提高轮胎的回收利用率。能够替代钢丝的有机纤维必须具有高强度、高弹性模量的特性。目前开发的新型有机纤维有 PBO 纤维,PBO 纤维每单位断面积的强度是芳香族聚酰胺的两倍;每单位断面积的弹性模量比钢丝帘线高,是一种超级纤维。

纤维混凝土是以水泥浆、砂浆或混凝土为基材,在混凝土中加入非连续短纤维或连续长纤维作为增强材料的水泥基复合材料的总称[7]。目前处于研究和发展阶段的有钢纤维混凝土、聚丙烯纤维(PPF)混凝土、碳纤维(CF)混凝土及玻璃纤维(GF)混凝土。但是对于混凝土工程,单一的纤维添加改性难以满足工程上日益发展的要求。复合材料领域的研究发现,把两种以上的材料制成混杂结构复合材料可以克服单一材料的缺点,改进单一材料的性能。

PBO 纤维(PBOF)是近年来研究开发出来的一种高性能聚合物纤维,它的独特结构特征赋予了纤维优异的特性:极高的抗拉伸强度和抗拉伸模量,卓越的阻燃性和热稳定性,以及耐化学介质性能等;CF 凭借高强的抗弯曲强度、抗弯曲模量、突出的界面粘接性和抗压性,广泛应用于土木工程领域。有实验研究采用单向 PBOF 和 CF 制成的复合材料片材,以混杂形式增强混凝土,即"层间 HFRP 加固混凝土"的方法[8,9]。结果表明,掺有纤维片材的混凝土抗弯曲强度比素混凝土明显提高,两种纤维层间混杂增强后抗弯曲强度呈现出正的混杂效应,破坏形式由素混凝土的脆性断裂转变纤维混凝土的层间韧性断裂。

9.1.4　其他应用

9.1.4.1　隔热材料

隔热材料是一种能阻滞热流传递的材料,又称热绝缘材料。隔热材料分为结构型低热导系数材料、热反射材料和真空结构材料三类。前者是利用材料本身所含的孔隙(孔隙内含有导热系数很低的空气或惰性气体)或者各项异性(热流紊流耗散)隔热,例如泡沫材料、纤维复合材料等;热反射材料具有很高的反射系数,能将热量反射出去,如金、银、镍、铝箔或镀金属的聚酯、聚酰亚胺薄膜等;真空绝热材料是利用材料的内部真空达到阻隔对流来隔热。

隔热材料在航空航天领域应用非常广泛,但其对所用隔热材料的重量和体积要求较为苛刻,往往还要求它具有绝缘、隔声、减振、防腐蚀等性能。飞机座舱和驾驶舱、导弹仪器舱、导弹整流罩以及人造地球卫星等都需要使用大量的高性能隔热材料。

一方面,由于 PBO 纤维具有耐高温性和耐腐蚀性,且力学性能优异,因此利用 PBO 纤维高比模量和高比强度以及热绝缘性等特点,可制造消防器材、飞机的机翼、导弹尾翼、人造地球卫星、火箭发动机液态氧容器(10MPa, −196℃)、月球车上的样品采集袋、宇宙飞船的太阳能衬背板和空间飞行器低温绝热支撑材料等航空航天部件[10],如图 9 – 10 所示。

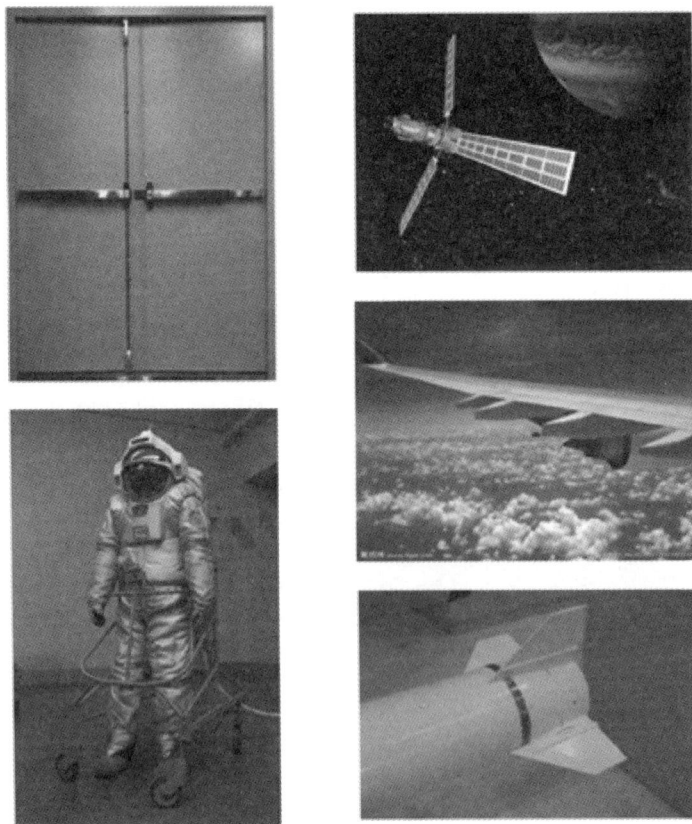

图 9 – 10 PBO 纤维在隔热复合材料中的应用

另一方面,PBO 纤维韧性很好、可纺性佳又耐高温,因此可以纺成布用于缝制消防服。Susan L. Lovasic 等人利用特性黏数 20dL/g、拉伸模量 120GPa 的 PBO 纤维与一定量的柔性纤维混合纺织成织物。该织物柔软而隔热,用于制作防火屏障、防火罩等。

9.1.4.2　隔声材料

吸声材料对入射声能的反射很小,这意味着声能容易进入和透过这种材料;这种材料的材质应该是多孔、疏松和透气,这就是典型的多孔性吸声材料,在工艺上通常是用纤维状、颗粒状或发泡材料以形成多孔性结构;结构特征是:材料中具有大量的、互相贯通的、从表到里的微孔,也即具有一定的透气性。当声波入射到多孔材料表面时,引起微孔中的空气振动,由于摩擦阻力和空气的黏滞阻力以及热传导作用,将相当一部分声能转化为热能,从而起吸声作用。

隔音材料能减弱透射声能,阻挡声音的传播,但不能如同吸声材料那样多孔、疏松、透气,相反它的材质应该是重而密实,如钢板、铅板、砖墙等一类材料。隔声材料材质的要求是密实无孔隙或缝隙,有较大的重量。由于这类隔声材料密实,难于吸收和透过声能而反射能强,所以它的吸声性能差。

PBO 纤维既可与材料复合制备吸引材料,也能够制成薄板复合墙来作为隔声材料应用。Mikhail R. Levit 用特性黏数为 20~28dL/g,长度为 1.0~1.5mm 的 PBO 短切纤维与聚合物、纳米颗粒填料等热压延成薄片之后制成蜂窝结构件[11]。这种蜂窝结构件节省材料、质量轻、隔声、隔热,将会在宇宙飞船、卫星、飞机上得到广泛使用,如图 9 - 11 所示。

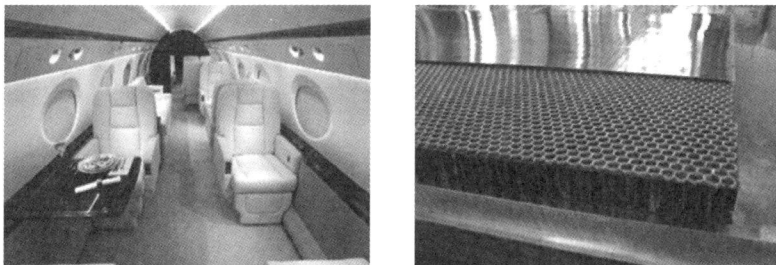

图 9 - 11　PBO 纤维在隔声复合材料中的应用

9.1.4.3　吸波材料

PBO 具有高强、高模的优异力学性能,并可用离子注入的方法来获得导电性。东华大学杨胜林等以离子注入处理的导电 PBO 织物为原料代替传统的频率选择表面(FSS)金属材料,通过合理的结构设计,制备电路模拟结构,并将电路模拟结构与单层/双层纳米碳纤维(CNF)复合材料结合,实现吸波复合材料的吸波/承载一体化。

利用 PBO 纤维吸波、透波性能特点,美国战斗机采用 PBO 纤维作为吸波隐形材料,还可制作高档扬声器的锥形结构,如图 9 – 12 所示。

图 9 – 12 PBO 纤维在吸波隐形材料中的应用

9.1.4.4 绝缘材料

与其他有机纤维相比,碳纤维具有最好的耐热性,在纤维复合材料领域有着相当的优势,已经广泛应用于航空航天领域。但是,碳纤维具有导电性,作为纤维金属碾压(Fiber Metal Laminates,FML)材料(在厚度约为 0.3mm 铝片中嵌入纤维/树脂复合材料碾压而成)在某些方面的应用受到限制,与碳纤维相比,PBO纤维不仅具有与其相似的力学性能,而且 PBO 纤维还具有碳纤维所不具有的高电阻特性,这使得 PBO 纤维可在碳纤维不适用的领域发挥作用,如电子行业[12]。PBO 的电绝缘性还可以用于电力工业如制造电绝缘梯。

PBO 纤维在信号减弱方面可应用于减振制约层、声纳拱顶/视窗、冲压结构以及隐形结构的制备,这些潜在应用源于 PBO 特殊的高电阻非传导性与先进复合材料中新型三维编制法的结合。美国的杜邦公司申请了一项包含 PBO 絮凝物的纸及其制造方法的专利。这种包含聚吡啶并双咪唑絮凝物的纸,具有优良的电绝缘性和强度及韧度,甚至在高温保持高性能。可用于电绝缘材料和飞行器蜂窝结构的基底,如图 9 – 13 所示。

图 9 – 13 PBO 纤维在绝缘复合材料中的应用

9.1.4.5 阻燃材料

阻燃性指的是物质具有的或材料经处理后具有的明显推迟火焰蔓延的性质。这在材料使用范围选择上起着指导作用,特别是用于建材、船舶、车辆、航空航天等方面的材料要求阻燃性高。PBO 纤维,尤其是 AS - PBO 纤维具有优异的阻燃性能,并且 PBO 纤维在空气中热分解温度达到了 650℃,超过所有有机纤维,极限氧指数(LOI)大于 65[13]。PBO 纤维在燃烧过程中更不容易产生烟,具有良好的耐热性和稳定性。PBO 纤维的阻燃性、耐溶剂、耐磨性也大大优于芳纶。几种高性能纤维耐燃性能的重要参数见表 9 - 3。

表 9 - 3　几种高性能纤维耐燃性能的重要参数

试　样	PHRR[①] /(kW/m²)	TTI[②]/s	SEA[③] /(m³/kg)	FPI[④] /(sm²/kW)	残留量/%
PBO AS	43.7	77	224	1.760	61
PBO HT	53.7	48	844	0.890	62
PBO HM	47.7	56	2144	1.170	72
Twaron	204.4	20	70816	0.098	11
Nomex	160.4	14	38670	0.087	24
PVC	253.0	14	113937	0.055	15
① 热量释放最大速率(PHRR);② 引燃时间(TTI);③ 比消光面积(SEA);④ 耐燃性能指数(FPI)					

　　PBO 纤维还显示出优异的紫外光稳定性,即使在实验室规模上的纺丝也能得到比任何有机纤维都好的防火耐热性以及在复合材料中的延展性。包括消防服、阻燃/非耐用型帐篷、防火间隔系统、耐火复合结构及飞机防火罩。PBO 初生纤维(即未经热处理的纤维)具有的防火性能使其产品维持更长久的防护性能。不管是用于消防服装、飞机机舱的防火罩或者阻燃絮层,都增强了防护时间,如图 9 - 14 所示。

图 9 - 14　PBO 纤维在防火材料中的应用

9.1.4.6 体育用品

在运动器材方面，PBO 纤维由于其轻质特性，是制造赛艇横梁外壳、弓弦、网球拍框、滑雪用具、自行车车架等体育器材最好的材料，同时可用于制造各种安全手套、安全鞋、赛车服、飞行员服等防切割伤害的保护服，如图 9 - 15 所示。

9.1.4.7 探空气球、金星登陆器

金星地表面温度为 460℃，金星上空的硫酸云中的温度为 - 10℃，在这样的温度下，作为能用的耐热性气球薄膜材料只有 PBO。

在从 - 10℃ 到地表温度 460℃ 范围的宇宙空间环境下，PBO 可用作耐热性探测气球的材料，如图 9 - 16 所示。

图 9 - 15　PBO 纤维在体育
用品中的应用

图 9 - 16　PBO 纤维用于
探空气球

9.2 高性能 PBO 纤维织物

9.2.1 高强度绳索

由于 PBO 纤维具有优良的韧性、抗腐蚀性和抗紫外线特性，它可以集束并直接应用于轻质高强的绳索、缆绳和丝束产品中，比如有缆深潜作业中的潜航器重载绳索、动量交换绳索、电动绳索，还有海上救援的救捞绳[1-4]，如图 9 - 17 所示。

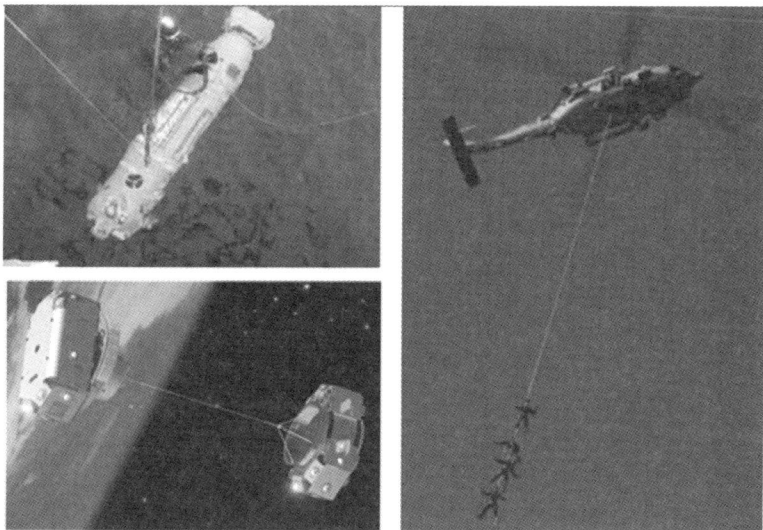

图 9 - 17　PBO 集束纤维的应用

9.2.2　膜材料

随着高性能超大规模集成电路的快速发展,电路中导线密度不断增加及器件尺寸不断减小对电介质提出了更高要求,要求相应电介质材料具有更低的介电常数。因此,开发新一代低介电常数介质材料是材料科学领域中又一重要课题。低介电常数的实现方法主要有两种:降低极化率和降低材料密度,有机材料的介电常数极低但力学性能不稳定,无机材料比较稳定但介电常数较高,为了寻找更优质的材料以满足集成电路的发展,人们开始转向研究有机与无机复合材料,综合两种物质的优点,希望可以制成的材料具有如下特征:①拥有较低的介电常数;②具有较高的力学模量和机械强度,较低的漏电电流和较高的击穿阈值;③较好的化学稳定性,可以抵御各种腐蚀性试剂的破坏;④耐高温,即高温环境有较好的热稳定性。

PBO 类聚合物因其高强高模、耐高温、阻燃性能好等优点而得到广泛关注,除了日本东洋纺已经商品化的 PBO 高性能纤维(紫隆)以外,各国研究者们也在不断开发它在各个领域中的潜在应用。PBO 纳米纤维膜可通过将前驱体聚酰亚胺(PHA)溶解后,经过静电纺丝以及高温热环化制备得到。

静电纺丝是在高电压下利用液态流体表面积累的静电荷之间的相互排斥力和高压静电场拉伸力制备纳米尺度长丝的技术,是目前常见的一种简单高效制备纳米尺寸连续长丝的纺丝方法,近年来在聚合物纺丝中得到迅速发展。静电纺丝的装置如图 9 - 18 所示[14]。

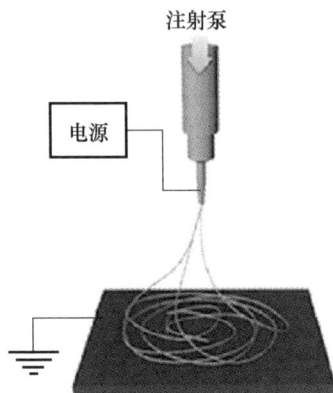

图 9-18　静电纺丝装置图

实验研究从前驱体聚合物的合成出发,制备出具有优异热稳定性、力学性能、耐溶剂、耐阻燃性的新型 PBO 纳米纤维膜,对其结构、热稳定性、力学性能、介电性能等进行了分析与表征,并探讨了其在质子交换膜领域的应用。

质子交换膜的性能将直接影响电池的性能、能量转化效率和使用寿命等。它不仅起着阻隔氧化剂和燃料气体,避免两者直接接触,防止电池短路;而且它还必须具有选择透过性,主要为质子提供传递通道,高效地传导质子。性能优良的质子交换膜首先要具备高的质子传导率,前提是一定的吸水率为提供传递通道,吸水后溶胀度不应过大并且具有一定的力学性能能承受膜电极的压制,电池的组装和运行;质子交换膜还必须具备一定的氧化稳定性,能抵抗催化剂上催化的氧化还原反应对膜的侵蚀。

实验将 PBO 纳米纤维膜与 SPPSU 复合,制备了 SPPSU/PBO 复合质子交换膜。研究了复合膜的结构、质子交换性能和发电性能,并得到如下结论:PBO 纳米纤维膜与 SPPSU 复合能显著增强 SPPSU 的拉伸强度,并降低了断裂伸长率,使尺寸稳定性得到改善,更加适用于电池的实际应用。

此外,为使 PBO 静电纺丝纤维膜的性能得到更好的发挥,可以开发其在以下领域的潜在应用:

(1) 反渗透膜。滤膜在较低压力下可用于浓缩,分离一定分子量以下的天然色素,生物酶及其他有机物或在苦咸水淡化和超纯化预处理等多方面。

(2) 超滤膜。利用其优异的耐热性和化学稳定性,同时具有分离介质的能力可在炼油污水处理中得到应用。

9.2.3　其他材料

PBO 纤维具有耐热性的特点,在耐热材料应用中最适宜用作制铝工业和玻璃工业制造过程出料时的缓冲垫料,还可用于消防服、炉前工作服、焊接工作服等耐热工作服和高温过滤用耐热过滤材料,如高温过滤网和讨滤毡。

9.3 PBO 纤维基碳纤维

　　碳纤维广泛用于一级增强材料,其应用范围从电子、基础设施/建筑、替代能源/风能、运输/海运、汽车、运动用品、工业、石油和近海钻探,到航空航天的二级结构。目前碳纤维制造工业面临的主要挑战是如何以成本非常低的工艺提供合适的产品。制造碳纤维的稳定过程,不仅耗时长而且是制造过程中最费钱的步骤之一。PAN 被广泛用作碳纤维的原丝材料,从 PAN 原丝生产碳纤维涉及的步骤有纤维稳定(环化、氧化)、炭化(脱氢、脱氮)、石墨化。丙烯腈系聚合物基原丝的稳定,是个非常耗时和费钱的过程。寻找对于较好的替代方法,累计费用和时间是一个主要因素。现已经采用 PBO 纤维基原丝,用其替代聚丙烯腈纤维作为碳纤维母体,直接连续化生产碳纤维。

　　以 PBO 作为原丝材料主要是因为它能够直接转化为碳纤维,能省去费钱和耗时的纤维稳定步骤。PBO 纤维具有苯并双噁唑与苯环共轭的结构,共轭的苯并双噁唑和苯环有利于 π - 电子离域的延伸或共振效应,使整个结构稳定。加工成纤维状态时,PBO 的刚性棒状结构使聚合物链沿纤维轴的轴向方向高度取向,具有非常高的结晶度。刚性棒状主链芳烃骨架、高取向、结晶模量和非常稳定的结构提供高的热稳定性。聚合物主链中内在的氧的存在是另一个关键因素。PAN 基原丝稳定过程中,氧被引入,而 PBO 主链中已经有氧存在。此外,与 PAN 相比,PBO 中碳的含量要高很多[15]。

　　然而,PBO 纤维基碳纤维的拉伸强度并不是很高。这是由于纤维前驱体中存在的缺陷以及碳化过程中形成的缺陷。高温环境下,氮的释放使得纤维的结晶顺序被破坏,导致拉伸强度的降低。对纤维快速加热可以减少该影响,这是因为对氮释放区域进行快速升温可减少晶粒生长的升温时间。

　　将 PBO 纤维在间歇的模式下,以不同的升温速率碳化。升温速率从 1℃/min 变到 60℃/min。结果表明,快速的升温速率使得拉伸强度大幅度提升。升温速率对拉伸强度的影响,如图 9 - 19 所示。

　　PBO 纤维的炭化基本上是一个热聚合过程,分子量、升温速率的明显增加,碳氢比提高,芳烃层的大小增加。提出的机理是自由基聚合。在此聚合过程中,聚合物链的碎片以气体形式减少。聚合物分子的剩余部分的缩合,防止了极高温度下的熔融和挥发。

　　PBO 纤维的炭化和石墨化能产生优质的碳纤维,具有非常好的热和力学性能。与从其他原丝生产的碳纤维相比,形成极好的远程有序。这使得其具备突出的晶格基性能和较低的电阻率,接近于沥青基碳纤维。

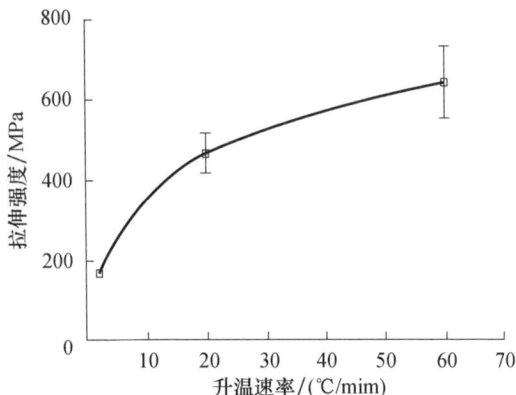

图 9 - 19　升温速率对加热到 1800℃ 未拉伸
的 PBO 纤维拉伸强度的影响

参 考 文 献

[1] 邓宗才,何唯平,孙成栋. 聚丙烯腈纤维增强水泥混凝土的抗弯性能[J]. 公路,2004,(2):129 - 134.

[2] 袁震宇,吴慧敏. 聚丙烯纤维对砂浆抗裂性能影响的试验研究[J]. 混凝土与水泥制品,1999,6:41 - 42.

[3] 刘丹. 复合材料壳体热芯缠绕张力制度设计[D]. 哈尔滨理工大学,2013.

[4] 陈磊,徐志伟,李嘉禄,等. 防弹复合材料结构及其防弹机理[J]. 材料工程,2010,(11):94 - 100.

[5] 孟祥雨,孙飞,杨军杰,等. 高性能纤维的发展现状及特点与应用[J]. 合成纤维,2014,(05):14 - 17.

[6] 王斌,金志浩,丘哲明,等. PBO 纤维的基本性能实验研究[J]. 西安交通大学学报,2001,(11):
    1189 - 1192.

[7] 王力军,张本秋,刘亚凤. 纤维混凝土技术及其应用[J]. 黑龙江水利科技,2004,(04):74.

[8] 屈慕超,张春华,梁希凤,等. PBO 纤维和碳纤维混杂增强混凝土抗弯曲性能研究[J]. 高科技纤维与
    应用,2009,(02):18 - 21,29.

[9] 纪梓斌. 混杂纤维复合材料的合理匹配及其在混凝土结构加固中的应用研究[D]. 汕头大学,2003.

[10] 夏可. 纤维混凝土在机场道面快速修补中的试验与应用研究[R]. 北京工业大学士论文,2005.

[11] 王荣国,代成琴,赵景海,等. CFRP 片材加固混凝土弯曲性能研究[J]. 低温建筑技术,2002,(2):
    28 - 29.

[12] 章伟,李虹. 高性能纤维性能分析[J]. 北京纺织,2005,(01):54 - 57.

[13] 金宁人,黄银华,王学杰. 超级纤维 PBO 的性能应用及研究进展[J]. 浙江工业大学学报,2003,
    (01):84 - 89,110.

[14] 覃小红,王善元. 静电纺丝纳米纤维的工艺原理、现状及应用前景[J]. 高科技纤维与应用,2004,
    (02):28 - 32.

[15] Purkayastha S,Pandian P,Dinesh K B,et al. 碳纤维原丝材料——PBO 纤维[J]. 国际纺织导报,2010,
    (08):6 - 8.

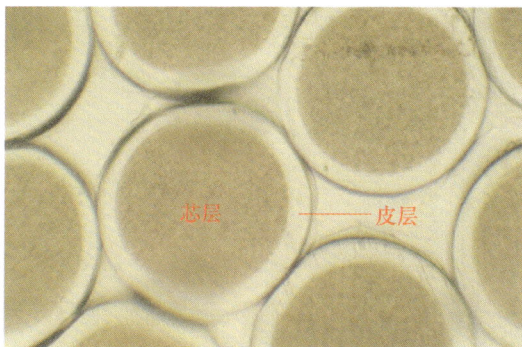

图 5 – 2　纤维的皮芯结构

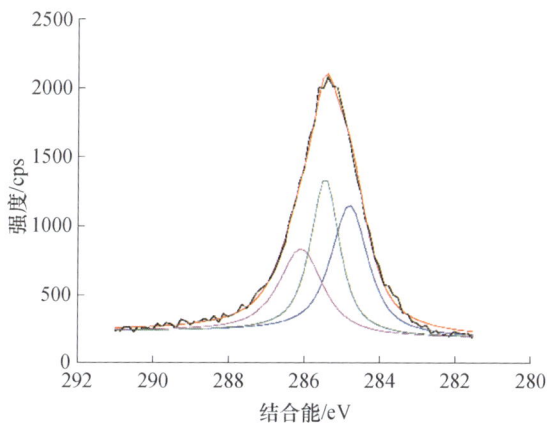

图 5 – 16　热处理条件为 700℃、空气、30s 的 PBO 纤维 C_{1s} 能谱

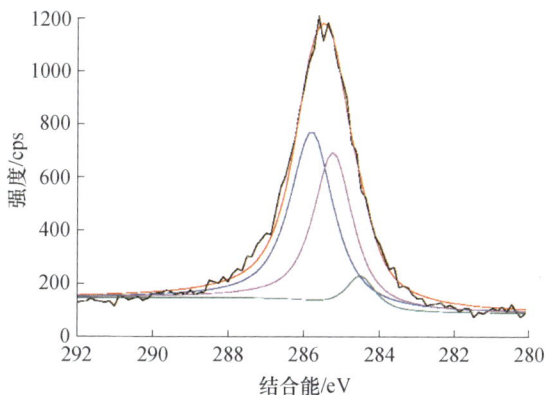

图 5 – 17　热处理条件为 750℃、空气、30s 的 PBO 纤维 C_{1s} 能谱

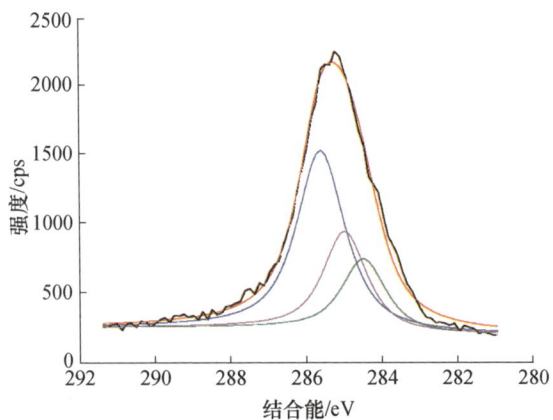

图 5-18 热处理条件为 800℃、空气、30s 的 PBO 纤维 C$_{1s}$ 能谱

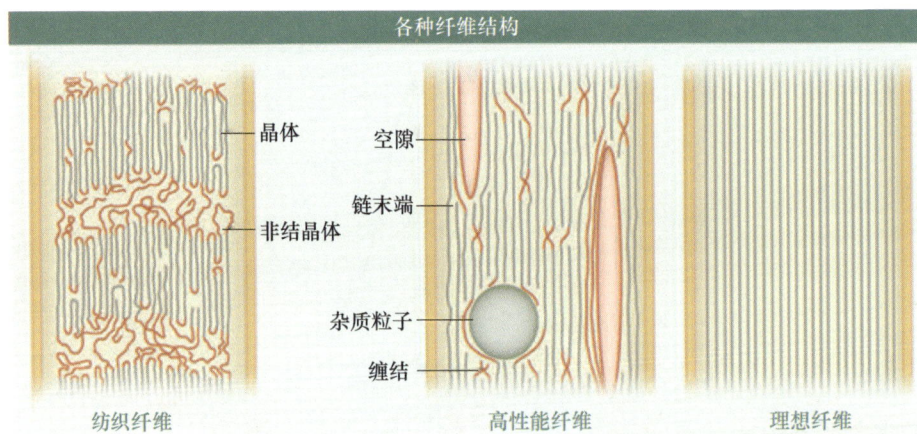

图 7-1 各种纤维的结构(由于结构完善和缺陷减少,纤维性能从左到右依次提高)[1]

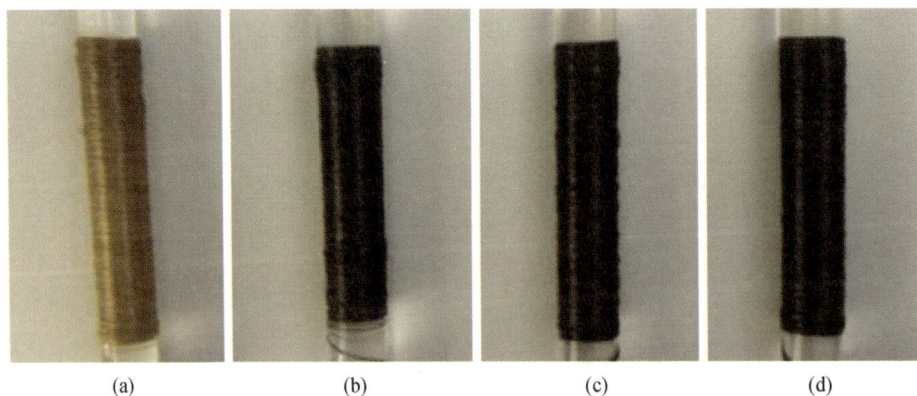

图 7-16 SWCNT/PBO 共聚纤维的数码照片

(a) PBO 纤维;(b) SWCNT Ⅰ/PBO 共聚纤维;
(c) SWCNT Ⅱ/PBO 共聚纤维;(d) SWCNT Ⅲ/PBO 共聚纤维。

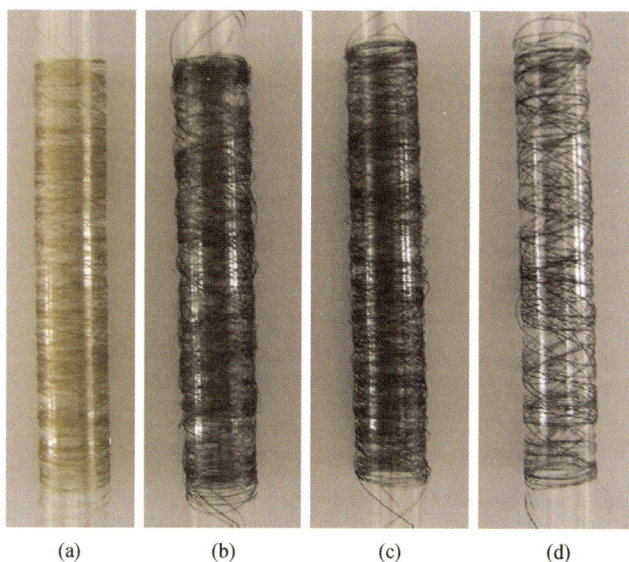

图 7 - 21　oHA 修饰碳纳米管/PBO 共聚纤维照片

(a) 0(质量分数);(b) 0.18%(质量分数);(c) 0.36%(质量分数);(d) 0.54%(质量分数)[18]。

图 7 - 28　石墨烯/PBO 共聚连续长纤维的数码照片[28]

(a) PBO 纤维;(b) GO - co - PBO(1%) 复合纤维;(c) GO - co - PBO(3%) 复合纤维。

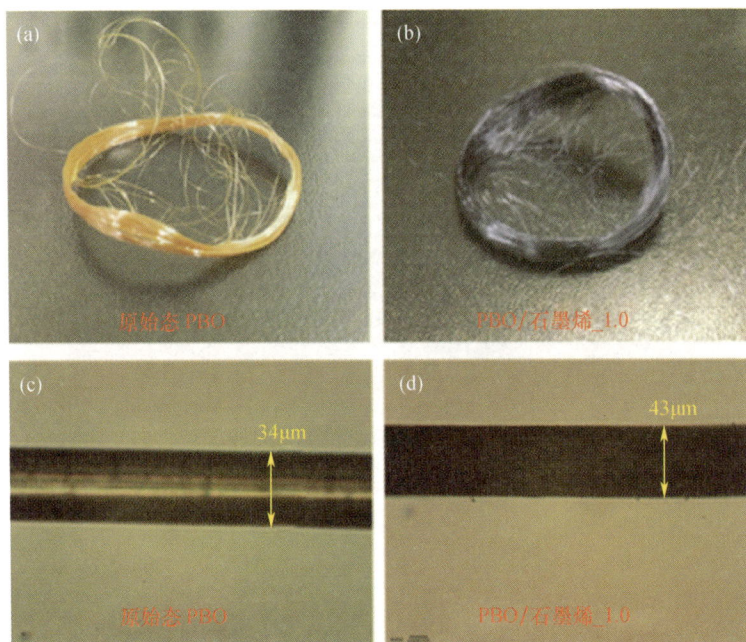

图 7-30　石墨烯/PBO 共混纤维的数码照片[29]

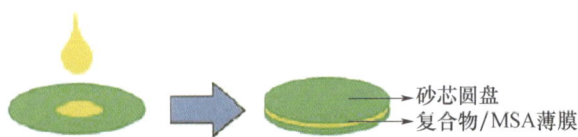

步骤1 复合物溶液滴加至一圆盘上并用另一圆盘覆盖

步骤2 样品浸入去离子水中

步骤3 样品被固定并在烘箱中干燥

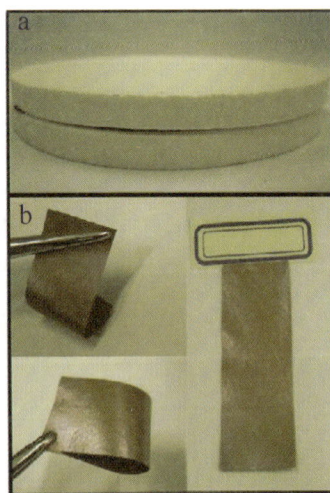

图 7-33　石墨烯 PBO 复合薄膜的制备途径及其光学照片[31]